21世纪高等学校规划教材｜计算机应用

U0311286

数据库设计与应用

——Visual FoxPro程序设计实践教程

（第3版）

孟雪梅　王煜国　主　编

董大伟　翟朗　王玉芹　李宏俊　副主编

清华大学出版社

北　京

内 容 简 介

本书是与《数据库设计与应用——Visual FoxPro 程序设计（第 3 版）》（颜辉等编著，清华大学出版社出版）配套的实践教材。全书共分三部分，第一部分是上机实验，共包括 17 个实验，实验内容涵盖了主教材的所有知识点，实验范例围绕着"图书管理系统"实例展开，循序渐进地演示了一个小型应用系统的开发过程；第二部分是同步练习，主要内容包括与主教材章节同步的习题，其目的性明确，有助于强化知识重点，与计算机等级考试密切相关；第三部分是 Visual FoxPro 二级考试无纸化真考试卷，共包括 8 套真考试卷，并配有参考答案及操作步骤。

本书在上机实验与习题设计上考虑了 Visual FoxPro 考试大纲的要求，结合教学重点、难点来安排实验内容，在每个实验的后面都安排了能力测试，使读者在理解实验范例的基础上，自己动手上机实践，以培养读者的动手能力。

本书面向应用，重视对读者操作能力的培养，可作为各高等院校计算机专业和非计算机专业的实践教材，也可作为计算机等级考试的参考书。

图书在版编目（CIP）数据

数据库设计与应用：Visual FoxPro 程序设计实践教程/孟雪梅，王煜国主编. —3 版. —北京：清华大学出版社，2015（2016.12 重印）

21 世纪高等学校规划教材·计算机应用

ISBN 978-7-302-42491-8

Ⅰ．①数…　Ⅱ．①孟…②王…　Ⅲ．①关系数据库系统—程序设计—教材　Ⅳ．①TP311.138

中国版本图书馆 CIP 数据核字（2015）第 311380 号

责任编辑：付弘宇　王冰飞
封面设计：傅瑞学
责任校对：白　蕾
责任印制：李红英

出版发行：清华大学出版社
　　　网　　　址：http://www.tup.com.cn，http://www.wqbook.com
　　　地　　　址：北京清华大学学研大厦 A 座　　　邮　　编：100084
　　　社 总 机：010-62770175　　　　　　　　　邮　　购：010-62786544
　　　投稿与读者服务：010-62776969，c-service@tup.tsinghua.edu.cn
　　　质 量 反 馈：010-62772015，zhiliang@tup.tsinghua.edu.cn
　　　课 件 下 载：http://www.tup.com.cn，010-62795954
印 装 者：三河市中晟雅豪印务有限公司
经　　销：全国新华书店
开　　本：185mm×260mm　　　印　张：23.75　　　字　数：555 千字
版　　次：2009 年 3 月第 1 版　　2015 年 12 月第 3 版　　印　次：2016 年 12 月第 2 次印刷
印　　数：3001～4500
定　　价：44.50 元

产品编号：067237-01

出 版 说 明

随着我国改革开放的进一步深化,高等教育也得到了快速发展,各地高校紧密结合地方经济建设发展需要,科学运用市场调节机制,加大了使用信息科学等现代科学技术提升、改造传统学科专业的投入力度,通过教育改革合理调整和配置了教育资源,优化了传统学科专业,积极为地方经济建设输送人才,为我国经济社会的快速、健康和可持续发展以及高等教育自身的改革发展做出了巨大贡献。但是,高等教育质量还需要进一步提高以适应经济社会发展的需要,不少高校的专业设置和结构不尽合理,教师队伍整体素质亟待提高,人才培养模式、教学内容和方法需要进一步转变,学生的实践能力和创新精神亟待加强。

教育部一直十分重视高等教育质量工作。2007 年 1 月,教育部下发了《关于实施高等学校本科教学质量与教学改革工程的意见》,计划实施"高等学校本科教学质量与教学改革工程(简称'质量工程')",通过专业结构调整、课程教材建设、实践教学改革、教学团队建设等多项内容,进一步深化高等学校教学改革,提高人才培养的能力和水平,更好地满足经济社会发展对高素质人才的需要。在贯彻和落实教育部"质量工程"的过程中,各地高校发挥师资力量强、办学经验丰富、教学资源充裕等优势,对其特色专业及特色课程(群)加以规划、整理和总结,更新教学内容、改革课程体系,建设了一大批内容新、体系新、方法新、手段新的特色课程。在此基础上,经教育部相关教学指导委员会专家的指导和建议,清华大学出版社在多个领域精选各高校的特色课程,分别规划出版系列教材,以配合"质量工程"的实施,满足各高校教学质量和教学改革的需要。

为了深入贯彻落实教育部《关于加强高等学校本科教学工作,提高教学质量的若干意见》精神,紧密配合教育部已经启动的"高等学校教学质量与教学改革工程精品课程建设工作",在有关专家、教授的倡议和有关部门的大力支持下,我们组织并成立了"清华大学出版社教材编审委员会"(以下简称"编委会"),旨在配合教育部制定精品课程教材的出版规划,讨论并实施精品课程教材的编写与出版工作。"编委会"成员皆来自全国各类高等学校教学与科研第一线的骨干教师,其中许多教师为各校相关院、系主管教学的院长或系主任。

按照教育部的要求,"编委会"一致认为,精品课程的建设工作从开始就要坚持高标准、严要求,处于一个比较高的起点上;精品课程教材应该能够反映各高校教学改革与课程建设的需要,要有特色风格、有创新性(新体系、新内容、新手段、新思路,教材的内容体系有较高的科学创新、技术创新和理念创新的含量)、先进性(对原有的学科体系有实质性的改革和发展,顺应并符合 21 世纪教学发展的规律,代表并引领课程发展的趋势和方向)、示范性(教材所体现的课程体系具有较广泛的辐射性和示范性)和一定的前瞻性。教材由个人申报或各校推荐(通过所在高校的"编委会"成员推荐),经"编委会"认真评审,最后由清华大学出版社审定出版。

Ⅱ

目前,针对计算机类和电子信息类相关专业成立了两个"编委会",即"清华大学出版社计算机教材编审委员会"和"清华大学出版社电子信息教材编审委员会"。推出的特色精品教材包括:

(1) 21 世纪高等学校规划教材·计算机应用——高等学校各类专业,特别是非计算机专业的计算机应用类教材。

(2) 21 世纪高等学校规划教材·计算机科学与技术——高等学校计算机相关专业的教材。

(3) 21 世纪高等学校规划教材·电子信息——高等学校电子信息相关专业的教材。

(4) 21 世纪高等学校规划教材·软件工程——高等学校软件工程相关专业的教材。

(5) 21 世纪高等学校规划教材·信息管理与信息系统。

(6) 21 世纪高等学校规划教材·财经管理与应用。

(7) 21 世纪高等学校规划教材·电子商务。

(8) 21 世纪高等学校规划教材·物联网。

清华大学出版社经过三十多年的努力,在教材尤其是计算机和电子信息类专业教材出版方面树立了权威品牌,为我国的高等教育事业做出了重要贡献。清华版教材形成了技术准确、内容严谨的独特风格,这种风格将延续并反映在特色精品教材的建设中。

清华大学出版社教材编审委员会

联系人:魏江江

E-mail:weijj@tup.tsinghua.edu.cn

前　言

本书是与《数据库设计与应用——Visual FoxPro 程序设计（第 3 版）》（颜辉等编著，清华大学出版社出版）配套的实践教程。

全书分为上机实验、同步练习、Visual FoxPro 二级考试无纸化真考试卷三部分。上机实验部分含有 17 个实验，主要内容涵盖了 Visual FoxPro 数据库基础，函数、命令与表达式，表的创建与操作，数据库设计，结构化查询语言 SQL，查询与视图，Visual FoxPro 程序设计，表单，报表与标签，菜单设计，数据库应用程序开发。本书的实验安排与主教材内容一致，并与其紧密结合。同步练习部分目的性强，强化了知识重点，与计算机等级考试密切相关。无纸化真考试卷部分包括选择题和上机操作题，均为二级考试最新真考题库原题，可使学生熟悉真考中的题型分布和做题方法。本书知识要点条理清晰、简明，符合教学规律。

本书具有如下特性。

（1）实用性。在每个实验项目中都增加了相应的实验预备知识，给出了本次实验的预备知识要点。这些知识要点既是对教材内容的复习和总结，又是对实验内容的操作指导。

（2）系统性。上机实验部分围绕着"图书管理系统"实例展开，循序渐进地演示了一个小型应用系统的开发过程。

（3）实践性。在每个实验项目完成后都设有能力测试题目，这些测试题目均以"订单管理系统"为实例进行设计，用于检测学生对前面实验范例的理解程度，培养学生的实际动手能力。

（4）应试性。本书为了适应全国计算机等级考试的变化，帮助广大读者更好地把握新的考试内容，新增了 8 套 Visual FoxPro 二级考试无纸化真考试题。这些试题均为真实考试原型题，所涉及知识点完全覆盖了最新真考试题库。试题类型包括选择题和上机操作题。同时，在每套试题后面还配有试题参考答案，方便有需要的读者查看。

全书由孟雪梅、王煜国担任主编，董大伟、翟朗、王玉芹、李宏俊担任副主编。其中，第一部分实验一、实验二由王煜国编写，实验三、实验四、实验五、实验十五、实验十六由翟朗编写，实验六、实验七、实验八由董大伟编写，实验九、实验十、实验十一、实验十七由孟雪梅编写，实验十二、实验十三、实验十四由李宏俊编写；第二部分第 1 章～第 4 章、第 8 章～第 11 章同步练习及参考答案由王煜国编写，第 5 章和第 6 章同步练习及参考答案由董大伟编写，第 7 章同步练习及参考答案由孟雪梅编写；第三部分真考试卷（一）～真考试卷（五）及参考答案由王玉芹编写，真考试卷（六）～真考试卷（八）及参考答案由孟雪梅编写。全书由孟雪梅统稿，王煜国审阅。颜辉对本书的编写给出了具体的指导性建议，在此表示诚挚的谢意。

在本书的编写过程中,参考了许多同类书籍及相关文献资料,在此一并表示衷心的感谢。

由于本书编撰时间仓促,作者水平有限,书中难免存在错误和不妥之处,敬请广大读者批评指正。

编　者

2015 年 10 月

目　录

第一部分　上机实验

VI

第二部分 同 步 练 习

第三部分 Visual FoxPro 二级考试无纸化真考试卷

第一部分

上 机 实 验

安装 Visual FoxPro 6.0 并熟悉其工作环境

一、实验目的

(1) 了解 Visual FoxPro 的安装过程。

(2) 掌握 Visual FoxPro 的启动及退出方法。

(3) 熟悉 Visual FoxPro 的用户界面。

(4) 掌握 Visual FoxPro 的环境配置。

二、实验预备知识

(一) Visual FoxPro 6.0 的安装

要使用 Visual FoxPro 6.0,必须将其安装到本地机器上。Visual FoxPro 6.0 的功能强大,但是它对系统的要求并不高,对于个人计算机的软硬件基本配置要求如下。

1. 硬件配置

(1) CPU 的最低配置为 80586/133MHz,推荐使用 586 以上的处理器。

(2) 内存至少为 16MB,推荐使用 24MB 内存。

(3) 硬盘容量:典型安装需要 85MB 硬盘空间,最大安装需要 90MB 硬盘空间。

(4) 需要一个鼠标、一个光盘驱动器,推荐使用 VGA 或更高分辨率的监视器。

2. 软件环境

Visual FoxPro 6.0 是 32 位产品,需要在 Windows XP 或 Windows 7 等操作系统下安装。

(二) Visual FoxPro 6.0 系统环境设置

Visual FoxPro 6.0 的配置决定了其外观和行为。安装完 Visual FoxPro 6.0 之后,系统会自动用一些默认值来设置环境。为了使系统能够满足个性化要求,用户也可以定制自己的系统环境。Visual FoxPro 6.0 可以使用"选项"对话框或 SET 命令进行附加的配置设定。

1. 使用"选项"对话框

"选项"对话框中包括一系列代表不同类别环境选项的选项卡(共 12 个)。各个选项的设置功能如下。

(1) 显示:显示界面选项,例如设置是否显示状态栏、时钟、命令结果等。

(2) 常规:数据输入与编程选项,如设置警告声音。

(3) 数据:字符串比较设定、表选项,如是否使用索引强制唯一性。

(4) 远程数据:远程数据访问选项,如连接超时限定值。

（5）文件位置：Visual FoxPro 6.0 默认目录位置、帮助文件以及辅助文件存储位置。

（6）表单：表单设计器选项，如最大设计区域。

（7）项目：项目管理器选项，如是否提示使用向导，双击时运行或修改文件以及源代码管理选项。

（8）控件："表单控件"工具栏中的"查看类"按钮所提供的可视类库和 ActiveX 控件选项。

（9）区域：日期、时间、货币及数字的格式。

（10）调试：调试器显示及跟踪选项，如使用什么字体与颜色。

（11）语法着色：区分程序元素（如注释与关键字）所用的字体及颜色。

（12）字段映像：设置当将表或字段从数据环境设计器、数据库设计器或项目管理器窗口拖曳到表单中时，所创建的控件种类。

2. 保存设置

（1）将设置保存为仅在本次系统运行期间有效。在"选项"对话框中选择各项设置之后，单击"确定"按钮，关闭"选项"对话框。所更改的设置仅在本次系统运行期间有效。

（2）保存为默认设置。在"选项"对话框中选择各项设置之后，单击"设置为默认值"按钮，再单击"确定"按钮，关闭"选项"对话框。此时将把前面的设置存储在 Windows 注册表中，以后每次启动 Visual FoxPro 6.0 时所做的更改都会生效。

三、实验内容

【实验 1-1】 Visual FoxPro 6.0 的安装

具体实验步骤如下。

（1）将 Visual FoxPro 6.0 的系统光盘插入光盘驱动器或下载 Visual FoxPro 6.0 的安装程序，找到 SETUP.EXE，双击该文件，运行安装向导，如图 1-1 所示。

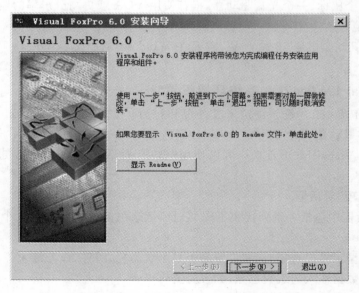

图 1-1　Visual FoxPro 6.0 的安装步骤 1

（2）按照安装向导的提示，单击"下一步"按钮进行安装。系统询问用户是否接受协议，选择"接受协议"，如图 1-2 所示。

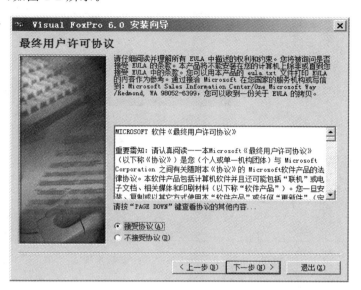

图 1-2　Visual FoxPro 6.0 的安装步骤 2

（3）单击"下一步"按钮，进入图 1-3 所示的界面，输入产品的 ID 号。单击"下一步"按钮，计算机确认 ID 号合法，进入图 1-4 所示的界面，选择程序的安装位置。

图 1-3　Visual FoxPro 6.0 的安装步骤 3

（4）单击"下一步"按钮，进入图 1-5 所示的界面。单击"继续"按钮，显示图 1-6 所示的提示信息。

（5）安装程序要求用户选择安装方式（典型安装、自定义安装），如图 1-7 所示。这里选择典型安装方式，单击"典型安装"按钮开始安装。

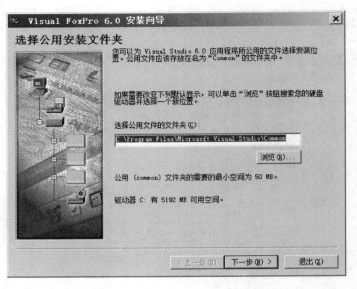

图 1-4　Visual FoxPro 6.0 的安装步骤 4

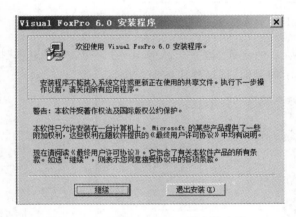

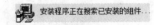

图 1-5　Visual FoxPro 6.0 的安装步骤 5　　　　图 1-6　Visual FoxPro 6.0 的安装步骤 6

（6）程序安装成功,如图 1-8 所示。单击"确定"按钮,程序安装完毕。

图 1-7　Visual FoxPro 6.0 的安装步骤 7　　　　图 1-8　Visual FoxPro 6.0 的安装步骤 8

（7）安装向导会提示用户是否安装 MSDN 组件（Visual FoxPro 6.0 的帮助文档），如图 1-9 所示。如不安装，单击"退出"按钮，则 Visual FoxPro 6.0 的帮助信息菜单的大部分内容将是不可用的。

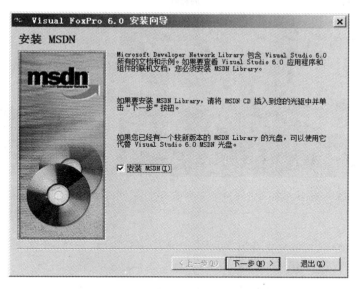

图 1-9　Visual FoxPro 6.0 的安装步骤 9

【实验 1-2】　Visual FoxPro 6.0 的启动和退出

1. 启动 Visual FoxPro 6.0

具体实验步骤如下。

Visual FoxPro 6.0 的启动操作有如下几种方法。

（1）使用 Windows 的系统菜单。单击"开始"按钮，选择"开始"菜单中的 Microsoft Visual FoxPro 6.0 命令，如图 1-10 所示。

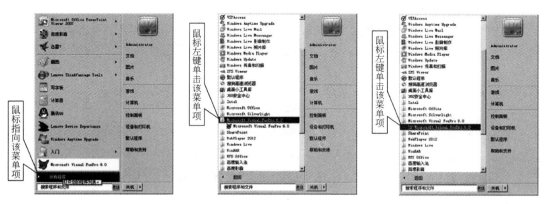

图 1-10　从开始菜单启动 Visual FoxPro 6.0

如果是第一次进入 Visual FoxPro 6.0，则系统将显示一个全屏欢迎界面，如图 1-11 所示。该界面可以不显示。选择"以后不再显示此屏"复选框，并且关闭当前窗口，则下次启动时，系统将不再显示该欢迎界面。

安装 Visual FoxPro 6.0 并熟悉其工作环境

（2）双击桌面上的 Visual FoxPro 6.0 图标，如图 1-12 所示。

图 1-11　Visual FoxPro 6.0 欢迎界面

图 1-12　Visual FoxPro 6.0 的
快捷键

（3）找到 Visual FoxPro 6.0 安装路径中的文件夹 Vfp98。打开此文件夹，找到可执行文件 Vfp6.exe 并双击，如图 1-13 所示。

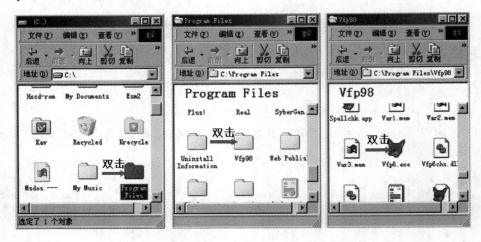

图 1-13　从安装文件夹启动 Visual FoxPro 6.0

2. 退出 Visual FoxPro 6.0

具体实验步骤如下。

Visual FoxPro 6.0 系统的退出操作有如下几种方法。

（1）单击 Visual FoxPro 6.0 标题栏最后面的"关闭"按钮。

（2）选择"文件"菜单中的"退出"命令，如图 1-14 所示。

（3）单击主窗口左上方的"控制"菜单图标 ，从弹出的下拉菜单中选择"关闭"命令，或者按 Alt＋F4 键，如图 1-15 所示。

（4）在"命令"窗口中输入 quit 命令，按 Enter 键，如图 1-16 所示。

图 1-14　"文件"菜单

图 1-15 "控制"菜单　　　　　　　图 1-16 "命令"窗口

【实验 1-3】 熟悉 Visual FoxPro 6.0 的用户界面

具体实验步骤如下。

启动 Visual FoxPro 6.0 后,显示图 1-17 所示的用户界面。Visual FoxPro 6.0 系统的主界面由以下几部分组成:标题栏、菜单栏、工具栏、命令窗口、工作区窗口和状态栏。

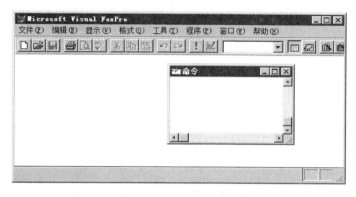

图 1-17　Visual FoxPro 6.0 的系统主界面

1. 标题栏

标题栏位于主界面的顶行,其中包含系统程序图标、主界面标题 Visual FoxPro 6.0、"最小化"按钮、"最大化"按钮和"关闭"按钮。

2. 菜单栏

标题栏下方是 Visual FoxPro 6.0 的系统菜单栏,它提供了 Visual FoxPro 6.0 的各种操作命令。Visual FoxPro 6.0 的菜单项随窗口操作内容不同而有所增加或减少。

3. 工具栏

工具栏位于系统菜单栏的下面,由若干个工具按钮组成。每一个按钮对应一个特定的功能。Visual FoxPro 6.0 提供了十几个工具栏。对于每一个设计器,Visual FoxPro 6.0 都提供了相对应的工具栏,可以根据自己的需要和习惯来定制自己的系统。

可以按如下步骤定制工具栏。

(1) 选择"显示"菜单,打开"显示"下拉菜单。

(2) 在"显示"菜单中选择"工具栏"命令。

(3) 系统将显示图 1-18 所示的"工具栏"对话框,选择需要显示到主窗口中的工具栏项目。

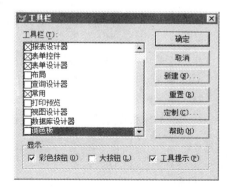

图 1-18 "工具栏"对话框

安装 Visual FoxPro 6.0 并熟悉其工作环境

10

（4）单击"确定"按钮。

还有一种简单的工具栏定制方式。

（1）在系统主菜单下方的工具栏位置中的空白区域或各工具栏的间隙区域单击鼠标右键，系统将显示图 1-19 所示的快捷菜单。其中，有√标记的工具栏项目表示该工具栏已经显示在了主窗口中。

图 1-19　工具栏快捷菜单

（2）单击相应的工具栏项目，完成工具栏的显示设置。

4. "命令"窗口

"命令"窗口是用户用交互方式来执行 Visual FoxPro 命令的窗口。它是一个标题为"命令"的窗口，位于系统窗口之中。

（1）显示与隐藏"命令"窗口的方法有如下几种。

① 单击"命令"窗口右上角的"关闭"按钮可以将其关闭。可以通过"窗口"菜单中的"命令窗口"命令重新打开该窗口。

② 单击"常用"工具栏中的"命令窗口"按钮 ，按下该按钮则显示"命令"窗口，弹起该按钮则隐藏"命令"窗口。

③ 按 Ctrl＋F4 键隐藏"命令"窗口，按 Ctrl＋F2 键显示"命令"窗口。

（2）"命令"窗口的使用方法如下。

① 在命令窗口输入"？DATE（）"（注意问号和括号要在英文状态下输入），然后按 Enter 键，将显示系统的日期，如图 1-20 所示。

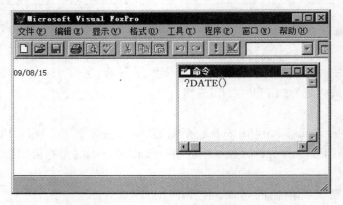

图 1-20　显示系统日期

② 在命令窗口输入"QUIT"，然后按 Enter 键，将退出系统。

（3）在使用"命令"窗口进行操作时，应注意以下几点。

① 每行只能写一条命令，每条命令输入完毕均按 Enter 键结束。

② 将光标移到窗口中已执行过的命令行的任意位置上，按 Enter 键将重新执行该命令。

③ 清除刚输入的命令，可以通过按 Esc 键实现。

④ 在"命令"窗口中右击，会显示一个快捷菜单，可以通过快捷菜单中的相应命令完成"命令"窗口与其他窗口之间编辑操作。

5. 工作区窗口

工作区窗口是位于系统窗口中的空白区域,也称为信息窗口,用来显示 Visual FoxPro 6.0 各种操作的运行结果。如,在"命令"窗口输入命令并按 Enter 键后,命令的执行结果会立即在工作区窗口显示。若工作区窗口显示的信息太多,可在"命令"窗口中执行 clear 命令予以清除。

6. 状态栏

Visual FoxPro 6.0 系统界面的下方是状态栏。状态栏用于显示 Visual FoxPro 6.0 所有的命令及操作状态信息。如,对表文件进行浏览时,将显示表文件的路径、名称、总记录数以及当前记录等,如图 1-21 所示。

图 1-21　状态栏

【实验 1-4】　Visual FoxPro 6.0 的环境配置

1. Visual FoxPro 6.0 默认目录的设置

在 D 盘的根目录下建立一个名为"图书管理"的文件夹,并将该文件夹设置为默认目录。

具体实验步骤如下。

Visual FoxPro 有其默认的工作目录,即系统文件所在的 Visual FoxPro 目录。为了便于管理,用户最好自己设置工作目录,以保存所创建的文件。

(1) 在 D 盘的根目录下建立一个名为"图书管理"的文件夹。

(2) 选择"工具"菜单中的"选项"命令,出现"选项"对话框,在"选项"对话框中选择"文件位置"选项卡,如图 1-22 所示。

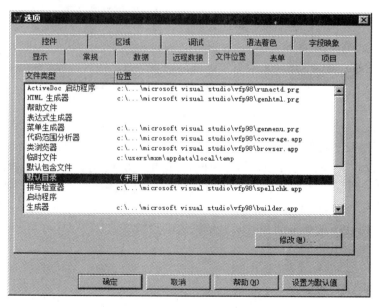

图 1-22　"文件位置"选项卡

安装 Visual FoxPro 6.0 并熟悉其工作环境

（3）在"文件类型"中选择"默认目录"，然后单击"修改"按钮或者直接双击"默认目录"，弹出图 1-23 所示的"更改文件位置"对话框。如果"使用默认目录"复选框没有处于选中状态，则选中"使用默认目录"复选框，激活"定位默认目录"文本框。在文本框中直接输入路径"D:\图书管理"或者单击文本框右侧的 $\boxed{\cdots}$ 按钮，出现图 1-24 所示的"选择目录"对话框。选中文件夹之后单击"选定"按钮，返回"更改文件位置"对话框。单击"确定"按钮，关闭"更改文件位置"对话框，返回"选项"对话框。

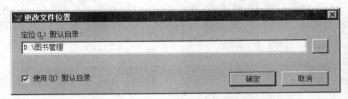

图 1-23　"更改文件位置"对话框

图 1-24　"选择目录"对话框

（4）可以看到在"文件位置"选项卡中，"默认目录"的"位置"已经被设置为了"D:\图书管理"。单击"确定"按钮，关闭"选项"对话框，则所更改的设置仅在本次系统运行期间有效。或者单击"设置为默认值"按钮，再单击"确定"按钮，关闭"选项"对话框，则以后每次启动 Visual FoxPro 6.0 时，所做的更改继续有效。

2. Visual FoxPro 6.0 日期和时间显示格式的设置

具体实验步骤如下。

（1）选择"工具"菜单中的"选项"命令，出现"选项"对话框。在"选项"对话框中选择"区域"选项卡，如图 1-25 所示。

（2）在"区域"选项卡中，可以设置日期和时间的显示方式。

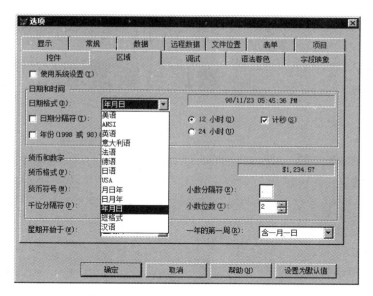

图 1-25 "区域"选项卡

四、能力测试

1. 练习安装 Visual FoxPro 6.0。
2. 练习 Visual FoxPro 6.0 的启动与退出。
3. 熟悉 Visual FoxPro 6.0 集成开发环境。
4. 在 D 盘建立一个以自己学号和姓名为名的文件夹,并将该文件夹设置为默认目录。
5. 建立名为"订单管理系统"的项目文件,将其保存在上题创建的文件夹中。

安装 *Visual FoxPro 6.0* 并熟悉其工作环境

实验二　数据与数据运算

一、实验目的

(1) 掌握常用的数据类型。

(2) 掌握变量的赋值和显示。

(3) 掌握运算符和表达式的使用。

(4) 掌握常用函数的使用。

二、实验预备知识

(一) 常用命令

1. 变量值的显示

?|?? <表达式表>

?：先按 Enter 键换行，再计算并输出表达式的值。

??：在屏幕上的当前位置，计算并直接输出表达式的值。

<表达式表>：用逗号分隔的表达式，各表达式的值输出时，以空格分隔。

2. 内存变量的建立

STORE <表达式> TO <内存变量表>

或

<内存变量> = <表达式>

3. 变量信息显示

DISPLAY|LIST MEMORY [LIKE <通配符>]

LIST MEMORY 与 DISPLAY MEMORY 的区别如下。

(1) LIST MEMORY 在显示内存变量时不暂停，在屏幕上只保留最后一屏内存变量。

(2) DISPLAY MEMORY 在显示内存变量时分屏显示。若内存变量数超过一屏，则每显示一屏后暂停显示，按任意键后继续显示。

4. 变量的清除

RELEASE <内存变量名表>

或

RELEASE ALL [LIKE <通配符>|EXCEPT <通配符>]

或

```
CLEAR MEMORY
```

5. 数组的定义

DIMENSION|DECLARE <数组名 1>(<数值表达式 1>[,<数值表达式 2>])[,<数组名 2>(<数值表达式 3>[,<数值表达式 4>])…]

6. 设置日期格式分隔符

SET MARK TO [日期分隔符]

7. 设置日期显示格式

SET DATE [TO] AMERICAN|ANSI|BRITISH|FRENCH|GERMAN|ITLIAN|JAPAN|USA|MDY|DMY|YMD

8. 设置日期格式中的世纪值

SET CENTURY ON|OFF

9. 设置是否对日期格式进行检查

SET STRICTDATE TO [0|1]

（二）常用函数

1. 取绝对值函数

ABS(<数值表达式>)

返回指定数值表达式的绝对值。

2. 符号函数

SIGN(<数值表达式>)

返回数值表达式的符号。当表达式的运算结果为正、负和零时,函数值分别为 1、-1、0。

3. 平方根函数

SQRT(<数值表达式>)

返回指定表达式的平方根。该表达式的值不能是负数。

4. 圆周率函数

PI()

返回常量 π 的近似值。该函数没有自变量。

5. 求整数函数

1）INT(＜数值表达式＞)
返回该数值表达式的整数部分。
2）CEILING(＜数值表达式＞)
返回大于或等于指定数值表达式的最小整数。

3) FLOOR(<数值表达式>)

返回小于或等于指定数值表达式的最大整数。

6. 最大值函数和最小值函数

1) MAX(<数值表达式 1>,<数值表达式 2>[,<数值表达式 3>…])

返回数值表达式中的最大值。

2) MIN(<数值表达式 1>,<数值表达式 2>[,<数值表达式 3>…])

返回数值表达式中的最小值。

7. 四舍五入函数

ROUND(<数值表达式 1>,<数值表达式 2>)

返回表达式在指定位置四舍五入后的结果。表达式 2 指明四舍五入的位置。若表达式 2 大于等于 0,那么它表示的是要保留的小数位数;若表达式 2 小于 0,那么它表示的是整数部分的舍入位数。

8. 求余数函数

MOD(<数值表达式 1>,<数值表达式 2>)

返回两个数值相除后的余数。数值表达式 1 是被除数,数值表达式 2 是除数。余数的正负号与除数相同。如果被除数与除数同号,那么函数值为两数相除的余数;如果被除数与除数异号,则函数值为两数相除的余数再加上除数的值。

9. 字符串长度函数

LEN(<字符表达式>)

返回字符表达式值的长度,即所包含的字符个数。函数值为数值型。

注意:汉字占两个字符。

10. 大小写转换函数

1) LOWER(<字符表达式>)

将字符表达式中的大写字母全部变成小写字母,其他字符不变。

2) UPPER(<字符表达式>)

将字符表达式中的小写字母全部变成大写字母,其他字符不变。

11. 删除字符串前后空格函数

1) LTRIM(<字符表达式>)

删除字符表达式的前导空格。

2) RTRIM(<字符表达式>)|TRIM(<字符表达式>)

删除字符表达式的尾部空格。

3) ALLTRIM(<字符表达式>)

删除字符表达式的前导和尾部空格。

12. 字符串匹配函数

LIKE(<字符表达式 1>,<字符表达式 2>)

比较两个字符串对应位置上的字符。若所有对应字符都相匹配,则函数返回逻辑真,否则返回逻辑假。字符表达式1中可以包含通配符"*"和"?"。"*"可与任何数目的字符相匹配,"?"可以与任何单个字符相匹配。

13. 系统日期函数

1) DATE()

返回当前系统日期,此日期由 Windows 系统设置。函数值为 D 型。

2) TIME()

返回当前系统时间,时间显示格式为 hh:mm:ss。函数值为 C 型。

3) DATETIME()

返回当前系统日期时间。函数值为 T 型。

14. 数值转换字符型函数

STR(<数值表达式>[,<长度>[,<小数位数>]])

将数值表达式的值转换成字符串,转换时根据需要自动进行四舍五入。

15. 字符转换数值型函数

VAL(<字符表达式>)

将字符串中的数字(正负号、小数点)转换成对应数值。若字符串内出现了非数字字符,那么只转换前面的部分;若字符串的首字符不是数字符号,则返回数值0,但忽略前导空格。系统默认保留两位小数。

16. 字符转换日期型或日期时间型函数

1) CTOD(<字符表达式>)

把"XX/XX/XX"格式的字符串转换成对应日期值。函数值为 D 型。

2) CTOT(<字符表达式>)

把"XX/XX/XX XX:XX:XX"格式的字符串转换成对应日期时间值。函数值为 T 型。

17. 日期或日期时间转换字符型函数

1) DTOC(<日期表达式>[,1])

把日期转换成相应的字符串。函数值为 C 型。

2) TTOC(<日期时间表达式>[,1])

把日期时间转换成相应的字符串。函数值为 C 型。

如果用选项[1],则 DTOC 字符串的格式总是为 YYYYMMDD,则 TTOC 字符串的格式总是为 YYYYMMDDHHMMSS。

18. 宏替换函数

&<字符型变量>[.]

替换出字符型变量的内容,即 & 的值是变量中的字符串。如果该函数与其后的字符无明确分界,则要用"."作函数结束标识。

19. 值域测试函数

BETWEEN(<表达式1>,<表达式2>,<表达式3>)

判断表达式1是否在表达式2和表达式3之间。若表达式1在表达式2和表达式3之间,则为逻辑真,否则为逻辑假。若表达式 2 和表达式 3 有一个是 NULL 值,那么函数值也是 NULL 值。

20. 表文件首、表文件尾测试函数

1) BOF([＜工作区号＞|＜别名＞])

BOF 测试记录指针是否移到表起始位置。如果记录指针指向表中首记录前面,则函数返回真(.T.),否则为假(.F.)。

2) EOF([＜工作区号＞|＜别名＞])

测试记录指针是否移到表结束位置。如果记录指针指向表中尾记录之后,则函数返回真(.T.),否则为假(.F.)。

三、实验内容

【实验 2-1】 变量的赋值和使用

具体实验步骤如下。

(1) 在"命令"窗口中输入并执行以下命令。

```
X = 8
STORE 5 TO Y
?X + Y
```

运行结果：13

(2) 在"命令"窗口中输入并执行以下命令。

```
S = "中国."
STORE "长春" TO M
?S + M
```

运行结果：中国. 长春

【实验 2-2】 表达式的正确使用

具体实验步骤如下。

1. 数值表达式

在"命令"窗口中输入并执行以下命令。

```
?(2 - 5) * (4 + 2)
```

运行结果：－18

```
?3 ^ 2 + 9/3
```

运行结果：12.00

```
?7 % 3 + 2 * 3 + 5/2
```

运行结果：9.50

2. 字符表达式

在"命令"窗口中输入并执行以下命令。

```
? "HELLO   " + "WORLD"
```

运行结果：HELLO   WORLD

? "HELLO   " – "WORLD"

运行结果：HELLOWORLD

? "HELLO   " – "WORLD" + "OK"

运行结果：HELLOWORLD   OK

3. 日期时间表达式

在"命令"窗口中输入并执行以下命令。

?{^2014 – 11 – 11} + 8

运行结果：11-19-14

?{^2014 – 11 – 11} – {^2014 – 11 – 2}

运行结果：9

【实验 2-3】 宏替换命令的使用

具体实验步骤如下。

在"命令"窗口中输入并执行以下命令。

X = "110"
?&X + 23

运行结果：133

【实验 2-4】 常用字符函数的使用

具体实验步骤如下。

（1）在"命令"窗口中输入并执行以下命令。

?SUBSTR("COMPUTER",4,3)

运行结果：PUT

（2）在"命令"窗口中输入并执行以下命令。

?AT("COMPUTER","THIS IS COMPUTER")

运行结果：9

（3）在"命令"窗口中输入并执行以下命令。

STORE "JLBTCEDU" TO X
?STUFF(X,5,3,"123")

运行结果：JLBT123U

（4）在"命令"窗口中输入并执行以下命令。

?"HELLO" + SPACE(5) + "DDW"

运行结果：HELLO   DDW

【实验 2-5】 常用数值函数的使用

具体实验步骤如下。

(1) 在"命令"窗口中输入并执行以下命令。

?INT(20.5)

运行结果：20

(2) 在"命令"窗口中输入并执行以下命令。

?SQRT(9)

运行结果：3.00

(3) 在"命令"窗口中输入并执行以下命令。

?ROUND(24.3459,3)

运行结果：24.346

?ROUND(134.5678,-2)

运行结果：100

(4) 在"命令"窗口中输入并执行以下命令。

?MOD(7,4)

运行结果：3

(5) 在"命令"窗口中输入并执行以下命令。

?PI()*5*5

运行结果：78.54

【实验 2-6】 常用日期和时间函数的使用

具体实验步骤如下。

(1) 在"命令"窗口中输入并执行以下命令。

?TIME()

假设系统时间是上午 10 点 12 分 24 秒,则运行结果为：10:12:24

?DATE()

假设系统日期是 2015 年 08 月 13 日,则运行结果为：08/13/2015

(2) 在"命令"窗口中输入并执行以下命令。

?YEAR(DATE())

假设系统日期是 2015 年,则运行结果为：2015

(3) 在"命令"窗口中输入并执行以下命令。

?MONTH(DATE())

假设系统日期是 2015 年 08 月 13 日,则运行结果为：11

（4）在"命令"窗口中输入并执行以下命令。

```
?DAY(DATE())
```

假设系统日期是 2015 年 08 月 13 日，则运行结果为：13

【实验2-7】 类型转换函数的使用

具体实验步骤如下。

（1）在"命令"窗口中输入并执行以下命令。

```
?UPPER("student")
```

运行结果：STUDENT

```
?LOWER("DDW")
```

运行结果：ddw

（2）在"命令"窗口中输入并执行以下命令。

```
?CTOD("08/01/2015")
```

运行结果：08/01/15

```
?DTOC(DATE())
```

假设系统日期是 2015 年 08 月 13 日，则运行结果为：2015/08/13

（3）在"命令"窗口中输入并执行以下命令。

```
?STR(23.45 * 10,6,2)
```

运行结果：234.50

```
?STR(123.34,2,2)
```

运行结果：**

```
?VAL(" - 134.45"),VAL(" - 134A4"),VAL("A134")
```

运行结果：-134.45,-134.00,0.00

【实验2-8】 常用数据库操作函数的使用

具体实验步骤如下。

（1）在"命令"窗口中输入并执行以下命令。

```
USE 图书信息
GO BOTTOM
?EOF()
```

运行结果：.F.

```
SKIP
?EOF()
```

运行结果：.T.

（2）在"命令"窗口中输入并执行以下命令。

```
USE 图书信息
GO TOP
?BOF()
```

运行结果：.F.

```
SKIP - 1
?BOF()
```

运行结果：.T.

（3）在"命令"窗口中输入并执行以下命令。

```
USE 图书信息
GO 4
?RECNO()
```

运行结果：4

```
SKIP 2
?RECNO()
```

运行结果：6

```
GO TOP
?RECNO()
```

运行结果：1

（4）在"命令"窗口中输入并执行以下命令。

```
USE 图书信息
?RECCOUNT()
```

运行结果：9

（5）在"命令"窗口中输入并执行以下命令。

```
?VARTYPE(.T.)
```

运行结果：L

```
?VARTYPE("123")
```

运行结果：C

```
?TYPE("123")
```

运行结果：N

（6）在"命令"窗口中输入并执行以下命令。

```
USE 图书信息
GO 4
DELETE
?DELETED()
```

运行结果：.T.

SKIP

?DELETED()

运行结果：.F.

四、能力测试

在"命令"窗口中输入以下命令，查看运行结果。

1.

```
A = 110
B = .T.
C = "长春"
STORE {^2015/08/13} TO D
?A,B,C,D
```

2.

```
A = 21.2346
?ROUND(A + 2.72,0)
```

3.

```
?"2010" + "广州亚运会"
?"2010 " + "广州亚运会"
?"2010 " - "广州亚运会" + "广州"
```

4.

```
SET MARK TO "/"
SET DATE TO YMD
D = {^2015/08/13}
?D
SET DATE TO MDY
?D
SET MARK TO " - "
?D
```

5.

```
?STR(1234.45,5)
?STR(1234.45,3)
?SUBSTR("广州亚运会",5,2)
?LEN(TRIM("吉林" + "长春"))
```

实验三　项目管理器的使用及数据库和表的创建

一、实验目的

(1) 掌握项目管理器的使用方法。

(2) 掌握建立数据库的步骤和方法。

(3) 掌握数据库设计器的使用方法。

(4) 掌握数据库的基本操作。

(5) 熟悉建立自由表和数据库表的过程。

(6) 掌握表设计器的使用方法。

二、实验预备知识

(一) 创建项目

1. 菜单方式

选择"文件"菜单中的"新建"命令,弹出"新建"对话框,在"文件类型"选项组中选择"项目",单击"新建文件"按钮。

2. 命令方式

CREATE PROJECT <项目文件名>

(二) 项目管理器的组成

项目管理器由标题栏、选项卡、工作区以及命令按钮几部分组成。

(三) 项目管理器中的命令按钮

项目管理器中的命令按钮包括"新建"、"添加"、"修改"、"移去"、"动态"以及"连编"等按钮。

(四) 定制项目管理器

1. 改变大小和位置

(1) 改变项目管理器的位置。可以将鼠标指针指向标题栏,然后将该窗口拖动到屏幕上的其他位置。

(2) 改变项目管理器的大小。可以将鼠标指针指向该窗口的顶端、底端、两侧或角上,然后拖动鼠标即可增大或减小它的尺寸。

2. 折叠项目管理器

单击窗口右上角的向上的箭头,可折叠项目管理器。这样可以节省屏幕空间。折叠之后,以前的箭头改变方向朝下,再次单击它,将重新展开项目管理器。

3. 分离项目管理器中的选项卡

在折叠项目管理器之后，可将其中的标签拖离项目管理器。

4. 停放项目管理器

可以拖动项目管理器的标题栏到 Visual FoxPro 主窗口的菜单栏和工具栏附近，此时项目管理器便变成了系统工具栏的一个工具条。也可以把项目管理器从工具栏拖出来。

（五）项目管理器中的文件操作

1. 文件的创建

打开项目管理器，选择需要创建的文件类型，如"数据库"类型，然后单击"新建"按钮。可以选择使用向导或手动创建。

2. 文件的添加

打开项目管理器，选择需要创建的文件类型，如"数据库"类型，然后单击"添加"按钮，在"查找范围"中设置文件位置，选择相应的文件后，单击"确定"按钮就可以将已有的文件添加到项目中。

3. 文件的移去与删除

打开项目管理器，选择要移去或删除的文件，单击"移去"按钮，即可按提示完成操作。

4. 文件的修改

打开项目管理器，选择要修改的文件后，单击"修改"按钮，即可打开设计器，进行修改。

5. 文件的运行

打开项目管理器，选择要运行的文件后，单击"运行"按钮，即可运行相应的文件。

（六）建立数据库

1. 命令方式

CREATE DATABASE [<数据库文件名>|?]

2. 菜单方式

（1）选择"文件"菜单中的"新建"命令或单击工具栏上的"新建"按钮，打开"新建"对话框。

（2）选择"数据库"单选按钮，然后单击"新建文件"按钮，出现"创建"对话框。

（3）在"创建"对话框中选择数据库的路径并输入数据库名，选择"保存"按钮后，系统会自动打开数据库文件并进入数据库设计器。

3. 利用项目管理器建立数据库

（1）打开已建立的项目文件，出现项目管理器窗口。

（2）选择"全部"选项卡，单击"数据"标签前的"＋"，展开"数据"标签。选择"数据库"或选择"数据"选项卡中的"数据库"，然后单击"新建"按钮，出现"新建数据库"对话框。

（3）在"新建数据库"对话框中单击"新建数据库"按钮，出现"创建"对话框。

（4）后面的操作步骤与使用菜单方式建立数据库相同。

（七）打开数据库

1. 命令方式

OPEN DATABASE [<数据库文件名>|?] [EXCLUSIVE|SHARED] [NOUPDATE] [VALIDATE]

2. 菜单方式

(1) 选择"文件"菜单中的"打开"命令或单击工具栏上的"打开"按钮,出现"打开"对话框。

(2) 在"文件类型"下拉列表框中选择"数据库",将显示所有数据库文件。

(3) 选择要打开的数据库文件,单击"确定"按钮,打开数据库的同时,将显示数据设计器。

3. 利用项目管理器打开数据库

(1) 打开已建立的项目文件,出现"项目管理器"窗口。

(2) 选择"数据"标签下的"数据库",单击"＋"展开数据库。

(3) 选择要打开的数据库文件,单击"修改"按钮,打开数据库的同时,也将显示数据设计器。

(八) 关闭数据库

1. 命令方式

CLOSE [ALL|DATABASE]

2. 利用项目管理器关闭数据库

(1) 打开已建立的项目文件,出现"项目管理器"窗口。

(2) 选择"数据"标签下的"数据库",单击"＋"展开数据库。

(3) 选择要关闭的数据库文件,然后单击"关闭"按钮。

(九) 切换数据库

1. 命令方式

SET DATABASE TO [数据库名]

2. 数据库下拉列表方式

可以使用标准工具栏上的数据库下拉列表来选择当前数据库。

(十) 修改数据库

1. 命令方式

MODIFY DATABASE [<数据库文件名>|?] [NOWAIT] [NOEDIT]

2. 菜单方式

(1) 选择"文件"菜单中的"打开"命令或单击工具栏上的"打开"按钮,出现"打开"对话框。

(2) 在"文件类型"下拉列表框中选择"数据库",出现所有数据库文件。

(3) 选择要使用的数据库文件,单击"确定"按钮。

3. 利用项目管理器修改数据库

(1) 打开已建立的项目文件,出现"项目管理器"窗口。

(2) 选择"数据"标签下的"数据库",单击"＋"展开数据库。

(3) 选择要使用的数据库文件,单击"修改"按钮。

（十一）删除数据库

1. 命令方式

DELETE DATABASE <数据库文件名|?> [DELETETABLES] [RECYCLE]

2. 利用项目管理器删除数据库

（1）打开已建立的项目文件，出现"项目管理器"窗口。

（2）选择"数据"标签下的"数据库"，单击"+"展开数据库。

（3）选择要删除的数据库文件，单击"移去"按钮。

（4）在出现的对话框中，若单击"移去"按钮，则只会将数据库从项目中移去；若单击"删除"按钮，则将从磁盘上删除数据库，被删除数据库中的表将成为自由表；若单击"取消"按钮，则将取消删除数据库的操作。

（十二）创建表结构

1. 命令方式

CREATE [<表文件名>|?]

2. 菜单方式

（1）选择"文件"菜单中的"新建"命令或单击工具栏上的"新建"按钮，打开"新建"对话框。

（2）单击"表"单选按钮，在"新建"对话框中可以单击"新建文件"按钮或"向导"按钮来完成表的定制。单击"新建文件"按钮，将出现"创建"对话框。

（3）在"创建"对话框中输入新建表的名称并选择新建表的位置，单击"保存"按钮，系统会自动打开表设计器。

3. 利用项目管理器创建表结构

（1）在"数据"选项卡中选择"自由表"，然后单击"新建"按钮，出现"新建表"对话框。

（2）在"新建表"对话框中，单击"新建表"按钮，出现"创建"对话框。

（3）在"创建"对话框中确定需要建立表的路径和表名，单击"保存"按钮，出现自由表的"表设计器"窗口。

建立数据库表的步骤如下。

（1）在"数据"选项卡中选择"数据库"，单击"+"展开数据库，选择要建立表的数据库。

（2）单击数据库前面的"+"展开该数据库，选择"表"，然后单击"新建"按钮，出现"新建表"对话框。

（3）后面的操作步骤与建立自由表的方式相同，最后出现数据库表的"表设计器"窗口。

（十三）表设计器的使用

表设计器都包含"字段"、"索引"、"表"3个选项卡。

1. "字段"选项卡

字段名：用来标识字段，在表中必须是唯一的。

字段类型：表示该字段中存放数据的类型。

字段宽度：表示该字段所允许存放数据的最大宽度。

小数位数：只对数值型字段和浮点型字段等数值类型有效，允许最大宽度为20。

索引：显示该字段是否设置了索引，是升序还是降序，也可以设置一个普通索引。

NULL：可以指定字段是否接受空值(. NULL.)。

若建立的是数据库表，则下面还有"显示"、"字段有效性"等。

1) 字段的显示属性

格式：控制字段在浏览窗口、表单、报表等显示时的样式。

输入掩码：控制输入该字段的数据的格式。

标题：设置字段显示时的标题，默认表结构中的字段名作为字段的标题显示。

2) 字段有效性

规则："规则"应是一个逻辑型表达式，用于限制字段数据的有效范围。

信息："信息"是字符型常量，用于设置出错提示信息。

默认值：默认值的数据类型由字段类型决定。

2. "索引"选项卡

用来建立索引，在后面会有详细介绍。

3. "表"选项卡

1) 记录有效性

规则："规则"应是一个逻辑型表达式。

信息："信息"是字符型常量。

2) 触发器

插入触发器，更新触发器，删除触发器。

（十四）录入表数据

1. 立即追加数据

如果刚建好表结构，在系统提示是否立即输入记录的对话框中单击"是"按钮，可直接进入记录编辑窗口。如果单击"否"按钮，则后期需要输入表记录时，就要以追加方式输入记录。

2. 直接追加数据

1) 命令方式

```
APPEND [BLANK]
```

2) 菜单方式

选择"文件"菜单中的"打开"命令，打开表文件。

选择"显示"菜单中的"浏览"命令，显示浏览窗口。

选择"显示"菜单中的"追加方式"命令，可以追加多条记录。

或者选择"表"菜单中的"追加新记录"命令，用户可以追加一条记录。

3. 特殊类型数据的录入

（1）逻辑型字段只接受 T、Y、F、N(不区分大小写)。

（2）日期型字段的年、月、日之间的分隔符已经存在，默认按"月月/日日/年年"格式输入即可。

（3）备注型用 Memo 标识，双击可打开备注型数据的录入界面，在该界面可以输入文本，可对文本进行剪切、复制、粘贴等操作。经过编辑的备注字段，显示为 Memo，修改数据可通过双击字段返回到编辑窗口进行修改。

（4）通用型用 Gen 标识，通过双击字段打开通用型数据的录入界面，选择"编辑"菜单中的"插入对象"命令，弹出"插入对象"对话框。若插入的对象是新创建的，则选择"新建"单选按钮；若插入的对象已经存在，则选择"由文件创建"单选按钮，在文件文本框内输入文件的路径和文件名，也可单击"浏览"按钮，然后单击"确定"按钮；若想删除字段内容，则执行"编辑"菜单中的"清除"命令即可。经过编辑的通用字段，显示为 Gen。

（十五）表的删除

1．删除自由表

DELETE FILE [表文件名.DBF]

2．删除数据库表

REMOVE TABLE [表文件名|?][DELETE][RECYCLE]

3．利用项目管理器删除表

（1）在项目管理器中选中需要删除的表，单击"移去"按钮或选择"项目"菜单中的"移去文件"命令，出现"选择"对话框。

（2）在"选择"对话框中，若单击"移去"按钮，则会将表文件移出项目文件；若单击"删除"按钮，则会将表文件从磁盘上删除。

三、实验内容

【实验 3-1】 项目管理器的创建

在 D 盘"图书管理"文件夹中创建一个名为"图书管理系统.pjx"的项目文件。

具体实验步骤如下。

在 D 盘创建"图书管理"文件夹，并把 Visual FoxPro 的默认目录设置在这个文件夹，后面所有实验内容都在这个文件夹中进行操作。创建项目的方法主要有如下几种。

（1）选择"文件"菜单中的"新建"菜单命令，弹出图 3-1 所示的"新建"对话框，在"文件类型"选项组中选择"项目"单选按钮，单击"新建文件"按钮，弹出"创建"对话框。在"项目文件"文本框中输入项目的名称"图书管理系统"，如图 3-2 所示。单击"保存"按钮，即建立了一个空的"图书管理系统"项目文件，同时还将打开"项目管理器"窗口，如图 3-3 所示。

（2）在"命令"窗口中输入 CREATE PROJECT ＜项目文件名＞也可以建立项目文件，如图 3-4 所示。

【实验 3-2】 打开和关闭项目文件

1．打开"图书管理系统"项目文件

打开项目文件的方法主要有如下几种。

图 3-1 "新建"对话框

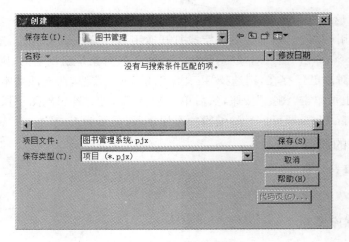

图 3-2 "创建"对话框

图 3-3 "项目管理器"窗口

图 3-4 使用"命令"窗口创建项目文件

(1) 选择"文件"菜单中的"打开"命令,在"文件类型"选项组中选择"项目",然后选中或输入要打开项目的文件名"图书管理系统",单击"确定"按钮。

(2) 在"命令"窗口中输入 MODIFY PROJECT <项目名>,如"MODIFY PROJECT 图书管理系统"。

(3) 直接找到"图书管理系统"项目文件存储的位置,双击项目文件。

2. 关闭"图书管理系统"项目文件

关闭项目文件的方法主要有如下几种。

(1) 单击项目管理器标题栏右侧的"关闭"按钮 ✖。

(2) 双击项目管理器标题栏左侧的"控制"菜单图标 ▣。

(3) 按 Alt＋F4 键。

【实验 3-3】 项目管理器的使用

1. 查看"图书管理系统"项目管理器中的文件

具体实验步骤如下。

1）展开项目

如果项目中具有一个以上同一类型的项，其类型符号旁边会出现一个"＋"号。单击＋号可以显示项目中该类型项的名称。

2）折叠项目

若要折叠已展开的列表，可单击列表旁边的"－"号。

2. 在"图书管理系统"项目中新建一个名为"系统说明书.txt"的文本文件

具体实验步骤如下。

（1）在项目管理器中选择要创建的文件类型，这里选择"其他"选项卡中的"文本文件"，如图 3-5 所示。

图 3-5　选定新建文件类型为"文本文件"

（2）单击"新建"按钮或使用"项目"菜单中的"新建文件"命令，打开文本文件编辑器，如图 3-6 所示。在文本文件编辑窗口中输入"图书管理系统的使用说明书"等文本内容，然后单击"关闭"按钮，则弹出"另存为"对话框。将该文本文件以"系统说明书"为名保存到默认路径下，则所建立的文本文件"系统说明书.txt"将自动被添加到"项目管理器"中的"文本文件"类型下，如图 3-7 所示。

图 3-6　文本文件编辑器

图 3-7　建立了"系统说明书"文本文件的项目管理器

实验三

项目管理器的使用及数据库和表的创建

注意：在项目管理器中创建的文件将被自动添加到项目管理器中；而使用"文件"菜单中的"新建"命令创建的文件则并不添加到项目管理器中,若要使其包含在项目管理器中,则必须使用添加文件的方法将其添加进去。

3. 将"系统说明书.txt"文件从项目管理器中移去

具体实验步骤如下。

(1) 在项目管理器的""其他选项卡中选定要移去的"系统说明书"文本文件。

(2) 单击"移去"按钮,则弹出系统提示对话框,如图 3-8 所示。如果单击"移去"按钮,将会从项目中移去该文件;如果单击"删除"按钮,将会从硬盘上删除该文件。这里选择"移去",则将把"系统说明书.txt"从项目中移去。

图 3-8 系统提示对话框

4. 在项目管理器中添加"系统说明书.txt"文件

具体实验步骤如下。

(1) 在项目管理器中选择欲添加的文件类型,这里选择"其他"选项卡中的"文本文件"。

(2) 单击"添加"按钮,打开"添加"对话框。

(3) 在"添加"对话框中选择"系统说明书.txt"文件。

(4) 单击"确定"按钮,则文本文件"系统说明书.txt"便被添加到了项目管理器中。

5. 修改"系统说明书"文本文件

具体实验步骤如下。

(1) 在项目管理器中选择要修改的"系统说明书"文本文件。

(2) 单击"修改"按钮,打开文本文件编辑器,可对该文件进行修改和编辑。

【实验 3-4】 定制项目管理器

1. 改变"图书管理系统"项目管理器的大小和位置

具体实验步骤如下。

(1) 改变项目管理器的位置。可以将鼠标指针指向标题栏,然后将该窗口拖动到屏幕上的其他位置。

(2) 改变项目管理器的大小。可以将鼠标指针指向该窗口的顶端、底端、两侧或角上,然后拖动鼠标即可增大或减小它的尺寸。

2. 折叠"图书管理系统"项目管理器

具体实验步骤如下。

单击窗口右上角的向上的箭头,可折叠项目管理器。这样可以节省屏幕空间。折叠之后,以前的箭头改变方向朝下,如图 3-9 所示,再次单击它,可重新展开项目管理器。

图 3-9 折叠项目管理器

3. 分离"图书管理系统"项目管理器

具体实验步骤如下。

在折叠项目管理器之后,可将其中的标签拖离项目管理器。如要还原该标签,则可单击标签上的 ✖ 按钮,或是将标签拖回至项目管理器中。如果希望某一标签始终显示在多窗口屏幕的最外层,则可单击标签上的图钉按钮,这样,该标签就会始终保留在其他 Visual FoxPro 6.0 窗口的上面。再次单击图钉按钮可以取消标签的"顶层显示"设置,如图 3-10 所示。

图 3-10　分离项目管理器

4. 停放"图书管理系统"项目管理器

具体实验步骤如下。

可以拖动项目管理器的标题栏到 Visual FoxPro 6.0 主窗口的菜单栏和工具栏附近,项目管理器便变成了系统工具栏的一个工具条。也可以把项目管理器从工具栏拖出来。如图 3-11 所示。

图 3-11　停放项目管理器

【实验 3-5】　建立数据库文件

1. 使用菜单方式建立数据库文件

使用菜单方式建立一个名为"学生管理"的数据库文件。

具体实验步骤如下。

项目管理器的使用及数据库和表的创建

（1）选择"文件"菜单中的"新建"命令，弹出图 3-12 所示"新建"对话框，在"文件类型"选项组中选择"数据库"单选按钮，单击"新建文件"按钮。

（2）弹出"创建"对话框，如图 3-13 所示。在"数据库名"文本框中输入数据库的名称"学生管理"，然后单击"保存"按钮。

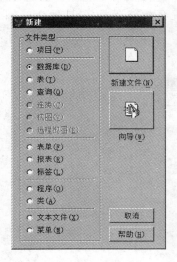
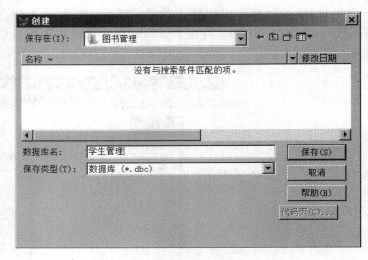

图 3-12　"新建"对话框　　　　　　　　　　图 3-13　"创建"对话框

（3）这样就建立了一个空的"学生管理"数据库文件，同时还将打开"数据库设计器"对话框和"数据库设计器"浮动工具栏，如图 3-14 所示。新建立的数据库将在工具栏中的数据库列表显示，表示该数据已被打开并设置为当前数据库，然后关闭数据库设计器。

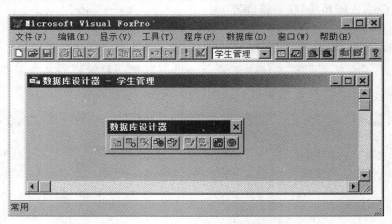

图 3-14　"数据库设计器"对话框

2. 使用命令方式建立数据库文件

使用命令方式建立一个名为"工资管理"的数据库文件。

具体实验步骤如下。

在"命令"窗口输入"CREATE　DATABASE［＜数据库文件名＞|?］"也可以建立数据库文件，如图 3-15 所示。输入命令后按 Enter 键即可。但是这种方式不会打开数据库设计

器,只会打开数据库。新建的数据库将显示在工具栏的数据库列表上,成为当前数据库。

图 3-15 使用"命令"窗口创数据库文件

3. 使用项目管理器方式建立数据库文件

使用项目管理器方式建立一个名为"图书管理"的数据库文件。

具体实验步骤如下。

(1) 选择"图书管理系统"项目文件中的"全部"选项卡,如图 3-16 所示。单击"数据"标签前的"+",展开"数据"标签。选择"数据库"或选择"数据"选项卡中的"数据库",如图 3-17 所示。对于数据库的操作,这两个选项卡功能相同,以后只介绍"数据"选项卡操作。

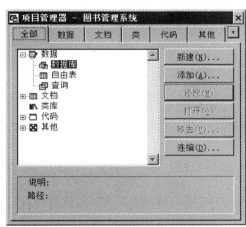

图 3-16 "全部"选项卡

图 3-17 "数据"选项卡

(2) 单击"新建"按钮,出现"新建数据库"对话框,如图 3-18 所示。选择"新建数据库"按钮,出现"创建"窗口。在"数据库名"文本框中输入数据库的名称"图书管理",单击"保存"按钮,出现"数据库设计器",然后关闭该界面。

【实验 3-6】 切换数据库

1. 在数据库下拉列表切换数据库

使用数据库下拉列表的方式,把当前数据库由"图书管理"数据库切换到"学生管理"数据库。

具体实验步骤如下。

分别用 3 种方式建立"学生管理"、"工资管理"和"图书管理"数据库,在数据库下拉列表可以看到这 3 个数据库,如图 3-19(a)所示,表示这 3 个数据都处于打开

图 3-18 "新建数据库"对话框

项目管理器的使用及数据库和表的创建

状态。但是,只能有一个是当前数据库,对数据库的所有操作都是对当前数据库而言的。如图 3-19(a)所示,当前数据库是"图书管理"数据库,可以在数据库下拉列表中选择"学生管理"数据库为当前数据库,如图 3-19(b)所示。

2. 使用命令方式切换数据库

使用命令方式把当前数据库切换到"工资管理"数据库。

具体实验步骤如下。

在命令窗口输入"SET DATABASE TO [数据库名]"也可以指定一个已经打开的数据库为当前数据库,如图 3-20 所示。执行完命令后,则"工资管理"数据库为当前数据库。

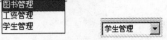

(a) 处于打开状态数据库　(b) 当前数据库

图 3-19　数据库下拉列表

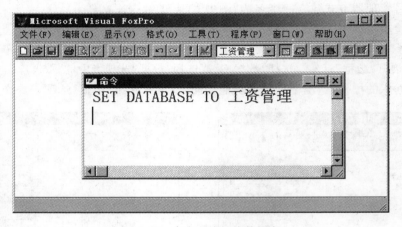

图 3-20　命令方式切换数据库

【实验 3-7】　打开与关闭数据库

使用多种方式打开与关闭数据库。

在"命令"窗口中输入 CLOSE ALL,按 Enter 键,则将关闭所有对象,包括数据库。执行完该命令后,数据库下拉列表中将无显示内容。

1. 使用菜单的方式打开"图书管理"数据库

具体实验步骤如下。

选择"文件"菜单中的"打开"命令,弹出图 3-21 所示的"打开"对话框。"文件类型"选择"数据库",在"文件名"文本框中输入"图书管理"或在文件列表中选择"图书管理"数据库,则在打开"图书管理"数据库的同时将打开数据库设计器。

2. 在项目管理器中关闭"图书管理"数据库

具体实验步骤如下。

关闭数据库设计器,并可用类似方式打开"图书管理系统"项目文件,如图 3-22 所示。在项目中选择"图书管理"数据库,单击项目管理器上的"关闭"按钮,即可关闭"图书管理"数据库,如图 3-22(a)所示。

3. 在项目管理器中打开"图书管理"数据库

具体实验步骤如下。

关闭"图书管理"数据库后,项目管理器上的"关闭"按钮变为"打开"按钮,如图 3-22(b)

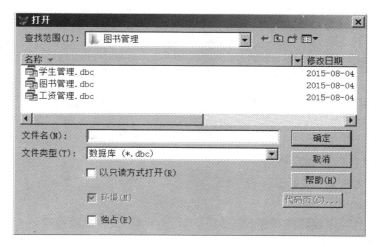

图 3-21　"打开"对话框

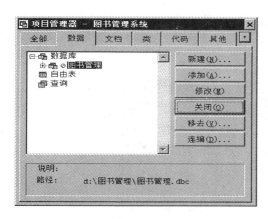

(a) 关闭数据库

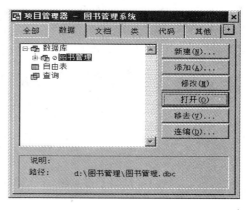

(b) 打开数据库

图 3-22　在项目管理器中关闭和打开数据库

所示。选择"图书管理"数据库,单击项目管理器上的"打开"按钮,即可打开"图书管理"数据库,但不显示数据库设计器。

4. 用命令方式打开当前数据库

具体实验步骤如下。

若想打开当前数据库的数据库设计器,可以在命令窗口中输入 MODIFY DATABASE 命令,然后按 Enter 键执行。

【实验 3-8】　删除数据库

1. 使用命令方式删除数据库

使用命令删除"学生管理"数据库。

具体实验步骤如下。

要删除的数据库必须处于关闭状态。在"命令"窗口中输入"DELETE　DATABASE 学生管理",按 Enter 键,出现图 3-23 所示的提示框。单击"是"按钮,即可删除"学生管理"数据库。

项目管理器的使用及数据库和表的创建

图 3-23　删除数据库提示框

2. 使用项目管理器删除数据库

在项目管理器中删除"工资管理"数据库。

具体实验步骤如下。

（1）利用项目管理器删除数据库，在图 3-22 所示的项目管理器中选择"**数据库**"，然后单击"添加"按钮，出现"打开"对话框。

（2）在"打开"对话框中选择"工资管理"数据库，该数据库就被添加到了项目管理器中。

（3）选择"工资管理"数据库，单击"移去"按钮，如图 3-24 所示。出现图 3-25 所示的提示框，单击"删除"按钮，即可把"工资管理"数据库删除。若单击"移去"按钮，则只代表把数据库从项目管理器中移去，而并没有删除，还可以添加回来。

图 3-24　利用项目管理器删除数据库

图 3-25　移去数据库提示框

【实验 3-9】 创建表结构

创建"图书信息"表的表结构，如表 3-1 所示。

表 3-1 "图书信息"表的表结构

字 段 名	类 型	宽 度	字 段 名	类 型	宽 度
图书编号	字符型	7	数量	数值型	10
图书名称	字符型	20	出版社	字符型	10
作者	字符型	8	分类	字符型	6
价格	货币型	8	是否借出	逻辑型	1

具体实验步骤如下。

（1）在"图书管理系统"项目管理器中选择"图书管理"数据库，单击前面的"＋"，展开"图书管理"数据库。选择"表"，如图 3-26 所示。单击"新建"按钮，出现"新建表"对话框。选择"新建表"按钮，出现"创建"对话框。在"输入表名"文本框中输入"图书信息"，然后单击"保存"按钮，出现"表设计器"对话框。输入表 3-1 中所示的数据，如图 3-27 所示。

图 3-26 利用项目管理器创建表

（2）选择"图书编号"字段。该字段前的按钮显示为 ⬍，表示该字段被选为当前字段，所有对字段的操作，都是针对当前字段而言的。在"标题"文本框中输入"书号"。

（3）设置"数量"字段的有效性规则。

① 选择"数量"字段，单击"规则"文本框后的 ⋯ 按钮，出现"表达式生成器"对话框，如图 3-28 所示。双击"字段"列表框中的"数量"字段，在"逻辑"下拉列表框中选择"＞＝"，然后在"有效性规则"文本框中输入数字 0，再从"逻辑"下拉列表框中选择"AND"，以此方式补全图 3-28 所示的表达式。最后单击"确定"按钮，返回"表设计器"对话框。

② 选择"信息"文本框后的 ⋯ 按钮，出现"表达式生成器"对话框，选择"字符串"下拉列表框中的"文本"，在"表达式"文本框中出现的""内输入"图书数量应大于等于 0，且小于100"，然后单击"确定"按钮。

③ 在"默认值"文本框中输入 20，如图 3-27 所示。

项目管理器的使用及数据库和表的创建

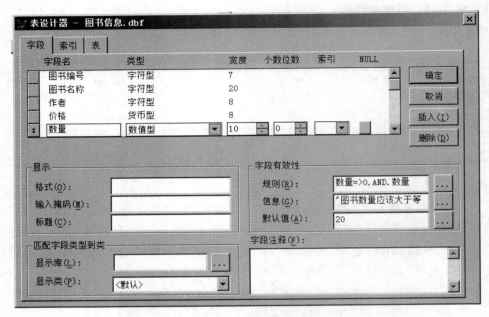

图 3-27　"表设计器"对话框

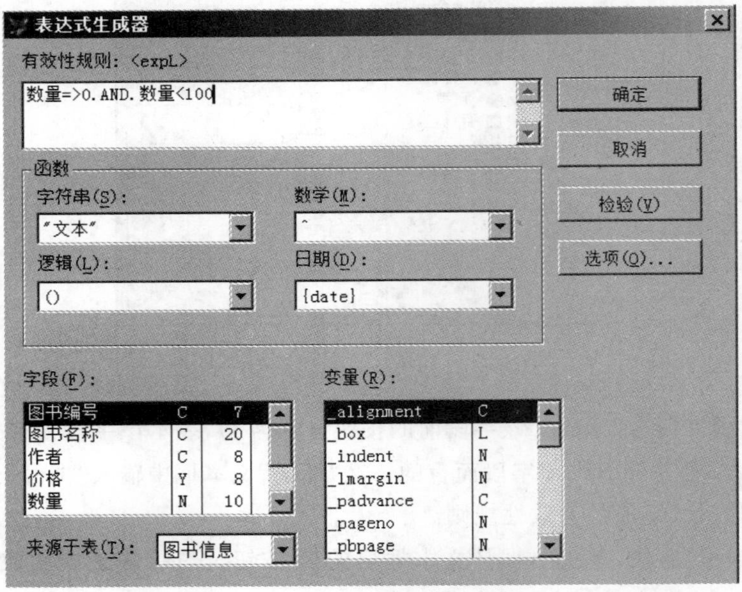

图 3-28　"表达式生成器"对话框

（4）设置"是否借出"字段的有效性规则。

① 选择"是否借出"字段，单击本行记录中的 NULL 按钮，该按钮出现√，表示"是否借出"字段接受 .NULL. 值。

② 在"默认值"文本框中输入 .F.，然后单击"确定"按钮，出现图 3-29 所示的提示框，单击"是"按钮。

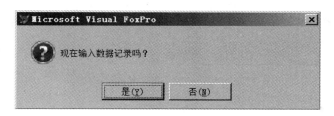

图 3-29　输入数据记录提示框

【实验 3-10】　录入表的数据

按照表 3-2 录入"图书信息"表的数据。

表 3-2　"图书信息"表数据

图书编号	图书名称	作者	价格	数量	出版社	分类	是否借出
2015001	英汉互译实践与技巧	许建平	39	12	清华大学	英语	T
2015002	中国传统文化	张建	33	5	高等教育	人文	F
2015003	平面设计技术	谭浩强	34	20	人民邮电	计算机	F
2015004	汉英翻译基础教程	冯庆华	49	10	高等教育	英语	T
2015005	中国旅游文化	刘秀峰	26	6	人民邮电	人文	F
2015006	考研英语	刘香玲	29	20	水利水电	英语	T
2015007	C 语言程序设计	谭浩强	30	30	清华大学	计算机	F
2015008	翻译 365	冯庆华	33	9	人民教育	英语	F
2015009	一级 MS Office 教程	谭浩强	24	5	清华大学	计算机	T
2015010	大学计算机基础	孙艳	28	20	中国铁道	计算机	F

具体实验步骤如下。

(1)【实验 3-9】结束之后,直接进入数据录入界面,如图 3-30(a)所示,可以选择"显示"菜单中的"浏览"命令切换到图 3-30(b)所示的界面。为"图书信息"表录入表 3-2 中的数据。

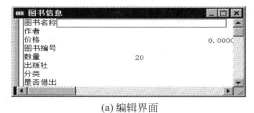

(a)编辑界面　　　　　　　　　　(b)浏览界面

图 3-30　表数据录入界面

(2)此外,还可以通过以下两种方式追加记录。

① 选择"文件"菜单中的"打开"命令,打开表文件。然后选择"显示"菜单中的"浏览"命令,显示浏览窗口,再选择"显示"菜单中的"追加方式"。

② 选择"文件"菜单中的"打开"命令,打开表文件,然后在"命令"窗口中输入 APPEND 命令。

【实验 3-11】　创建自由表

创建"读者信息"表。表结构如图 3-31 所示,表数据如表 3-3 所示。

项目管理器的使用及数据库和表的创建

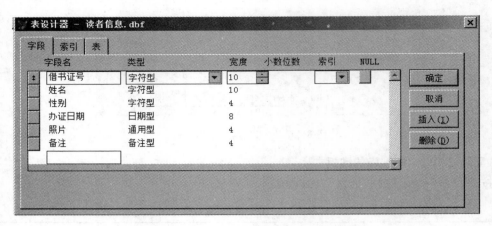

图 3-31　"读者信息"表的表设计器

表 3-3　"读者信息"表的数据

借书证号	姓　名	性　别	办证日期
001	王兰	女	2014-9-10
002	李苗苗	女	2014-9-15
003	张丽	女	2014-10-10
004	王思成	男	2014-11-22
005	高旭	男	2015-9-1
006	刘晓寒	男	2015-9-8
007	李艳	女	2015-9-10
008	张伟利	男	2015-9-15
009	刘明	男	2015-9-18

具体实验步骤如下。

(1) 在"图书管理系统"项目管理器中,选择"数据"选项卡中的"自由表"。单击"新建"按钮,在出现的"新建表"对话框中选择"新建表",创建"读者信息"表。因该表是自由表,故表设计器如图 3-31 所示。与数据库表"图书信息"的表设计器进行对比,体会两种表设计器在功能上的不同之处。

(2) 按照表 3-3 录入"读者信息"表的数据。

图 3-32　通用型数据的录入界面

(3) 双击"王兰"的照片字段,出现通用型数据的录入界面,如图 3-32 所示。选择"编辑"菜单中的"插入对象"命令,弹出"插入对象"对话框,如图 3-33 所示。单击"由文件创建"单选按钮,在"文件"文本框内输入文件的路径和文件名,也可按下"浏览"按钮,选择指定图片,然后单击"确定"按钮即可。关闭照片字段的录入界面,发现编辑过的"王兰"照片字段,显示为 Gen。

(4) 双击"王兰"的备注字段,出现备注型数据的录入界面。直接输入图 3-34 所示内容。关闭备注字段的录入界面,发现"王兰"的备注字段显示为 Memo。

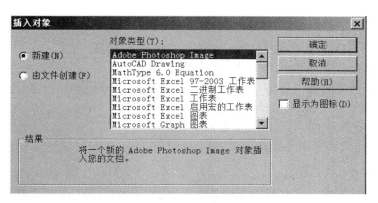

图 3-33　"插入对象"对话框

图 3-34　备注字段内容

【实验 3-12】　创建数据库表

创建"借阅信息"表。表结构如表 3-4 所示,表中数据如表 3-5 所示。

具体实验步骤如下。

按照【实验 3-9】与【实验 3-10】的步骤创建"借阅信息"表。

表 3-4　"借阅信息"表的表结构

字段名	类 型	宽 度	字段名	类 型	宽 度
图书编号	字符型	10	还书日期	日期型	8
借书证号	字符型	10	超出天数	整型	4
借阅日期	日期型	8	罚金	货币型	8

表 3-5　"借阅信息"表的数据

图书编号	借书证号	借阅日期	还书日期	超出天数	罚 金
2015001	002	2015-9-16	2015-10-26	10	100
2015004	005	2015-10-22	2015-11-16	0	0
2015006	009	2015-10-16	2015-11-12	0	0
2015010	001	2015-9-23	2015-10-30	7	70
2015003	001	2015-10-26	2015-11-23	0	0
2015004	009	2015-11-19	2015-12-25	6	60
2015010	002	2015-11-21	2015-12-16	0	0
2015006	002	2015-11-21	2015-12-16	0	0
2015007	004	2015-12-3	2015-12-19	0	0
2015009	007	2015-12-20	- -	0	0
2015006	003	2015-12-22	- -	0	0
2015001	003	2015-12-22	- -	0	0

项目管理器的使用及数据库和表的创建

【实验3-13】 自由表和数据库表的转换

1. 将自由表转换为数据库表

将"读者信息"表转换为"图书管理"数据库中的表。

具体实验步骤如下。

(1) 在"图书管理系统"项目管理器中,选择"图书管理"数据库中的"表",如图3-35(a)所示。单击"添加"按钮,出现"打开"对话框。

(2) 在"打开"对话框中选择自由表"读者信息"。

(3) "读者信息"表即成为"图书管理"数据库中的表,如图3-35(b)所示。

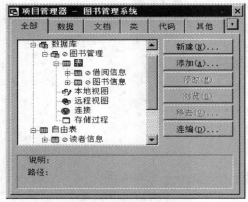 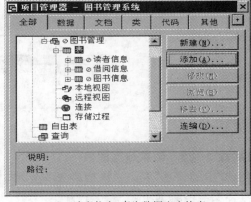

(a) "读者信息"表为自由表　　　　　　　(b) "读者信息"表为数据库中的表

图3-35　利用项目管理器实现自由表到数据库表的转换

2. 将数据库表转换为自由表

将"读者信息"表转换为自由表。

具体实验步骤如下。

(1) 选择图3-35(b)所示的"读者信息"表,单击"移去"按钮,出现图3-36所示的提示框。

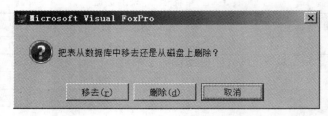

图3-36　选择提示框

(2) 在提示框中,若单击"移去"按钮,并在随后出现的提示框中单击"是"按钮,则会将表文件移出项目文件,使之成为自由表;若单击"删除"按钮,则会将表文件从磁盘上删除。

四、能 力 测 试

1. 在D盘建立一个"订单管理"的文件夹,并将该文件夹设置为默认目录。

2. 建立名为"订单管理系统"的项目文件,将其保存在上题创建的文件夹中。

3. 在"订单管理系统"项目管理器中建立"订单管理"数据库。

4. 创建"客户"表、"职员"表和"订单"表,表结构和表中数据如图 3-37 和表 3-6 所示。把这 3 张数据表添加到"订单管理"数据库中。

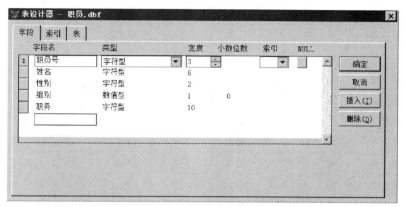

(a) "职员"表的表设计器

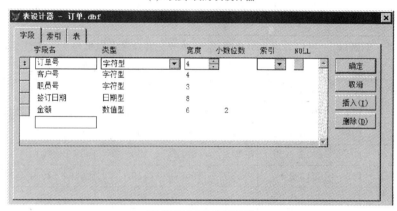

(b) "订单"表的表设计器

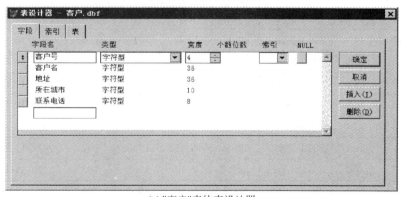

(c) "客户"表的表设计器

图 3-37 "表设计器"对话框

5. 为"职员"表的"性别"字段定义有效性规则。规则表达式为,性别 $ "男女";出错提示信息为,"性别必须是男或女!"。

表 3-6　表数据

(a) "职员"表的数据

职员号	姓名	性别	组别	职务	职员号	姓名	性别	组别	职务
101	朱茵	女	1	组长	111	李琪	女	4	组员
102	李毅军	男	2	组长	112	杨小阳	男	4	组员
103	王一凡	女	1	组员	113	王婧	女	1	组员
104	杨小萍	女	2	组员	114	胡小晴	女	2	组员
105	吴军	男	3	组长	115	赵一军	男	1	组员
106	李龙	男	1	组员	116	吴伟军	男	3	组员
107	赵小青	女	2	组员	117	杨兰	女	3	组员
108	刘严俊	男	2	组员	118	李楠	女	4	组员
109	杨一明	男	4	组长	119	胡一刀	男	4	组员
110	韦小光	男	3	组员					

(b) "订单"表的数据

订单号	客户号	职员号	签订日期	金额	订单号	客户号	职员号	签订日期	金额
0001	1001	101	2013-2-28	52	0021	1001	115	2014-9-14	102
0002	1002	101	2013-3-14	32	0022	1002	102	2014-2-18	58
0003	1003	104	2013-4-18	87	0023	1004	103	2014-2-21	111
0004	1004	105	2013-5-21	125	0024	1005	104	2014-3-25	214
0005	1005	107	2013-6-25	145	0025	1005	105	2014-4-1	90.2
0006	1005	109	2013-2-1	535	0026	1007	106	2014-4-11	213
0007	1008	111	2013-4-29	444	0027	1008	111	2014-5-9	230
0008	1008	112	2013-5-11	555	0028	1008	112	2014-6-11	129
0009	1010	113	2013-6-12	646	0029	1010	113	2014-7-12	212
0010	1010	115	2013-7-20	888	0030	1010	115	2014-10-18	320
0011	1012	116	2013-2-25	124	0031	1012	116	2014-10-25	210
0012	1013	117	2013-3-26	222	0032	1013	117	2014-10-26	130
0013	1014	118	2013-4-15	122	0033	1014	118	2014-10-15	180
0014	1013	119	2013-5-1	55	0034	1013	119	2014-11-1	56
0015	1005	103	2013-7-20	85.2	0035	1005	107	2014-11-20	85.5
0016	1007	106	2013-8-16	120.5	0036	1007	108	2014-11-16	120.75
0017	1010	108	2013-9-10	60.3	0037	1010	109	2014-12-10	60.8
0018	1004	114	2013-10-12	80.1	0038	1012	114	2014-10-26	90.5
0019	1012	102	2013-11-26	90	0039	1015	101	2015-1-2	115
0020	1001	101	2014-1-2	31.1	0040	1013	102	2015-1-14	63

（c）"客户"表的数据

客户号	客 户 名	地 址	所在城市	联系电话
1001	天津汽车工业销售北京华北有限公司	北京西城区月坛南街203号	北京市	61234001
1002	泊头汽贸	北京亚运村汽车交易市场	北京市	61201211
1003	广州市黄花进口汽车修理厂	广东省广州市水阳路10号	广州市	87632123
1004	深圳市鸿基修配厂	广东省深圳市罗湖区草浦鸿基工业区	深圳市	85012348
1005	上海沪空进口汽车修理厂	上海市国顺路甲103号	上海市	52100302
1006	上海强生泰克斯车辆工程有限公司	上海市云岭西路201号	上海市	51234567
1007	杭州园林汽车修理厂	浙江省杭州市西溪路176号	杭州市	35611001
1008	杭州康桥汽车修配厂	浙江省杭州市绍兴路113号	杭州市	36231234
1009	上海大众汽车浙江申浙特约维修站	浙江省杭州市石祥路160号	杭州市	31543211
1010	深圳港联汽车维修公司	广东省深圳市福田区车公庙天安数码城	深圳市	81234567
1011	北京大北方路友汽车维修有限公司	北京市海淀区徐庄259号	北京市	61234567
1012	北京燕京汽车厂	北京市宣武区太平街388号	北京市	67654321
1013	中车汽修（集团）总公司	北京市北三环东路甲7号	北京市	65432123
1014	广东环宇汽车销售维修服务中心	广州市建设横马路1号	广州市	85432121
1015	广州市梅花园汽车修理厂	广州大道北（原同和中路）梅花园	广州市	86543212

项目管理器的使用及数据库和表的创建

实验四 表的基本操作

一、实验目的

（1）掌握表结构的基本操作。

（2）掌握表的基本操作。

（3）掌握记录与数组间的数据交换方法。

二、实验预备知识

（一）表结构的显示

LIST|DISPLAY STRUCTURE

（二）表结构的修改

1. 命令方式

MODIFY STRUCTURE

2. 菜单方式

（1）选择"文件"菜单中的"打开"命令，打开表文件。

（2）选择"显示"菜单中的"表设计器"命令，打开表设计器。

3. 利用项目管理器修改表结构

若所要修改的表已添加到项目管理器中，在项目管理器中选中需要修改的表，再单击"修改"按钮即可。

（三）打开表

1. 命令方式

USE [[<盘符>][<路径>]<[数据库名!]表文件名|?>]

2. 菜单方式

（1）选择"文件"菜单中的"打开"命令，出现"打开"对话框。

（2）在"打开"对话框中，"文件类型"选择"表"，再选中所需的表文件，单击"确定"按钮。

（四）关闭表

1. 打开另一个表文件

如果工作区中已经打开了一个表文件，在打开另一个表文件时，系统将自动将先前打开的表文件关闭。

2. 使用不带任何选项的 USE 命令

USE

3. 使用 CLEAR 命令

CLEAR ALL

4. 使用 CLOSE 命令

CLOSE ALL

5. 退出 Visual FoxPro 系统

QUIT

（五）浏览表

1. 命令方式

LIST|DISPLAY [FIELDS <字段名表>][<范围>][FOR <条件表达式>][WHILE <条件表达式>][OFF]

2. 浏览窗口显示记录

（1）打开表后,在"命令"窗口中输入 BROWSE 或 BROWSE LAST。

（2）打开表后,选择"显示"菜单下的"浏览"命令,这时还可以选择"显示"菜单下的"浏览"或"编辑"命令来改变浏览窗口的显示方式。

（六）记录定位

1. 绝对定位

GO|GOTO <数值表达式|TOP|BOTTOM>

2. 相对定位

SKIP [<数值表达式>]

3. 条件定位

LOCATE FOR <表达式>

（七）修改记录

1. 编辑修改

EDIT|CHANGE [FIELDS <字段名表>][<范围>][FOR <逻辑表达式 1>][WHILE <逻辑表达式 2>]

2. 浏览修改

（1）打开表后,在"命令"窗口中输入 BROWSE 或 BROWSE LAST。

（2）打开表后,选择"显示"菜单下的"浏览"命令。

（3）在项目管理器中选定表后,单击"浏览"按钮。

3. 替换修改

1）命令方式

REPLACE <字段名 1> WITH <表达式 1> [ADDITIVE][,<字段名 2> WITH <表达式 2> [ADDITIVE]]...[<范

围>][FOR <逻辑表达式 1>] [WHILE <逻辑表达式 2>]

2) 菜单方式

打开表文件,选择"显示"菜单下的"浏览"命令,然后选择"表"菜单下的"替换字段"命令,弹出"替换字段"对话框。在"字段"下拉列表框中选择要进行替换操作的字段名,在"替换为"文本框中输入替换表达式,再选择"替换条件"选项组中的范围、条件。最后单击"替换"按钮,系统将自动完成替换操作。

(八) 插入记录

INSERT [BEFORE] [BLANK]

(九) 删除记录

1. 逻辑删除记录

1) 命令方式

DELETE [<范围>] [FOR <条件>] [WHILE <条件>]

2) 菜单方式

打开表文件,选择"表"菜单下的"删除记录"命令,出现"删除"对话框,设置删除范围与条件。

3) 在浏览窗口中做删除标记

在浏览窗口中单击每个要删除的记录左边的小方框,当出现黑色小方块时,表示已经将该记录进行逻辑删除,再次单击同一位置可取消黑色小方块,表示取消删除操作。

2. 恢复逻辑删除记录

1) 命令方式

RECALL [<范围>] [FOR <条件>] [WHILE <条件>]

2) 菜单方式

首先打开表浏览窗口,选择"表"菜单下的"恢复记录"命令,在出现的"恢复记录"对话框中设置恢复范围与条件。

3) 在浏览窗口中取消删除标记

在浏览窗口中,单击已进行逻辑删除的记录前面的黑色小方块,可取消之前的删除操作,恢复该记录。

3. 物理删除记录

1) 命令方式

PACK

2) 菜单方式

首先打开表浏览窗口,选择"表"菜单下的"彻底删除"命令,单击"是"按钮,将删除所有带有删除标记的记录,完成物理删除过程。

4. 删除全部记录

ZAP

（十）数据表与数组的数据交换

1．将当前记录复制到数组

SCATTER [FIELDS <字段名表>] [MEMO] TO <数组名>

2．将数组的数据复制到当前记录

GATHER FROM <数组名> [FIELDS <字段名表>] [MEMO]

三、实验内容

本实验将对数据表中的数据进行修改、删除等操作，请读者备份数据表。

【实验 4-1】 显示表结构

显示"图书信息"表的表结构。

具体实验步骤如下。

（1）选择"文件"菜单中的"打开"命令，在"文件类型"下拉列表框中选择"表"，然后选择"图书信息"表。

（2）在"命令"窗口中输入 DISPLAY STRUCTURE 命令，并按 Enter 键执行，将在系统主窗口显示图 4-1 所示的运行结果。

```
表结构:                    D:\图书管理\图书信息.DBF
数据记录数:                11
最近更新的时间:            08/04/15
代码页:                    936
  字段   字段名       类型              宽度    小数位    索引    排序    Nulls
   1    图书编号      字符型              7                                 否
   2    图书名称      字符型             20                                 否
   3    作者         字符型              8                                 否
   4    价格         货币型              8       4                         否
   5    数量         数值型             10                                 否
   6    出版社        字符型             10                                 否
   7    分类         字符型              6                                 否
   8    是否借出      逻辑型              1                                 否
** 总计 **                              71
```

图 4-1 "图书信息"表结构的显示

【实验 4-2】 修改表结构

1．使用菜单方式修改表结构

使用菜单方式修改"图书信息"表中的"图书编号"字段，要求"输入掩码"设置为999999，并删除标题内容。在"数量"字段前添加"出版日期"字段，"类型"为"日期型"，"默认值"为当前系统日期。

具体实验步骤如下。

（1）在【实验 4-1】中已经打开"图书信息"表，这里选择"显示"菜单中的"表设计器"命令，弹出图 4-2 所示的"表设计器"对话框。

（2）选择"图书编号"字段，在"输入掩码"文本框中输入 9999999，再删除"标题"文本框中的内容。

（3）选择"数量"字段，单击"插入"按钮，插入新字段，"字段名"为"出版日期"，"类型"为"日期型"，在"默认值"文本框中输入 DATE()，如图 4-3 所示。

（4）单击"确定"按钮，在弹出的提示框中单击"是"按钮。

表的基本操作

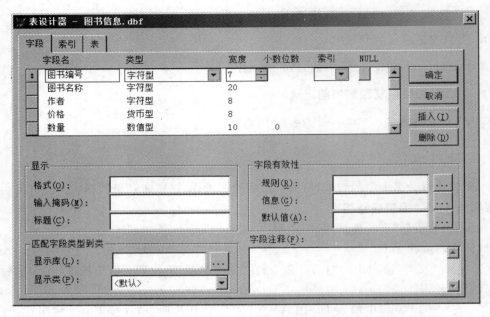

图 4-2　"表设计器"对话框

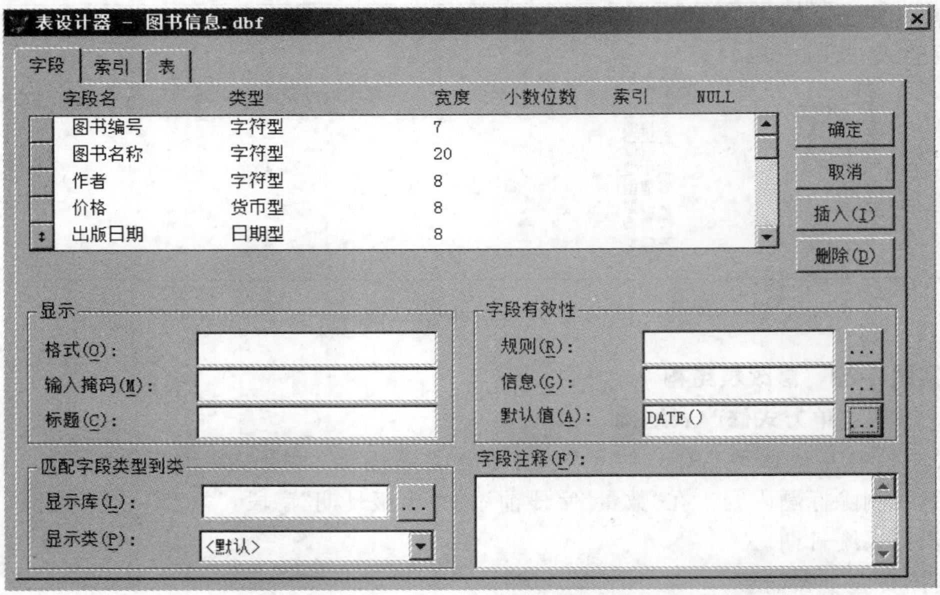

图 4-3　插入新字段后的"表设计器"对话框

2. 使用命令方式修改表结构

使用命令方式修改"图书信息"表结构,删除"出版日期"字段,并为"分类"字段设置"字段注释",内容为"按图书的内容分类"。

具体实验步骤如下。

(1) 在"命令"窗口中输入 MODIFY STRUCTURE 命令,并按 Enter 键执行,打开"表设计器"对话框。

（2）选择"出版日期"字段，单击"删除"按钮。

（3）选择"分类"字段，在"字段注释"文本框中输入"按图书的内容分类"。

（4）单击"确定"按钮，在弹出的提示框中单击"是"按钮。

【实验 4-3】 在主窗口显示记录的指定内容

1. 显示"读者信息"表的当前记录

具体实验步骤如下。

在"命令"窗口中依次输入如下命令，并按 Enter 键执行。

```
CLEAR            && 清屏命令
USE 读者信息     && 在做练习前应打开"读者信息"表
DISPLAY          && 缺省时显示当前记录
```

结果如图 4-4 所示。

记录号	借书证号	姓名	性别	办证日期	照片	备注
1	001	王兰	女	09/10/14	Gen	Memo

图 4-4　DISPLAY 命令实验结果

2. 连续显示"读者信息"表中所有记录

具体实验步骤如下。

在"命令"窗口中输入如下命令，并按 Enter 键执行。

```
LIST             && 缺省时显示全部记录
```

结果如图 4-5 所示。

记录号	借书证号	姓名	性别	办证日期	照片	备注
1	001	王兰	女	09/10/14	Gen	Memo
2	002	李苗苗	女	09/15/14	Gen	Memo
3	003	张丽	女	10/10/14	Gen	memo
4	004	王思成	男	11/22/14	Gen	memo
5	005	高旭	男	09/01/15	gen	memo
6	006	刘晓寒	男	09/08/15	gen	memo
7	007	李艳	女	09/10/15	gen	memo
8	008	张伟利	男	09/15/15	gen	memo
9	009	刘明	男	09/18/15	gen	memo

图 4-5　LIST 命令实验结果

3. 显示"读者信息"表中第 3 条记录

具体实验步骤如下。

在"命令"窗口中输入如下命令，并按 Enter 键执行。

```
LIST RECO 3      && 显示记录号是 3 的记录
```

结果如图 4-6 所示。

记录号	借书证号	姓名	性别	办证日期	照片	备注
3	003	张丽	女	10/10/14	Gen	memo

图 4-6　LIST RECO 命令实验结果

4. 显示"读者信息"表中第 3 条至第 5 条记录

具体实验步骤如下。

在"命令"窗口中输入如下命令,并按 Enter 键执行。

LIST NEXT 3　　　&& 以 3 号记录为基础,显示第 3 条至第 5 条记录

结果如图 4-7 所示。

记录号	借书证号	姓名	性别	办证日期	照片	备注
3	003	张丽	女	10/10/14	Gen	memo
4	004	王思成	男	11/22/14	Gen	memo
5	005	高旭	男	09/01/15	gen	memo

图 4-7　LIST NEXT 命令实验结果

5. 显示"读者信息"表中剩下的记录

具体实验步骤如下。

在"命令"窗口中输入如下命令,并按 Enter 键执行。

LIST REST　　　&& 以 5 号记录为基础,显示第 5 条到最后一条记录

结果如图 4-8 所示。

记录号	借书证号	姓名	性别	办证日期	照片	备注
5	005	高旭	男	09/01/15	gen	memo
6	006	刘晓寒	男	09/08/15	gen	memo
7	007	李艳	女	09/10/15	gen	memo
8	008	张伟利	男	09/15/15	gen	memo
9	009	刘明	男	09/18/15	gen	memo

图 4-8　LIST REST 命令实验结果

6. 显示"读者信息"表中所有女读者的姓名、性别和办证日期

具体实验步骤如下。

在"命令"窗口中输入如下命令,并按 Enter 键执行。

LIST 姓名,性别,办证日期 FOR 性别 = "女"

结果如图 4-9 所示。

记录号	姓名	性别	办证日期
1	王兰	女	09/10/14
2	李苗苗	女	09/15/14
3	张丽	女	10/10/14
7	李艳	女	09/10/15

图 4-9　显示女读者信息实验结果

7. 显示"读者信息"表中 2015 年 9 月 10 日以后(包括当天)办证的读者信息(不显示记录号)

具体实验步骤如下。

在"命令"窗口中依次输入如下命令,并按 Enter 键执行。

```
LIST FOR 办证日期>= {^2015/09/10} OFF
USE
```

结果如图 4-10 所示。

借书证号	姓名	性别	办证日期	照片	备注
007	李艳	女	09/10/15	gen	memo
008	张伟利	男	09/15/15	gen	memo
009	刘明	男	09/18/15	gen	memo

图 4-10　显示 2015 年 9 月 10 日以后办证的读者的信息实验结果

【实验 4-4】　在浏览窗口显示记录

1. 使用命令方式浏览"读者信息"表(浏览其内容后关闭)

具体实验步骤如下。

在"命令"窗口中依次输入如下命令,并按 Enter 键执行。

```
USE 读者信息
BROWSE
USE
```

2. 使用菜单方式浏览"图书信息"表（浏览其内容后关闭）

具体实验步骤如下。

（1）选择"文件"菜单中的"打开"命令,选择"图书信息"表。

（2）选择"显示"菜单中的"浏览"命令,这时还可以选择"显示"菜单中的"浏览"或"编辑"来改变窗口显示方式。

（3）选择"窗口"菜单中的"数据工作期"命令,出现"数据工作期"对话框,选择"图书信息"表,单击"关闭"按钮。

【实验 4-5】 练习记录指针的移动方法

以"读者信息"表为例,练习记录指针的移动方法。

（1）显示"读者信息"表中第 2 条和第 8 条记录。

具体实验步骤如下。

在"命令"窗口中依次输入如下命令,并按 Enter 键执行。

```
CLEAR              && 清屏命令
USE 读者信息
GO 2               && 指针指向第 2 条记录
DISPLAY            && 显示当前记录
GOTO 8             && 指针指向第 8 条记录
DISPLAY
```

（2）显示"读者信息"表中第 1 条记录,并查看函数 BOF()和 RECONO()的返回值。

具体实验步骤如下。

在"命令"窗口中依次输入如下命令,并按 Enter 键执行。

```
GO TOP             && 指针指向第 1 条记录
DISPLAY
?BOF(),RECNO()
```

（3）将指针向上移动一条记录,再次查看函数 BOF()和 RECONO()的返回值。

具体实验步骤如下。

在"命令"窗口中依次输入如下命令,并按 Enter 键执行。

```
SKIP - 1           && 指针向上移动一条记录
?BOF(),RECNO()
```

（4）将记录指针指向第 5 条记录,再向下移动两条记录,查看 RECONO()的返回值。

具体实验步骤如下。

在"命令"窗口中依次输入如下命令,并按 Enter 键执行。

```
5                  && 指针指向第 5 条记录
SKIP 2             && 指针向下移动两条记录
?RECNO()
```

（5）将指针指向最后一条记录，查看函数 EOF()和 RECONO()的返回值。

具体实验步骤如下。

在"命令"窗口中依次输入如下命令，并按 Enter 键执行。

```
GO BOTTOM          && 指针指向最后一条记录
?EOF(),RECNO()
```

（6）将指针向下移动一条记录，再次查看函数 EOF()和 RECONO()的返回值。

具体实验步骤如下。

在"命令"窗口中依次输入如下命令，并按 Enter 键执行。

```
SKIP               &&SKIP 缺省时,指针向下移动一条记录
?EOF(),RECNO()
USE
```

以上实验结果如图 4-11 所示。

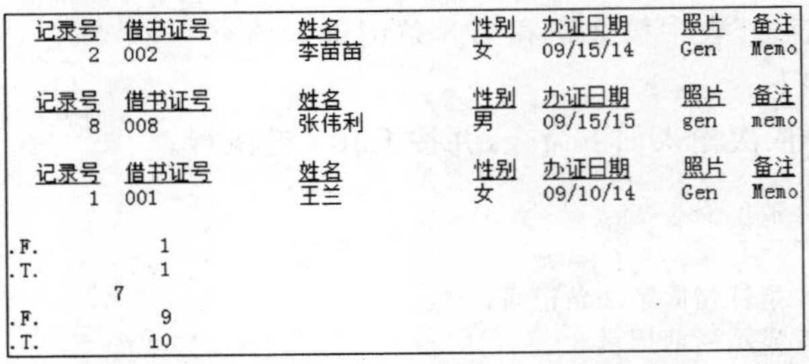

记录号	借书证号	姓名	性别	办证日期	照片	备注
2	002	李苗苗	女	09/15/14	Gen	Memo
记录号	借书证号	姓名	性别	办证日期	照片	备注
8	008	张伟利	男	09/15/15	gen	memo
记录号	借书证号	姓名	性别	办证日期	照片	备注
1	001	王兰	女	09/10/14	Gen	Memo

```
.F.        1
.T.        1
           7
.F.        9
.T.       10
```

图 4-11　移动记录指针实验结果

【实验 4-6】　修改表记录

（1）使用编辑修改的方法，将"图书信息"表中的"谭浩强"所编写的书籍的"出版社"字段值改为"电子工业"。

具体实验步骤如下。

在"命令"窗口中输入如下命令，并按 Enter 键执行。

```
USE 图书信息
EDIT FOR 作者 = "谭浩强"
```

执行完该命令后，系统将自动打开编辑窗口。只需要将光标定位在"出版社"字段进行修改即可，如图 4-12 所示。最后关闭编辑窗口。

（2）使用浏览修改的方法，将"图书信息"表中的"人文"类图书的"是否借出"字段值改为".T."。

具体实验步骤如下。

在"命令"窗口中输入如下命令，并按 Enter 键执行。

```
BROWSE   FOR 分类 = "人文"
```

执行完该命令后，系统将自动打开浏览窗口。只需要将光标定位在"是否借出"字段进行修改即可，如图 4-13 所示。最后关闭浏览窗口。

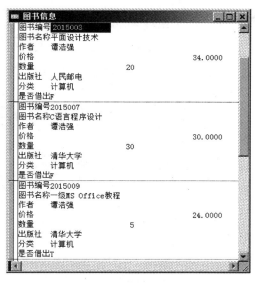

图 4-12　编辑窗口

图书编号	图书名称	作者	价格	数量	出版社	分类	是否借出
2015002	中国传统文化	张建	33.0000	5	高等教育	人文	F
2015005	中国旅游文化	刘秀峰	26.0000	6	人民邮电	人文	F

图 4-13　浏览窗口

（3）使用替换修改的方法，将"图书信息"表中的"高等教育"出版社出版的图书的"价格"字段值加上 5。

分别介绍命令方式和菜单方式两种方式。

具体实验步骤如下。

① 在"命令"窗口中输入如下命令，并按 Enter 键执行。

REPLACE　ALL 价格 WITH　价格 + 5　FOR　出版社 = "高等教育"

执行完该命令后，系统将自动替换修改。在"命令"窗口中输入 BROWSE 命令，并按 Enter 键执行，将出现图 4-14 所示的结果。查看"价格"字段的变化。

图书编号	图书名称	作者	价格	数量	出版社	分类	是否借
2015001	英汉互译实践与技巧	许建平	39.0000	12	清华大学	英语	T
2015002	中国传统文化	张建	38.0000	5	高等教育	人文	F
2015003	平面设计技术	谭浩强	34.0000	20	人民邮电	计算机	F
2015004	汉英翻译基础教程	冯庆华	54.0000	10	高等教育	英语	T

图 4-14　替换修改实验结果

② 打开表文件后，选择"表"菜单中的"替换字段"命令，出现"替换字段"对话框，按图 4-15 所示设置选项，其功能与命令方式相同。

实验四

表的基本操作

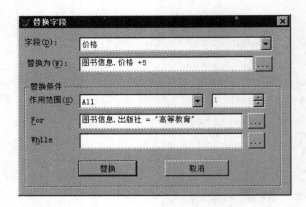

图 4-15　"替换字段"对话框

【实验 4-7】　添加表记录

（1）使用 APPEND 命令，向"读者信息"表中添加如下记录。

借书证号	姓名	性别	办证日期
999	丁敏	女	2015-07-12

具体实验步骤如下。

在"命令"窗口中输入如下命令，并按 Enter 键执行。

```
USE 读者信息
APPEND
```

在出现的界面中添加题目要求的记录，然后关闭该界面。在"命令"窗口中输入 BROWSE，并按 Enter 键执行，查看新添加的记录。

（2）使用 INSERT 命令，向"读者信息"表的第 7 条记录前添加如下记录。

借书证号	姓名	性别	办证日期
777	张芳芳	女	2015-07-20

具体实验步骤如下。

在"命令"窗口中输入如下命令，并按 Enter 键执行。

```
USE 读者信息
GO 7
INSERT BEFORE
```

在出现的界面中添加题目要求的记录，然后关闭该界面。在"命令"窗口中输入 BROWSE，并按 Enter 键执行，查看新添加的记录是否为第 7 条记录。

最后结果如图 4-16 所示。

【实验 4-8】　删除表记录

以"图书信息"表为例，练习删除表记录的方法。

（1）逻辑删除"图书信息"表中价格大于等于 30 的图书信息，并在浏览窗口查看被逻辑删除的记录的特征。

具体实验步骤如下。

在"命令"窗口中依次输入如下命令，并按 Enter 键执行。

图 4-16　添加记录实验结果

```
USE 图书信息
DELETE FOR 价格>= 30
BROWSE
```

显示结果如图 4-17 所示。

图 4-17　逻辑删除实验结果

（2）恢复"图书信息"表中"分类"为"英语"的图书信息，并在主窗口中查看被逻辑删除的记录的特征。

具体实验步骤如下。

在"命令"窗口中依次输入如下命令，并按 Enter 键执行。

```
RECALL FOR 分类 = "英语"
LIST
```

显示结果如图 4-18 所示。

图 4-18　恢复部分逻辑删除记录实验结果

表的基本操作

（3）恢复"图书信息"表中所有逻辑删除的记录。

具体实验步骤如下。

在"命令"窗口中输入如下命令，并按 Enter 键执行。

```
RECALL ALL
BROWSE
```

显示结果如图 4-19 所示。

图书编号	图书名称	作者	价格	数量	出版社	分类	是否借出
2015001	英汉互译实践与技巧	许建平	39.0000	12	清华大学	英语	T
2015002	中国传统文化	张建	38.0000	5	高等教育	人文	F
2015003	平面设计技术	谭浩强	34.0000	20	人民邮电	计算机	F
2015004	汉英翻译基础教程	冯庆华	54.0000	10	高等教育	英语	T
2015005	中国旅游文化	刘秀峰	26.0000	6	人民邮电	人文	F
2015006	考研英语	刘香玲	29.0000	20	水利水电	英语	T
2015007	C语言程序设计	谭浩强	33.0000	30	清华大学	计算机	F
2015008	翻译365	冯庆华	30.0000	9	人民教育	英语	T
2015009	一级MS Office教程	谭浩强	24.0000	5	清华大学	计算机	T
2015010	大学计算机基础	孙艳	28.0000	20	中国铁道	计算机	F

图 4-19　逻辑删除部分记录实验结果

（4）物理删除"图书信息"表中没有被借出的图书的记录。

具体实验步骤如下。

在"命令"窗口中依次输入如下命令，并按 Enter 键执行。

```
DELETE FOR !是否借出
PACK
BROWSE
```

显示结果如图 4-20 所示。

图书编号	图书名称	作者	价格	数量	出版社	分类	是否借出
2015001	英汉互译实践与技巧	许建平	39.0000	12	清华大学	英语	T
2015004	汉英翻译基础教程	冯庆华	54.0000	10	高等教育	英语	T
2015006	考研英语	刘香玲	29.0000	20	水利水电	英语	T
2015009	一级MS Office教程	谭浩强	24.0000	5	清华大学	计算机	T

图 4-20　物理删除部分记录实验结果

（5）删除"图书信息"表中的所有记录。

具体实验步骤如下。

在"命令"窗口中输入如下命令，并按 Enter 键执行。

```
ZAP
```

执行该命令后会出现图 4-21 所示的提示框，单击"是"按钮。

再在"命令"窗口中输入如下命令，并按 Enter 键执行。

```
BROWSE
```

显示结果如图 4-22 所示。

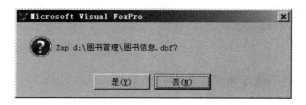

图 4-21 是否清空记录提示框

图 4-22 删除所有记录实验结果

（6）统计"图书信息"表中的记录个数。

具体实验步骤如下。

在"命令"窗口中依次输入如下命令，并按 Enter 键执行。

```
?RECCOUNT( )
USE
```

显示结果应为 0。

【实验 4-9】　表记录与数组中数据的交换

1. 用数组向表中传递数据的方法

向"图书信息"表添加如下记录。

图书编号	图书名称	作者	价格
1234567	Visual FoxPro 程序设计	林丽丽	30

具体实验步骤如下。

在"命令"窗口中依次输入如下命令，并按 Enter 键执行。

```
DIMENSION Z(4)
Z(1) = "1234567"
Z(2) = "Visual FoxPro 程序"
Z(3) = "林丽丽"
Z(4) = 30
USE 图书信息
APPEND BLANK
GATHER FROM Z
BROWSE
```

结果如图 4-23 所示。

表的基本操作

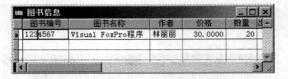

图 4-23　数组向表中传递数据实验结果

2. 把"读者信息"表中第 2 条记录复制到数组中

具体实验步骤如下。

在"命令"窗口中依次输入如下命令,并按 Enter 键执行。

```
USE 读者信息
GO 2
SCATTER TO G
LIST MEMORY LIKE G
USE
```

结果如图 4-24 所示。

G		Priv	A	12ip001e	
	(1)		C	″002	″
	(2)		C	″李苗苗	″
	(3)		C	″女	″
	(4)		D	09/15/14	

图 4-24　将表中记录复制到数组实验结果

四、能力测试

1. 显示"职员"表指定内容。

(1) 打开"职员"表。

(2) 显示表中男职员的信息,不显示记录号。

(3) 显示表中最后一条记录。

(4) 显示表中第 4 条至第 6 条记录的"职员号"、"姓名"和"性别"字段。

2. 选用一种方法向"客户"表中插入如下记录。

客户号　客户名　　　所在城市

7777　　天水商贸　长春市

3. 删除"订单"表指定内容。

(1) 逻辑删除金额小于 100 的订单信息。

(2) 恢复签订日期在 2014 年 03 月 01 以后的记录。

(3) 物理删除职员号为 109 的订单信息。

实验五 排序和索引

一、实验目的

（1）掌握建立排序文件的方法。

（2）掌握建立与使用索引的方法。

（3）掌握使用索引查找的方法。

（4）掌握数据表参照完整性和关联的设置方法。

（5）掌握 Visual FoxPro 的多表操作方法。

二、实验预备知识

（一）排序

排序是指从物理上对表进行重新整理，按照指定的关键字段值的大小来重新排列表中数据记录的顺序，并产生一个新的表文件，该表文件可以与原来的表文件大小相同、内容一致，但其中的记录的排列顺序是按要求重新整理过的。

（二）建立排序

```
SORT TO <新文件名> ON <字段 1> [/A|/D] [/C] [,<字段 2>[/A|/D] [/C] …][ASCENDING|DESCENDING]
[<范围>] [FOR <逻辑表达式 1>] [WHILE <逻辑表达式 2>][FIELDS <字段名表>]
```

（三）索引

1. 索引及索引文件的概述

索引是指从逻辑上对表进行重新整理，按照指定的关键字段建立索引文件。一个表文件可以建立多个索引文件，但对于打开的表文件，任何时候都只能有一个索引文件起作用，此索引文件称为主控索引。

2. 索引文件的类型

1）单索引文件

只包含一个索引项的索引文件称为单索引文件。该文件的扩展名是.idx。

2）复合索引文件

含有多个索引项的索引文件（索引项之间用唯一的索引标识区别）称为复合索引文件。该文件的扩展名是.cdx。复合索引又分为结构复合索引和非结构复合索引，其特点如表 5-1 所示。

表 5-1　结构复合索引和非结构复合索引的特点

	结构复合索引	非结构复合索引
特点	① 结构复合索引的文件名与数据表文件名相同 ② 该索引文件随表文件同时打开和同时关闭 ③ 该索引文件自动更新	① 非结构复合索引的文件名与数据表文件名不相同 ② 该索引文件必须使用单独的打开命令 ③ 该索引文件不自动更新

3. 索引关键字和索引类型

索引可以根据功能的不同分为下列 4 种类型。

1) 主索引

主索引是一个永远不允许在指定字段和表达式中出现重复值的索引。只有数据库表才能建立主索引,且每个数据库表只能建立一个主索引。它适合于一对多永久关联中"一"边(父表)的索引。

2) 候选索引

候选索引也是一个不允许在指定字段和表达式中出现重复值的索引。数据库表和自由表都可以建立候选索引。一个表可以建立多个候选索引。

3) 唯一索引

唯一索引中的"唯一"是指索引项唯一,而不是字段值唯一,它仅保留第一次出现的索引关键字值。数据库表和自由表都可以建立唯一索引。一个表可以建立多个唯一索引。

4) 普通索引

普通索引是最简单的索引,它允许关键字值重复出现,适合用来进行表中记录的排序和查询。数据库表和自由表都可以建立普通索引。一个表可以建立多个普通索引。它适合于一对多永久关联中"多"边(子表)的索引。

(四) 表设计器方式建立索引

1. 在"字段"选项卡中建立索引

(1) 打开要建立索引的表设计器,选择"字段"选项卡。

(2) 选择要建立索引的字段,在相应的"索引"下拉列表框中选择一种排序方式,然后单击"确定"按钮。

2. 在"索引"选项卡中建立索引

(1) 打开要建立索引的表设计器,选择"索引"选项卡。

(2) 在"索引名"文本框中输入要创建索引的名字。

(3) 在"类型"下拉列表框中选择要建立索引的类型。数据库表有 4 种类型,即主索引、候选索引、唯一索引、普通索引;自由表没有主索引。

(4) 在"表达式"文本框中输入表达式,也可以使用表达式生成器生成正确的表达。单击表达式旁边的 … 按钮,弹出"表达式生成器"对话框,在此对话框中输入各种表达式,然后单击"确定"按钮。

(5) 在"排序"列中通过单击相应的按钮设置排序方式。向上箭头表示升序,向下箭头表示降序。

（五）命令方式建立索引

1. 单索引文件的建立

INDEX ON <索引关键表达式> TO <索引文件名> [UNIQUE] FOR <条件>[ADDITIVE]

2. 复合索引文件的建立

INDEX ON <索引关键表达式> TAG <标记名> [OF <复合索引文件名>][FOR <条件>] [ASCENDING | DESCENDING] [UNIQUE|CANDIDATE] [ADDITIVE]

（六）使用索引

1. 打开索引文件

1）在打开表时打开索引文件

结构复合索引文件可随表的打开而自动打开,其他索引文件则需要使用相应的命令打开。

USE <表文件名> INDEX <索引文件名表> [ORDER <数值表达式>|<单索引文件名> |[TAG] <索引标记名> [OF <复合索引文件名>]] [ASCENDING|DESCENDING]

2）在打开表后打开索引文件

SET INDEX TO [<索引文件名表>] [ORDER <索引号>|<复合索引文件名>|[TAG] <索引标记> [OF <复合索引文件名>]] [ASCENDING|DESCENDING]

2. 设置主控索引

SET ORDER TO [<数值表达式>|[TAG] <索引标记> [OF <复合索引文件名>] [ASCENDING|DESCENDING]

3. 索引文件的关闭

格式 1：USE
格式 2：SET INDEX TO
格式 3：CLOSE INDEXS

4. 索引的删除

DELETE TAG <标识名 1> [OF <复合索引文件名 1>][, <标识名 2> [OF <复合索引文件名 2>]] …

或

DELETE TAG ALL [OF <复合索引文件名>]

（七）索引查找

1. FIND 命令

FIND <字符串>| <数值常量>

2. SEEK 命令

SEEK <表达式>

（八）数据完整性

1. 实体完整性与主关键字

实体完整性是保证表中记录唯一的特性,即在一个表中不允许有重复记录。在 Visual

FoxPro 中利用主关键字或候选关键字来保证表中记录的唯一性。将主关键字称作主索引,将候选关键字称作候选索引。

2. 域完整性与约束规则

域完整性用来保证表中每个字段的取值情况。表设计器中的类型、宽度和字段有效性规则都是用来保证域完整性的。

3. 参照完整性

数据库的参照完整性是数据库系统的必须保障。参照完整性是控制数据一致性,尤其是不同表的主关键字和外部关键字之间关系的规则。参照完整性必须在数据库里完成。设置参照完整性之前数据库里的表之间必须建立永久性关系。

(九)设置参照完整性

1. 永久关系

建立步骤如下。

(1) 把需要建立永久性关系的数据表添加到数据库中,打开数据库设计器。

(2) 打开父表的表设计器,用公共字段建立主索引。使用同样的方法为子表建立普通索引。

(3) 建立完索引后,可以在数据库设计器中看到,父表中用公共字段建立的主索引前有金钥匙标记。然后按住鼠标左键,从主索引拖向普通索引,此时会产生一条黑线,这就是永久性关系的建立过程。

2. 设置参照完整性

(1) 在数据库设计器中双击两个表之间的关系线,并在"编辑关系"对话框中选择"参照完整性"按钮。

(2) 在数据库设计器中右击,并在随之出现的选择框中选择"编辑参照完整性"选项。

(3) 选择"数据库"菜单中的"编辑参照完整性"选项。

注意:在建立参照完整性之前必须首先清理数据库,清理方法为:选择"数据库"菜单中的"清理数据库"命令。清理完数据库后,就可以设置参照完整性了。

(十)多表的操作

1. 工作区的概念

Visual FoxPro 能够同时提供 32 767 个工作区。每一个工作区只能打开一个表文件,同一时刻最多允许打开 32 767 个表。

2. 选择当前工作区

每一个工作区用工作区号或别名来标识。

1) 工作区号

利用数字 1~32 767 来标识 32 767 个不同的工作区。

2) 别名

前 10 工作区用 A~J 这 10 个字母来标识。可以采用工作区中已打开的表的名字作该工作区的别名,还可以用命令为表定义一个别名。

USE <表名> ALIAS <别名>

3. 工作区的选择

系统启动时，1 号工作区为当前工作区。若想改变当前工作区，可使用 SELECT 命令来进行转换。

SELECT <工作区号>|<工作区别名>

4. 使用不同工作区的表

在主工作区可通过以下两种格式访问其他工作区表中的数据。

<工作区别名>->< 字段名>
<工作区别名>.<字段名>

（十一）表的关联

1. 关联的概述

所谓表文件的关联，就是把当前工作区中打开的表与另一个工作区中打开的表进行逻辑联接。当前工作区的表的记录指针移动时，被关联工作区的表记录指针也将自动进行相应移动，以实现对多个表的同时操作。

2. 表文件关联的建立

SET RELATION TO [<关键字段表达式>] [INTO <别名>|<工作区号>]

3. 取消表的关联

关联是临时性的。关闭表文件，关联会被自动取消。也可用命令 SET RELATION TO 取消当前表与其他表之间的关联。

三、实验内容

【实验 5-1】 排序

将"读者信息"表按办证日期降序排列，办证日期相同的按性别升序排列。生成的新表名为"读者办证日期"。

具体实验步骤如下。

在"命令"窗口中依次输入如下命令，并按 Enter 键执行。

USE 读者信息
SORT TO 读者办证日期 ON 办证日期/D,性别
USE 读者办证日期
BROWSE
USE

结果如图 5-1 所示。

【实验 5-2】 单索引文件的建立和使用

以"图书信息"表为例，练习单索引文件的建立和使用。

1. 按分类升序建立单索引文件

具体实验步骤如下。

在"命令"窗口中依次输入如下命令，并按 Enter 键执行。

读者办证日期

借书证号	姓名	性别	办证日期	照片	备注
009	刘明	男	09/18/15	gen	memo
008	张伟利	男	09/15/15	gen	memo
007	李艳	女	09/10/15	gen	memo
006	刘晓寒	男	09/08/15	gen	memo
005	高旭	男	09/01/15	gen	memo
004	王思成	男	11/22/14	Gen	memo
003	张丽	女	10/10/14	Gen	memo
002	李苗苗	女	09/15/14	Gen	Memo
001	王兰	女	09/10/14	Gen	Memo

图 5-1　排序实验结果

```
USE 图书信息
INDEX ON 分类 TO 分类升序
LIST
```

显示结果如图 5-2 所示。

记录号	图书编号	图书名称	作者	价格	数量	出版社	分类	是否借出
3	2015003	平面设计技术	谭浩强	34.0000	20	人民邮电	计算机	.F.
7	2015007	C语言程序设计	谭浩强	30.0000	30	清华大学	计算机	.F.
9	2015009	一级MS Office教程	谭浩强	24.0000	5	清华大学	计算机	.T.
10	2015010	大学计算机基础	孙艳	28.0000	20	中国铁道	计算机	.F.
2	2015002	中国传统文化	张建	33.0000	5	高等教育	人文	.F.
5	2015005	中国旅游文化	刘秀峰	26.0000	6	人民邮电	人文	.F.
1	2015001	英汉互译实践与技巧	许建平	39.0000	12	清华大学	英语	.T.
4	2015004	汉英翻译基础教程	冯庆华	49.0000	10	高等教育	英语	.T.
6	2015006	考研英语	刘香玲	29.0000	20	水利水电	英语	.T.
8	2015008	翻译365	冯庆华	33.0000	9	人民教育	英语	.F.

图 5-2　建立"分类升序"单索引文件实验结果

2. 按数量升序建立单索引文件

具体实验步骤如下。

在"命令"窗口中依次输入如下命令,并按 Enter 键执行。

```
CLEAR
INDEX ON 数量 TO 数量升序
LIST
```

显示结果如图 5-3 所示。

记录号	图书编号	图书名称	作者	价格	数量	出版社	分类	是否借出
2	2015002	中国传统文化	张建	33.0000	5	高等教育	人文	.F.
9	2015009	一级MS Office教程	谭浩强	24.0000	5	清华大学	计算机	.T.
5	2015005	中国旅游文化	刘秀峰	26.0000	6	人民邮电	人文	.F.
8	2015008	翻译365	冯庆华	33.0000	9	人民教育	英语	.F.
4	2015004	汉英翻译基础教程	冯庆华	49.0000	10	高等教育	英语	.T.
1	2015001	英汉互译实践与技巧	许建平	39.0000	12	清华大学	英语	.T.
3	2015003	平面设计技术	谭浩强	34.0000	20	人民邮电	计算机	.F.
6	2015006	考研英语	刘香玲	29.0000	20	水利水电	英语	.T.
10	2015010	大学计算机基础	孙艳	28.0000	20	中国铁道	计算机	.F.
7	2015007	C语言程序设计	谭浩强	30.0000	30	清华大学	计算机	.F.

图 5-3　建立"数量升序"单索引文件实验结果

3. 按价格降序建立单索引文件

具体实验步骤如下。

在"命令"窗口中依次输入如下命令,并按 Enter 键执行。

```
CLEAR
INDEX ON - 价格 TO 价格降序
LIST
```

显示结果如图 5-4 所示。

记录号	图书编号	图书名称	作者	价格	数量	出版社	分类	是否借出
4	2015004	汉英翻译基础教程	冯庆华	49.0000	10	高等教育	英语	.T.
1	2015001	英汉互译实践与技巧	许建平	39.0000	12	清华大学	英语	.T.
3	2015003	平面设计技术	谭洁强	34.0000	20	人民邮电	计算机	.F.
2	2015002	中国传统文化	张建	33.0000	5	高等教育	人文	.F.
8	2015008	翻译365	冯庆华	33.0000	9	人民教育	英语	.F.
7	2015007	C语言程序设计	谭洁强	30.0000	30	清华大学	计算机	.F.
6	2015006	考研英语	刘香玲	29.0000	20	水利水电	英语	.T.
10	2015010	大学计算机基础	孙艳	28.0000	20	中国铁道	计算机	.F.
5	2015005	中国旅游文化	刘秀峰	26.0000	6	人民邮电	人文	.F.
9	2015009	一级MS Office教程	谭洁强	24.0000	5	清华大学	计算机	.T.

图 5-4　建立"价格降序"单索引文件实验结果

4. 按是否借出降序建立单索引文件

具体实验步骤如下。

在"命令"窗口中依次输入如下命令，并按 Enter 键执行。

```
CLEAR
INDEX ON !是否借出 TO 借出降序
LIST
```

显示结果如图 5-5 所示。

记录号	图书编号	图书名称	作者	价格	数量	出版社	分类	是否借出
1	2015001	英汉互译实践与技巧	许建平	39.0000	12	清华大学	英语	.T.
4	2015004	汉英翻译基础教程	冯庆华	49.0000	10	高等教育	英语	.T.
6	2015006	考研英语	刘香玲	29.0000	20	水利水电	英语	.T.
9	2015009	一级MS Office教程	谭洁强	24.0000	5	清华大学	计算机	.T.
2	2015002	中国传统文化	张建	33.0000	5	高等教育	人文	.F.
3	2015003	平面设计技术	谭洁强	34.0000	20	人民邮电	计算机	.F.
5	2015005	中国旅游文化	刘秀峰	26.0000	6	人民邮电	人文	.F.
7	2015007	C语言程序设计	谭洁强	30.0000	30	清华大学	计算机	.F.
8	2015008	翻译365	冯庆华	33.0000	9	人民教育	英语	.F.
10	2015010	大学计算机基础	孙艳	28.0000	20	中国铁道	计算机	.F.

图 5-5　建立"借出降序"单索引文件实验结果

5. 先按出版社升序排序再按分类升序建立单索引文件

具体实验步骤如下。

在"命令"窗口中依次输入如下命令，并按 Enter 键执行。

```
CLEAR
INDEX ON 出版社 + 分类 TO 出版社分类
LIST
```

显示结果如图 5-6 所示。

记录号	图书编号	图书名称	作者	价格	数量	出版社	分类	是否借出
2	2015002	中国传统文化	张建	33.0000	5	高等教育	人文	.F.
4	2015004	汉英翻译基础教程	冯庆华	49.0000	10	高等教育	英语	.T.
7	2015007	C语言程序设计	谭洁强	30.0000	30	清华大学	计算机	.F.
9	2015009	一级MS Office教程	谭洁强	24.0000	5	清华大学	计算机	.T.
1	2015001	英汉互译实践与技巧	许建平	39.0000	12	清华大学	英语	.T.
8	2015008	翻译365	冯庆华	33.0000	9	人民教育	英语	.F.
3	2015003	平面设计技术	谭洁强	34.0000	20	人民邮电	计算机	.F.
5	2015005	中国旅游文化	刘秀峰	26.0000	6	人民邮电	人文	.F.
6	2015006	考研英语	刘香玲	29.0000	20	水利水电	英语	.T.
10	2015010	大学计算机基础	孙艳	28.0000	20	中国铁道	计算机	.F.

图 5-6　建立"出版社分类"单索引文件实验结果

6. 先按分类升序排序再按价格升序建立单索引文件

具体实验步骤如下。

在"命令"窗口中依次输入如下命令，并按 Enter 键执行。

```
CLEAR
INDEX ON 分类 + STR(价格) TO 分类价格
LIST
USE
```

显示结果如图 5-7 所示。

记录号	图书编号	图书名称	作者	价格	数量	出版社	分类	是否借出
9	2015009	一级MS Office教程	谭浩强	24.0000	5	清华大学	计算机	.T.
10	2015010	大学计算机基础	孙艳	28.0000	20	中国铁道	计算机	.F.
7	2015007	C语言程序设计	谭浩强	30.0000	30	清华大学	计算机	.F.
3	2015003	平面设计技术	谭浩强	34.0000	20	人民邮电	人文	.F.
5	2015005	中国旅游文化	刘秀峰	26.0000	6	人民邮电	人文	.F.
2	2015002	中国传统文化	张建	33.0000	5	高等教育	人文	.F.
6	2015006	考研英语	刘香玲	29.0000	20	水利水电	英语	.F.
8	2015008	翻译365	冯庆华	33.0000	9	人民教育	英语	.T.
1	2015001	英汉互译实践与技巧	许建平	39.0000	12	清华大学	英语	.T.
4	2015004	汉英翻译基础教程	冯庆华	49.0000	10	高等教育	英语	.T.

图 5-7　建立"分类价格"单索引文件实验结果

在默认路径中可以查看到建立的单索引文件，文件扩展名为. IDX。

【实验 5-3】　结构复合索引文件的建立和使用

（1）为"图书信息"表建立索引，要求按图书编号降序建立结构复合索引标识。

具体实验步骤如下。

在"命令"窗口中依次输入如下命令，并按 Enter 键执行。

```
CLEAR
USE 图书信息
INDEX ON 图书编号 TAG 编号降序 DESCENDING
LIST FIELDS 图书编号,图书名称,作者
```

显示结果如图 5-8 所示。

（2）为"图书信息"表建立索引，要求按出版社升序排序，再按数量升序建立结构复合索引标识。

具体实验步骤如下。

在"命令"窗口中依次输入如下命令，并按 Enter 键执行。

```
INDEX ON 出版社 + STR(数量) TAG 出版社数量
LIST FIELDS 图书编号,出版社,数量
USE
```

显示结果如图 5-9 所示。

记录号	图书编号	图书名称	作者
10	2015010	大学计算机基础	孙艳
9	2015009	一级MS Office教程	谭浩强
8	2015008	翻译365	冯庆华
7	2015007	C语言程序设计	谭浩强
6	2015006	考研英语	刘香玲
5	2015005	中国旅游文化	刘秀峰
4	2015004	汉英翻译基础教程	冯庆华
3	2015003	平面设计技术	谭浩强
2	2015002	中国传统文化	张建
1	2015001	英汉互译实践与技巧	许建平

记录号	图书编号	出版社	数量
2	2015002	高等教育	5
4	2015004	高等教育	10
9	2015009	清华大学	5
1	2015001	清华大学	12
7	2015007	清华大学	30
8	2015008	人民教育	9
5	2015005	人民邮电	6
3	2015003	人民邮电	20
6	2015006	水利水电	20
10	2015010	中国铁道	20

图 5-8　按图书编号降序建立结构复合索引标识实验结果

图 5-9　按出版社、数量建立结构复合索引标识实验结果

在默认路径中可以查看到建立的结构复合索引文件"图书信息.CDX"。建立的结构复合索引标识都保存在该文件里。

【实验 5-4】 非结构复合索引文件的建立和使用

（1）为"图书信息"表建立索引，要求按作者降序建立非结构复合索引标识。

具体实验步骤如下。

在"命令"窗口中依次输入如下命令，并按 Enter 键执行。

```
CLEAR
USE 图书信息
INDEX ON 作者 TAG 作者降序 OF 非结构复合索引1 DESCENDING
LIST FIELDS 图书编号,图书名称,作者
```

显示结果如图 5-10 所示。

（2）为"图书信息"表建立索引，要求按是否借出降序建立非结构复合索引标识。

具体实验步骤如下。

在"命令"窗口中依次输入如下命令，并按 Enter 键执行。

```
INDEX ON 是否借出 TAG 是否借出 OF 非结构复合索引2 DESCENDING
LIST FIELDS 图书编号,图书名称,是否借出
USE
```

显示结果如图 5-11 所示。

记录号	图书编号	图书名称	作者
2	2015002	中国传统文化	张建
1	2015001	英汉互译实践与技巧	许建平
9	2015009	一级MS Office教程	谭浩强
7	2015007	C语言程序设计	谭浩强
3	2015003	平面设计技术	谭浩强
10	2015010	大学计算机基础	孙艳
5	2015005	中国旅游文化	刘秀峰
6	2015006	考研英语	刘香玲
8	2015008	翻译365	冯庆华
4	2015004	汉英翻译基础教程	冯庆华

图 5-10　按作者降序建立非结构复合索引
标识实验结果

记录号	图书编号	图书名称	是否借出
9	2015009	一级MS Office教程	.T.
6	2015006	考研英语	.T.
4	2015004	汉英翻译基础教程	.T.
1	2015001	英汉互译实践与技巧	.T.
10	2015010	大学计算机基础	.F.
8	2015008	翻译365	.F.
7	2015007	C语言程序设计	.F.
5	2015005	中国旅游文化	.F.
3	2015003	平面设计技术	.F.
2	2015002	中国传统文化	.F.

图 5-11　按是否借出降序建立非结构复合
索引标识实验结果

在默认路径中可以查看到建立的非结构复合索引文件"非结构复合索引1.CDX"和"非结构复合索引2.CDX"。

【实验 5-5】 练习索引文件的操作

以"图书信息"表为例，练习索引文件的操作。

（1）打开"图书信息"表，同时打开单索引文件，它们分别按"分类升序"、"数量升序"、"价格降序"。令"数量升序"为主控索引，然后关闭表。

具体实验步骤如下。

在"命令"窗口中依次输入如下命令，并按 Enter 键执行。

```
CLEAR
USE 图书信息 INDEX 数量升序,分类升序,价格降序
LIST 图书编号,数量,分类,价格
USE
```

显示结果如图 5-12 所示。

记录号	图书编号	数量	分类	价格
2	2015002	5	人文	33.0000
9	2015009	5	计算机	24.0000
5	2015005	6	人文	26.0000
8	2015008	9	英语	33.0000
4	2015004	10	英语	49.0000
1	2015001	12	英语	39.0000
3	2015003	20	计算机	34.0000
6	2015006	20	英语	29.0000
10	2015010	20	计算机	28.0000
7	2015007	30	计算机	30.0000

图 5-12　以"数量升序"为主控索引实验结果

（2）打开"图书信息"表，同时打开"借出降序"和"出版社分类"，并指定结构复合索引文件中的"出版社数量"为主控索引，并强制以降序排序。

具体实验步骤如下。

在"命令"窗口中依次输入如下命令，并按 Enter 键执行。

```
CLEAR
USE 图书信息 INDEX 借出降序,出版社分类 ;
ORDER TAG 出版社数量 DESCENDING
LIST 出版社,数量,分类,是否借出
```

显示结果如图 5-13 所示。

（3）打开"非结构复合索引 1"和"借出降序"，并指定非结构复合索引文件中的"作者降序"为主控索引。

具体实验步骤如下。

在"命令"窗口中依次输入如下命令，并按 Enter 键执行。

```
CLEAR
SET INDEX TO 借出降序,非结构复合索引 1 ;
ORDER TAG 作者降序 OF 非结构复合索引 1
LIST 图书编号,图书名称,作者,是否借出
```

显示结果如图 5-14 所示。

记录号	出版社	数量	分类	是否借出
10	中国铁道	20	计算机	.F.
6	水利水电	20	英语	.T.
3	人民邮电	20	计算机	.F.
5	人民邮电	6	人文	.F.
8	人民教育	9	英语	.F.
7	清华大学	30	计算机	.F.
1	清华大学	12	英语	.T.
9	清华大学	5	计算机	.T.
4	高等教育	10	英语	.T.
2	高等教育	5	人文	.F.

图 5-13　以"出版社数量降序"为主控索引实验结果

记录号	图书编号	图书名称	作者	是否借出
2	2015002	中国传统文化	张建	.F.
1	2015001	英汉互译实践与技巧	许建平	.T.
9	2015009	一级MS Office教程	谭浩强	.T.
7	2015007	C语言程序设计	谭浩强	.F.
3	2015003	平面设计技术	谭浩强	.F.
10	2015010	大学计算机基础	孙艳	.F.
5	2015005	中国旅游文化	刘秀峰	.F.
6	2015006	考研英语	刘香玲	.T.
8	2015008	翻译365	冯庆华	.F.
4	2015004	汉英翻译基础教程	冯庆华	.T.

图 5-14　以"作者降序"为主控索引实验结果

（4）重新指定"借书降序"为主控索引。

具体实验步骤如下。

在"命令"窗口中依次输入如下命令，并按 Enter 键执行。

```
CLEAR
SET ORDER TO 借出降序
LIST 图书编号,图书名称,作者,是否借出
```

显示结果如图 5-15 所示。

记录号	图书编号	图书名称	作者	是否借出
1	2015001	英汉互译实践与技巧	许建平	.T.
4	2015004	汉英翻译基础教程	冯庆华	.T.
6	2015006	考研英语	刘香玲	.T.
9	2015009	一级MS Office教程	谭浩强	.T.
2	2015002	中国传统文化	张建	.F.
3	2015003	平面设计技术	谭浩强	.F.
5	2015005	中国旅游文化	刘秀峰	.F.
7	2015007	C语言程序设计	谭浩强	.F.
8	2015008	翻译365	冯庆华	.F.
10	2015010	大学计算机基础	孙艳	.F.

图 5-15 以"借书降序"为主控索引实验结果

（5）重新指定"编号降序"为主控索引。

具体实验步骤如下。

在"命令"窗口中依次输入如下命令，并按 Enter 键执行。

```
CLEAR
SET ORDER TO TAG 编号降序
LIST 图书编号,图书名称,作者,是否借出
```

显示结果如图 5-16 所示。

（6）关闭所有单索引文件和非结构复合索引文件。

具体实验步骤如下。

在"命令"窗口中依次输入如下命令，并按 Enter 键执行。

```
CLEAR
SET INDEX TO
LIST 图书编号,图书名称,作者,是否借出
```

显示结果如图 5-17 所示。

记录号	图书编号	图书名称	作者	是否借出
10	2015010	大学计算机基础	孙艳	.F.
9	2015009	一级MS Office教程	谭浩强	.F.
8	2015008	翻译365	冯庆华	.F.
7	2015007	C语言程序设计	谭浩强	.F.
6	2015006	考研英语	刘香玲	.T.
5	2015005	中国旅游文化	刘秀峰	.F.
4	2015004	汉英翻译基础教程	冯庆华	.T.
3	2015003	平面设计技术	谭浩强	.F.
2	2015002	中国传统文化	张建	.F.
1	2015001	英汉互译实践与技巧	许建平	.T.

图 5-16 以"编号降序"为主控索引实验结果

记录号	图书编号	图书名称	作者	是否借出
1	2015001	英汉互译实践与技巧	许建平	.T.
2	2015002	中国传统文化	张建	.F.
3	2015003	平面设计技术	谭浩强	.F.
4	2015004	汉英翻译基础教程	冯庆华	.T.
5	2015005	中国旅游文化	刘秀峰	.F.
6	2015006	考研英语	刘香玲	.T.
7	2015007	C语言程序设计	谭浩强	.F.
8	2015008	翻译365	冯庆华	.F.
9	2015009	一级MS Office教程	谭浩强	.T.
10	2015010	大学计算机基础	孙艳	.F.

图 5-17 关闭所有单索引文件和非结构复合
索引文件实验结果

【实验 5-6】 顺序查询和索引查询

（1）使用 LOCATE 命令查找"图书信息"表中"人文"类图书信息。

具体实验步骤如下。

在"命令"窗口中依次输入如下命令，并按 Enter 键执行。

```
CLEAR
USE 图书信息
LOCATE FOR 分类 = "人文"              && 指针指向第一条满足条件的记录
DISP
CONTINUE                              && 使指针指向下一条满足条件的记录
DISP
```

(2) 使用 FIND 和 SEEK 查找"图书信息"表中"人文"类图书信息,并体会与使用 LOCATE 命令之间的差别。

具体实验步骤如下。

在"命令"窗口中依次输入如下命令,并按 Enter 键执行。

```
SET INDEX TO 分类升序
FIND 人文                          && 指针指向第一条满足条件的记录
DISP
SKIP                              && 指针向下移动一条记录
DISP

SEEK "人文"                        && 指针指向第一条满足条件的记录
DISP
SKIP                              && 指针向下移动一条记录
DISP
```

3 组命令输出结果相同,如图 5-18 所示。

记录号	图书编号	图书名称	作者	价格	数量	出版社	分类	是否借出
2	2015002	中国传统文化	张建	33.0000	5	高等教育	人文	.F.

记录号	图书编号	图书名称	作者	价格	数量	出版社	分类	是否借出
5	2015005	中国旅游文化	刘秀峰	26.0000	6	人民邮电	人文	.F.

图 5-18　顺序查询和索引查询实验结果

【实验 5-7】　创建"图书信息"表和"借阅信息"表的永久性关系和参照完整性

1. 创建"图书信息"表和"借阅信息"表的永久性关系

具体实验步骤如下。

(1) 选择"文件"菜单中的"打开"命令,打开"图书管理"数据库设计器,如图 5-19 所示。

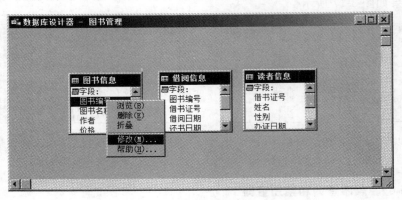

图 5-19　数据库设计器

(2) 右击"图书信息"表,弹出快捷菜单,选择"修改"命令,如图 5-19 所示。

(3) 在出现的表设计器中,选择"索引"选项卡。建立索引,"索引名"为 bh,"类型"为 "主索引","表达式"为"图书编号",如图 5-20 所示。单击"确定"按钮,在出现的提示框中单击"是"按钮,返回数据库设计器。

(4) 使用同样的方法为"借阅信息"表建立索引,"索引名"为"图书编号","类型"为"普通索引","表达式"为"图书编号",如图 5-21 所示。

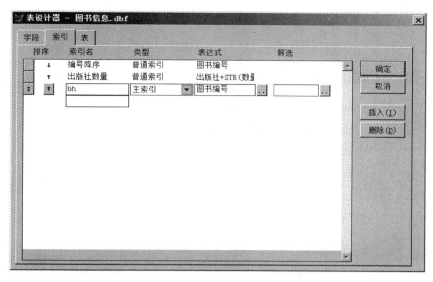

图 5-20　利用表设计器建立主索引

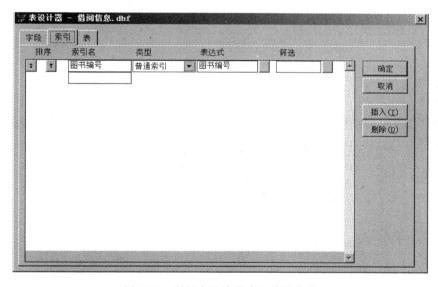

图 5-21　利用表设计器建立普通索引

（5）返回数据库设计器，可以看到，"图书信息"表中建立的主索引 bh 前有金钥匙标记。选择主索引，按住鼠标左键，拖向"借阅信息"表的普通索引"图书编号"，松开鼠标，会产生一条黑线，如图 5-22 所示。

2. 创建"图书信息"表和"借阅信息"表的参照完整性并将"更新规则"设置为"级联"

具体实验步骤如下。

（1）在数据库设计器中双击两个表之间的关系线，出现"编辑关系"对话框，如图 5-23 所示。单击"参照完整性"按钮，会出现提示框，提示用户清理数据库。关闭"编辑关系"对话框，选择"数据库"菜单中的"清理数据库"命令，完成数据库的清理。

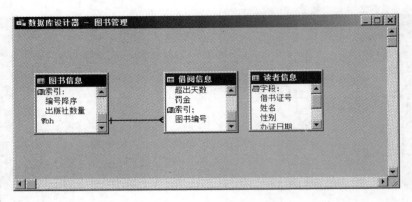

图 5-22　永久性关系

图 5-23　"编辑关系"对话框

（2）再双击两个表之间的关系线，出现"编辑关系"对话框，如图 5-23 所示。单击"参照完整性"按钮。

（3）出现"参照完整性生成器"对话框，如图 5-24 所示。把"更新规则"设置为"级联"。

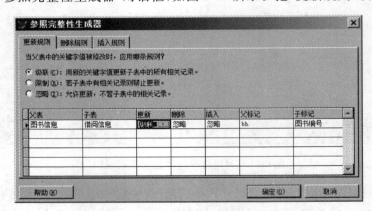

图 5-24　"参照完整性生成器"对话框

【实验 5-8】　创建"读者信息"表和"借阅信息"表的永久性关系和参照完整性

1. 创建"读者信息"表和"借阅信息"表的永久性关系

具体实验步骤如下。

（1）选择"文件"菜单中的"打开"命令，打开"图书管理"数据库设计器。右击"读者信息"表，弹出快捷菜单，选择"修改"命令。

（2）在出现的表设计器中，在"字段"选项卡中选择"借书证号"字段，在其"索引"下拉列表框中选择一种排序方式，如图 5-25 所示。然后选择"索引"选项卡，把索引"类型"改为"主索引"，如图 5-26 所示。单击"确定"按钮，在出现的提示框中单击"是"按钮，返回数据库设计器。

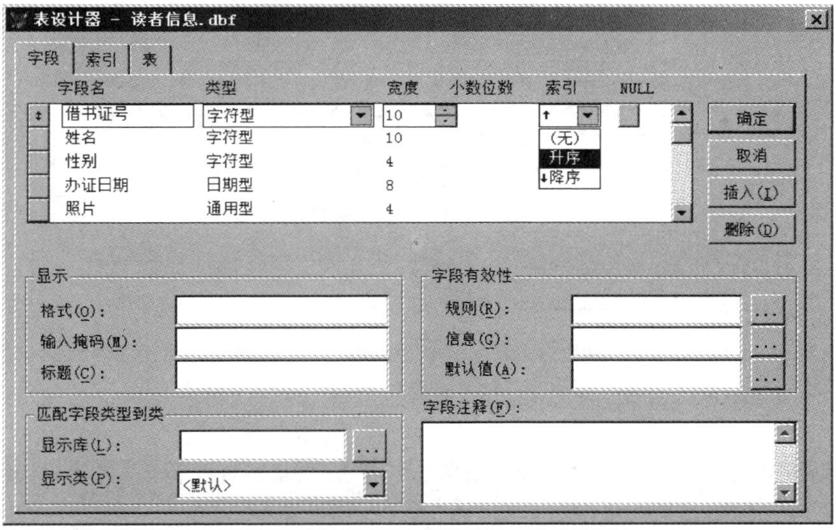

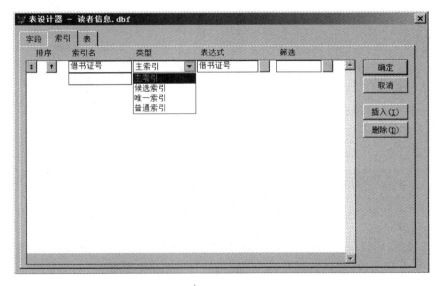

图 5-25　利用"字段"选项卡建立普通索引

图 5-26　利用"索引"选项卡建立主索引

（3）打开"借阅信息"表的表设计器，在"字段"选项卡中选择"借书证号"字段，在其"索引"下拉列表框中选择一种排序方式，如图 5-27 所示。然后选择"索引"选项卡，可验证索引"类型"为"普通索引"，如图 5-28 所示。单击"确定"按钮，在出现的提示框中单击"是"按钮，返回数据库设计器。

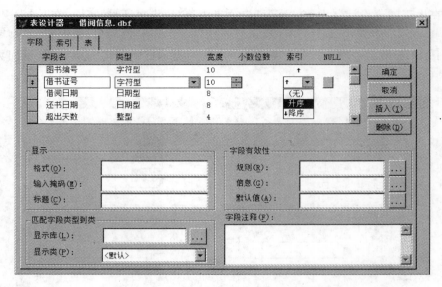

图 5-27　利用"字段"选项卡建立普通索引

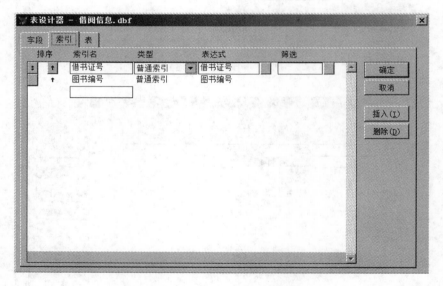

图 5-28　在"索引"选项卡查看索引类型

（4）返回数据库设计器，可以看到，"读者信息"表中建立的主索引"借书证号"前有金钥匙标记。选择主索引，按住鼠标左键拖向"借阅信息"表的普通索引"借书证号"，松开鼠标，会产生一条黑线，如图 5-29 所示。

2. 创建"读者信息"表和"借阅信息"表的参照完整性并将"更新规则"设置为"级联"

具体实验步骤如下。

（1）在"数据库设计器"中双击两个表之间的关系线，出现"编辑关系"对话框。单击"参照完整性"按钮，会出现提示框，提示用户清理数据库。关闭"编辑关系"对话框，选择"数据库"菜单中的"清理数据库"命令，完成数据库的清理。

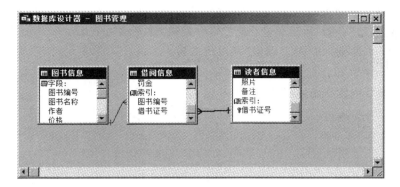

图 5-29　建立永久性关系

（2）右击两个表之间的关系线，在弹出的快键菜单中选择"编辑参照完整性"命令，如图 5-30 所示。出现"参照完整性生成器"对话框，把"更新规则"设置为"级联"。

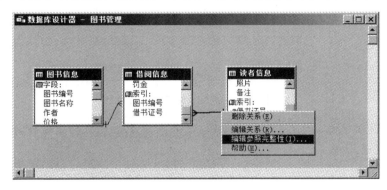

图 5-30　编辑参照完整性

【实验 5-9】　多工作区表

在 1 号工作区打开"读者信息"表，并设置别名为 R；在 2 号工作区打开"借阅信息"表，显示"图书编号"、"借书证号"、"姓名"以及"性别"字段的内容。

具体实验步骤如下。

在"命令"窗口中依次输入如下命令，并按 Enter 键执行。

```
SELECT 1                        && 选择 1 号工作区
USE 读者信息 ALIAS R            && 打开表的同时为表指定别名
SELECT B                        && 选择 2 号工作区
USE 借阅信息
DISP 图书编号,借书证号,R.姓名,R->性别   && 姓名、性别不是当前工作区中
                                         表的字段,需指定工作区
USE
```

结果如图 5-31 所示。

记录号	图书编号	借书证号	R->姓名	R->性别
1	2015001	002	王兰	女

图 5-31　多工作区实验结果

【实验 5-10】　表间关联

建立"借阅信息"表和"读者信息"表之间的关联,并显示当前记录以及第 4 条记录的"借书证号"、"姓名"、"性别"和"图书编号"字段的内容。

具体实验步骤如下。

在"命令"窗口中依次输入如下命令,并按 Enter 键执行。

```
SELECT 1
USE 借阅信息 ALIAS JYXX
INDEX ON 借书证号 TO JSZH
SELECT 2
USE 读者信息
SET RELATION TO 借书证号 INTO A
DISP 借书证号,姓名,性别,JYXX.图书编号
GO 4
DISP 借书证号,姓名,性别,JYXX.图书编号
```

结果如图 5-32 所示。

记录号	借书证号	姓名	性别	Jyxx->图书编号
1	001	王兰	女	2015010

记录号	借书证号	姓名	性别	Jyxx->图书编号
4	004	王思成	男	2015007

图 5-32　表间关联实验结果

可见,建立完关联后,当父表指针移动时,子表的记录指针将会定位在与父表关联表达式值相同的第 1 条记录上。

四、能 力 测 试

1. 以"职员"表为例,练习索引文件的建立和使用。

(1) 按性别升序建立单索引文件。

(2) 按组别和职务升序建立单索引文件。

(3) 按职员号降序建立结构复合索引标识。

(4) 按职务降序建立非结构复合索引标识。

(5) 使用建立的索引显示表中的记录。

2. 使用 FIND 和 SEEK 命令查找"职员"表中姓李的职员信息。

3. 创建"职员"表和"订单"表的永久性关系,并设置参照完整性。

4. 创建"客户"表和"订单"表的永久性关系,并设置参照完整性。

5. 以"职员"表和"订单"表为例,练习表间关联的建立和使用。

实验六　查询与视图

一、实验目的

(1) 掌握使用查询向导创建查询的方法。
(2) 掌握使用查询设计器创建查询的方法。
(3) 掌握单表和多表的查询方法。
(4) 掌握多条件查询的方法。
(5) 掌握使用视图向导创建视图的方法。
(6) 掌握使用视图设计器创建视图的方法。

二、实验预备知识

(一) 创建查询

在创建查询时,通常可以遵循以下 6 个步骤。

(1) 用查询向导或查询设计器创建查询。
(2) 选择在查询结果中需要显示的字段。
(3) 设置查询记录的条件。
(4) 设置排序及分组条件来组织查询结果。
(5) 选择查询输出类别,可以是报表、表文件、图表、浏览窗口,等等。
(6) 运行查询。

(二) 用查询向导创建查询

1. 字段选取

用户可以从一个或几个表或视图中选择字段。首先从一个表或视图中选择字段并且将其移到"选定字段"列表框中,然后从别的表或视图中选择并移动字段。

注意:只有移动到"选定字段"列表框中的字段才是查询最后生成的有效字段。

2. 筛选记录

用户可以通过"字段"下拉列表框、"操作符"下拉列表框和"值"文本框来创建表达式,从而将不满足表达式的所有记录从查询中筛除。用户可以通过单击"预览"按钮,查看筛选设置情况。如果查询结果不正确,可及时进行修改。

3. 排序记录

用户可以通过设置指定字段为升序排列或降序排列来进行查询结果的定向输出。用于排序的字段最多不能超过 3 个,而且,排序根据选定字段框中指定字段的先后顺序设定优先级,也就是说,排在最顶部的字段在排序中最先考虑,然后依此类推。用户也可以通过单击

"预览"按钮来查看查询设置的效果。

4. 限制记录

如果用户不希望查询整个表中的记录，可以在本步骤中进行查询范围的设定。用户可以通过设置查询范围在所有记录中所占的百分比或记录号数来限定查询记录的条数，也可以通过单击"预览"按钮来查看查询设置的效果。

用向导创建的查询文件也可以在查询设计器中修改设置。

（三）用查询设计器创建查询

1. 表或视图选取

进入查询设计器后，首先在"添加表或视图"对话框中选择查询中要使用的表或视图。

（1）"添加"按钮：选中表名，单击"添加"按钮，可以把需要的表添加到查询设计器里。

（2）"关闭"按钮：单击"关闭"按钮，可以把"添加表或视图"对话框关闭。

（3）"其他"按钮：如果当前没有所需要的表，可以单击"其他"按钮。

要想从查询设计器中移去一个表，可以选中该表并单击鼠标右键，在弹出的快捷菜单中选择"移去表"命令。

2. 字段选取

可以通过单击"可用字段"列表框和"选定字段"列表框之间的"添加"按钮向"选定字段"中添加字段；也可以单击需要的字段，并拖动它到"选定字段"列表框中来添加字段。如果用户希望一次添加所有可用字段，可以单击"全部添加"按钮，或者将表顶部的"＊"号拖入"选定字段"列表框中。

也可以通过表达式生成器或直接在"函数和表达式"文本框中输入一个表达式，并将指定的函数或表达式作为可用字段添加到"选定字段"列表框中。

在"选定字段"列表框中，列出了出现在查询或视图结果中的所有字段、数值函数和其他表达式，可以通过拖动字段左边的垂直双箭头按钮来重新调整输出顺序。

3. 联接条件

如果要查询两个以上的表或视图，则需要在它们之间建立联接。"联接"选项卡可以用来指定联接表达式。如果表之间已经设置了联接，则不需进行此项的设置。如果没有建立联接，将会出现"联接条件"对话框。

其中出现的联接类型如表 6-1 所示。

表 6-1　联接类型说明

联 接 类 型	说　　　明
Inner Join（内部联接）	只返回完全满足条件的记录，是 Visual FoxPro 中的默认联接
Left Outer Join（左联接）	返回左侧表中的所有记录以及右侧表中匹配的记录
Right Outer Join（右联接）	返回右侧表中的所有记录以及左侧表中匹配的记录
Full Join（完全联接）	返回两个表中的所有记录

如果想删除已有的联接，可以在查询设计器中选定联接线，并从"查询"菜单中选择"移去联接条件"命令；也可以用单击表之间的联接线，此时可以看见联接线有所加粗，按Delete 键，可以删除选定的联接。

4. 记录的筛选

（1）字段名：用于选择记录的字段或表达式。

（2）条件：用于比较的类型。

（3）实例：输入比较条件。

（4）"大小写"按钮：若选中该按钮,则在搜索字符数据时忽略其大小写。

（5）"否"按钮：若选中该按钮,则排除与条件相匹配的记录。

（6）逻辑：在筛选条件中添加 AND 或 OR 条件。

（7）"插入"按钮：插入一个空的筛选条件。

（8）"移去"按钮：将所选定的筛选条件删除。

5. 排序查询结果

如果要设置排序条件,可以在"选定字段"列表框中选定一个字段名,并单击"添加"按钮,将要使用的字段移入"排序条件"列表框中；如果要移去排序条件,可以选定一个想要移去的字段,并单击"移去"按钮。最后,根据用户要求确定查询结果是升序还是降序排列。

在"排序条件"列表框中的字段次序代表了排序查询结果时的先后性次序。其中,第一个字段决定了主排序次序。可以通过拖动字段左边的按钮来调整排序字段的先后性。按钮边上的上箭头或下箭头代表该字段实行升序还是降序排序。

6. 分组查询结果

在查询设计器中,使用"分组依据"选项卡可以控制记录的分组。在"分组依据"选项卡中单击"满足条件"按钮,可以进入"满足条件"对话框。在该对话框中设置指定条件,以决定查询输出中所包含的记录。

7. 杂项

（1）无重复记录：是否允许有重复记录输出。

（2）列在前面的记录：用于指定查询结果中出现的是全部记录,还是指定的记录个数或百分比。

（四）查询去向的设置

"查询去向"对话框中各项的含义如表 6-2 所示。

表 6-2　"查询去向"对话框中各项的含义

输 出 选 项	查询结果显示
浏览	直接在浏览窗口中显示查询结果(默认输出方式)
临时表	查询结果作为一个临时表存储
表	查询结果作为一个表存储
图形	查询结果以图形显示
屏幕	在 Visual FoxPro 主窗口或当前活动输出窗口中显示查询结果
报表	输出到一个报表文件中
标签	输出到一个标签文件中

（五）用视图设计器创建视图

视图设计器比查询设计器只多了一个"更新条件"选项卡。通过使用"更新条件"选项卡,用户可以将视图中的修改传送到视图所使用的表的原始记录中,从而控制对远程数据的修改。该选项卡还可以控制是否打开对表中指定字段的更新功能,以及设置适合服务器的 SQL 更新方法。

1. 设置可更新的表

在"表"列表框中,用户可以指定视图所使用的哪些表是可以修改的。选中"发送 SQL 更新"复选框,可以指定将视图记录中的修改传送给原始表,使用该选项应至少设置一个关键字。

2. 字段设置

用户可以从每个表中选择主关键字段作为视图的关键字段。对于"字段名"列表框中的每个主关键字段,在钥匙符号下面打一个"√"。用关键字字段来唯一标识那些已在视图中修改过的基本表中的记录。

如果要选择除了对关键字段以外的所有字段来进行更新,可以在"字段名"列表框的铅笔符号下打一个"√"。

"字段名"列表框用来显示所选的、用来输出(因此也是可更新)的字段。

(1)关键字字段(使用钥匙符号作标记):指定该字段是否为关键字字段。

(2)可更新字段(使用铅笔符号作标记):指定该字段是否为可更新字段。

(3)字段名:显示可标志为关键字字段或可更新字段的输出字段名。

如果用户想要恢复已更改的关键字字段在源表中的初始设置,可以单击"重置关键字"按钮。若要设置所有字段可更新,可以单击"全部更新"按钮。

三、实验内容

【实验 6-1】 用查询向导创建查询

1. 用查询向导创建单表查询

利用查询向导创建查询,要求从"图书信息"表中查询"清华大学"出版社的图书信息。查询字段依次包括"图书编号"、"图书名称"、"价格"、"数量"和"出版社",查询结果按"图书编号"升序排序。最后将查询保存在"图书信息查询.qpr"文件中,并运行该查询。

具体实验步骤如下。

(1)选择"文件"菜单中的"新建"命令,进入"新建"对话框。选择"查询"单选按钮,单击"向导"按钮,弹出"向导选取"对话框,如图 6-1 所示。

(2)在"向导选取"对话框中选择"查询向导",单击"确定"按钮,弹出"查询向导"对话框的"步骤 1-字段选取"界面。在"数据库和表"列表框中选择"图书信息"表,在"可用字段"列表框中,选择"图书编号"字段,单击 ▶ 按钮,将其添加到"选定字段"列表框中。重复此操作,将"图书名称"、"价格"、

图 6-1 "向导选取"对话框

"数量"和"出版社"字段添加到的"选定字段"列表框中,完成字段选取操作,如图 6-2 所示。

(3)单击"下一步"按钮,进入查询向导的"步骤 3-筛选记录"界面。分别在"字段"、"操作符"下拉列表框中选定"图书信息. 出版社"和"等于"选项,在"值"文本框中输入"清华大学",完成记录筛选操作,如图 6-3 所示。

(4)单击"下一步"按钮,进入查询向导的"步骤 4-排序记录"界面,选择"可用字段"列表

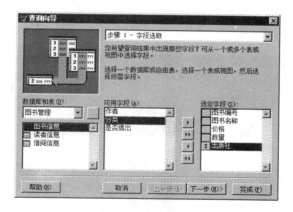

图 6-2　字段选取

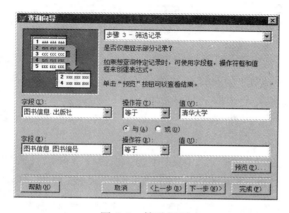

图 6-3　筛选记录

框中的"图书信息.图书编号"字段,单击"添加"按钮,将"图书信息.图书编号"添加到"选定字段"列表框中。然后选中"升序"单选按钮,使新建查询中的记录按"图书信息"表中的"图书编号"升序排列,如图 6-4 所示。

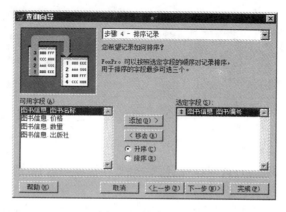

图 6-4　排序记录

实验六

查询与视图

（5）单击"下一步"按钮，进入查询向导的"步骤 4a-限制记录"界面，如图 6-5 所示。在这个对话框中，有以下两组选项。

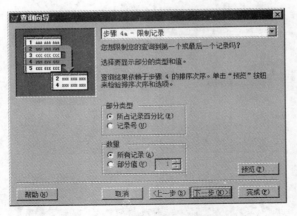

图 6-5　限制记录

① 在"部分类型"选项组中，如果选中"所占记录百分比"单选按钮，则"数量"选项组中的"部分值"选项将决定选取的记录的百分比数；如果选中"记录号"单选按钮，则"数量"选项组中的"部分值"选项将决定选取的记录数。

② 选中"数量"选项组中的"所有记录"单选按钮，将显示满足前面所设条件的所有记录。

本例中，选择"所有记录"。单击"预览"按钮，可查看查询设计的效果。

（6）单击"下一步"按钮，进入查询向导的"步骤 5-完成"界面，如图 6-6 所示。

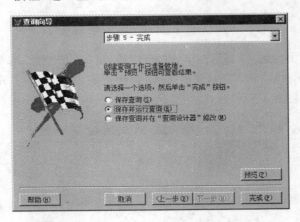

图 6-6　完成

对该界面中各选项说明如下。

① 保存查询：将所设计的查询保存，以后在项目管理器或程序中运行。

② 保存并运行查询：将所设计的查询保存，并运行该查询。

③ 保存查询并在"查询设计器"修改：将所设计的查询保存，同时打开查询设计器修改该查询。

本例中，选择"保存并运行查询"。

（7）单击"完成"按钮,将弹出"另存为"对话框,输入文件名为"图书信息查询",如图6-7所示,单击"保存"按钮。运行结果如图6-8所示。

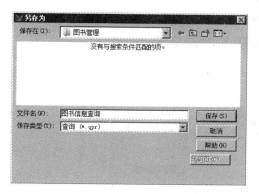

图6-7　"另存为"对话框

图6-8　"图书信息查询.qpr"运行结果

2. 用查询向导创建多表查询

利用查询向导创建查询,要求从"读者信息"表和"借阅信息"表中查询所有男同志的"借阅证号"、"姓名"、"性别"和"借阅日期",查询结果按"借书证号"降序排列。最后将查询保存在"读者借阅查询.qpr"文件中,并运行该查询。

具体实验步骤如下。

（1）选择"文件"菜单中的"新建"命令,进入"新建"对话框。选择"查询"单选按钮,单击"向导"按钮,弹出"向导选取"对话框,如图6-9所示。

（2）在"向导选取"对话框中选择"查询向导",单击"确定"按钮,弹出"查询向导"对话框的"步骤1-字段选取"界面。在"数据库和表"列表框中选择"读者信息"表,在"可用字段"列表框中,选择"借书证号"字段,单击 ▶ 按钮,将其添加到"选定字段"列表框中。重复此操作,将"姓名"和"性别"字段添加到的"选定字段"列表框中,如图6-10所示。

图6-9　"向导选取"对话框

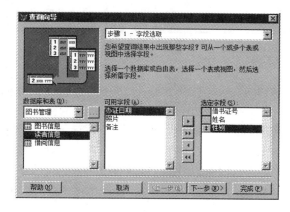

图6-10　字段选取

(3) 在"数据库和表"列表框中选择"借阅信息"表,在"可用字段"列表框中,选择"借阅日期"字段,单击 ▶ 按钮,将其添加到的"选定字段"列表框中,完成字段选取的操作,如图 6-11 所示。

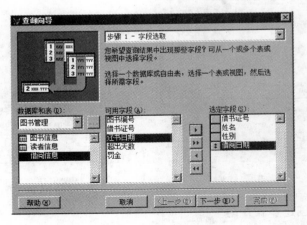

图 6-11　字段选取

(4) 单击"下一步"按钮,进入查询向导的"步骤 2-为表建立关系"界面,单击左侧的"添加"按钮,通过"借书证号"字段为"读者信息"表和"借阅信息"表建立关系,完成建立关系的操作,如图 6-12 所示。

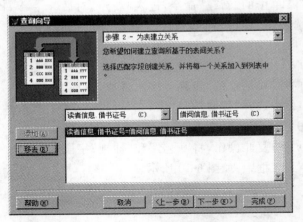

图 6-12　建立关系

(5) 单击"下一步"按钮,进入查询向导的"步骤 2a-字段选取"界面,选择"仅包含匹配的行",完成匹配行的操作,如图 6-13 所示。

(6) 单击"下一步"按钮,进入查询向导的"步骤 3-筛选记录"界面,分别在"字段"和"操作符"下拉列表框中选定"读者信息.性别"和"等于"选项,在"读者信息.性别"字段的"值"文本框中输入"男",完成记录筛选操作,如图 6-14 所示。

(7) 单击"下一步"按钮,进入查询向导的"步骤 4-排序记录"界面,选择"可用字段"列表框中的"读者信息.借书证号"字段,单击"添加"按钮,将"读者信息.借书证号"添加到"选定字段"列表框中。然后选中"降序"单选按钮,使新建查询中的记录按"读者信息"表中的"借书证号"降序排列,如图 6-15 所示。

图 6-13 匹配行

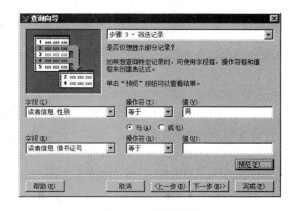

图 6-14 筛选记录

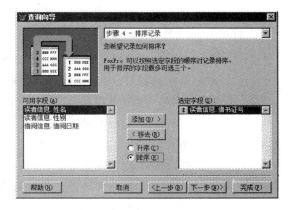

图 6-15 排序记录

（8）单击"下一步"按钮,进入查询向导的"步骤 4a-限制记录"界面,保持默认设置。单击"下一步"按钮,进入查询向导的"步骤 5-完成"界面,选择"保存并运行查询"单选按钮,如图 6-16 所示。

实验六

查询与视图

（9）单击"完成"按钮，弹出"另存为"对话框，输入文件名为"读者借阅查询"，单击"保存"按钮。

运行结果如图 6-17 所示。

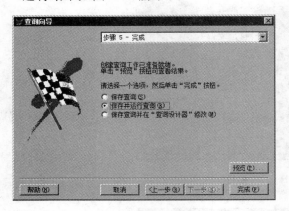

图 6-16　完成

图 6-17　"读者借阅查询.qpr"运行结果

【实验 6-2】　用查询设计器创建查询

1. 用查询设计器创建单表查询

利用查询设计器创建查询，要求从"图书信息"表中查询"清华大学"出版社的图书信息。查询字段依次包括"图书编号"、"图书名称"、"价格"、"数量"和"出版社"，查询结果按"图书编号"升序排列。最后将查询保存在"图书信息查询 1.qpr"文件中，并运行该查询。

具体实验步骤如下。

图 6-18　"添加表或视图"对话框

（1）选择"文件"菜单中的"新建"命令，进入"新建"对话框。选择"查询"单选按钮，单击"新建文件"按钮，打开"添加表或视图"对话框，如图 6-18 所示。

（2）在"添加表或视图"对话框中选择"图书信息"表，将其添加到查询设计器中，单击"关闭"按钮，进入查询设计器。

（3）在查询设计器的"字段"选项卡中的"可用字段"列表框中选择"图书信息.图书编号"，单击"添加"按钮，将"图书编号"这个字段添加到"选定字段"列表框中。重复

上面操作，分别将"图书信息.图书名称"、"图书信息.价格"、"图书信息.数量"和"图书信息.出版社"等字段添加到"选定字段"列表框中，如图 6-19 所示。

（4）选择"筛选"选项卡，在"筛选"选项卡中设置筛选条件，如图 6-20 所示。

（5）选择"排序依据"选项卡，在"排序依据"选项卡中设置排序依据，如图 6-21 所示。

（6）在这里不进行分组和联接操作，所以"分组"选项卡和"联接"选项卡均使用默认值。

（7）至于"杂项"选项卡，本题中不需要对其中的相关操作进行设置，也使用默认值。

（8）单击"常用"工具栏中 ▣ 按钮，将弹出"另存为"对话框。保存文档并将其命名为"图书信息查询 1"，单击"保存"按钮。

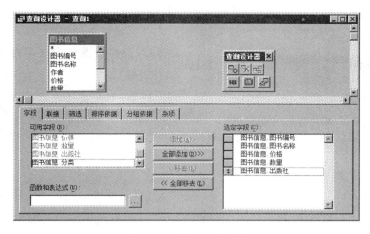

图 6-19 "字段"选项卡

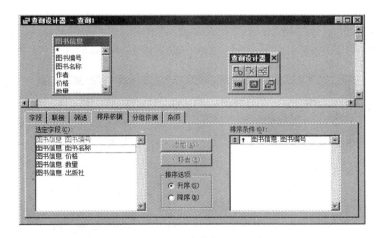

图 6-20 "筛选"选项卡

图 6-21 "排序依据"选项卡

查询与视图

(9)在查询设计器上单击鼠标右键,在弹出的快捷菜单中选择"运行查询"命令,查询结果如图 6-22 所示。

2. 用查询设计器创建多表查询

利用查询设计器创建查询,要求从"读者信息"表和"借阅信息"表中查询所有男同志的"借阅证号"、"姓名"、"性别"和"借阅日期",查询结果按"借书证号"降序排列。最后将查询保存在"读者借阅查询 1.qpr"文件中,并运行该查询。

图 6-22 "图书信息查询 1.qpr"运行结果

具体实验步骤如下。

(1)选择"文件"菜单中的"新建"命令,进入"新建"对话框。选择"查询"单选按钮,单击"新建文件"按钮,打开"添加表或视图"对话框。在"添加表或视图"对话框中分别选择"读者信息"和"借阅信息"表,将它们添加到查询设计器中,单击"关闭"按钮,进入查询设计器。

(2)在查询设计器的"字段"选项卡的"可用字段"列表框中依次选择"读者信息.借书证号"、"读者信息.姓名"、"读者信息.性别"和"借阅信息.借阅日期",并依次单击"添加"按钮,将这些字段添加到"选定字段"列表框中,如图 6-23 所示。

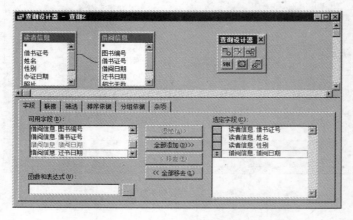

图 6-23 "字段"选项卡

(3)选择"联接"选项卡,在"联接"选项卡中设置联接条件,如图 6-24 所示。

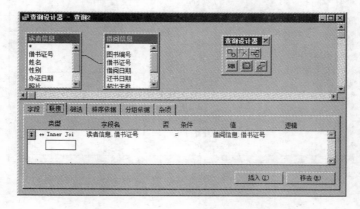

图 6-24 "联接"选项卡

（4）选择"筛选"选项卡，在"筛选"选项卡中设置筛选条件，如图 6-25 所示。

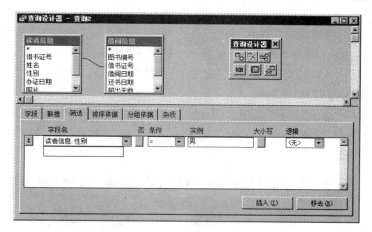

图 6-25 "筛选"选项卡

（5）选择"排序依据"选项卡，在"排序依据"选项卡中设置排序依据，如图 6-26 所示。

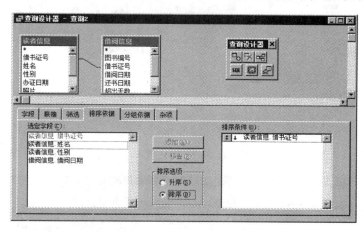

图 6-26 "排序依据"选项卡

（6）"分组"和"杂项"选项卡保持默认设置。

（7）单击"常用"工具栏中的 ▣ 按钮，将弹出"另存为"对话框。保存文档并将其命名为"读者借阅查询 1"，单击"保存"按钮。

（8）在查询设计器上单击鼠标右键，在弹出的快捷菜单中选择"运行查询"命令，查询结果如图 6-27 所示。

图 6-27 "读者借阅查询 1.qpr"运行结果

【实验 6-3】 设置多个条件的查询

利用查询设计器创建查询，要求从"图书信息"表、"读者信息"表和"借阅信息"表中查询办证日期在 2015 年 1 月 1 号之前并且性别为"女"的所有信息。查询字段包括"姓名"、"性别"、"办证日期"和"图书名称"。查询结果按"姓名"升序排列。最后将查询保存在"读者借阅图书查询.qpr"文件中,并运行该查询。

具体实验步骤如下。

(1) 选择"文件"菜单中的"新建"命令,进入"新建"对话框。选择"查询"单选按钮,单击"新建文件"按钮,打开"添加表或视图"对话框。在"添加表或视图"对话框中依次选择"读者信息"、"借阅信息"表和"图书信息"表(注意添加表的顺序),将其添加到查询设计器中。单击"关闭"按钮,进入查询设计器。

(2) 在查询设计器的"字段"选项卡中的"可用字段"列表框中依次选择"读者信息. 姓名"、"读者信息. 性别"、"读者信息. 办证"和"图书信息. 图书名称",并分别单击"添加"按钮,将这些字段添加到"选定字段"列表框中,如图 6-28 所示。

图 6-28 "字段"选项卡

(3) 选择"联接"选项卡,在"联接"选项卡中设置联接条件,如图 6-29 所示。

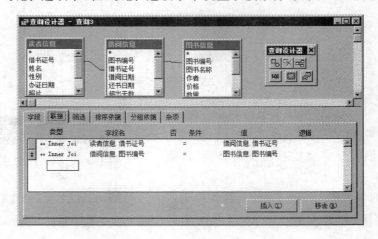

图 6-29 "联接"选项卡

(4) 选择"筛选"选项卡,在"筛选"选项卡中设置筛选条件,如图 6-30 所示。

(5) 选择"排序依据"选项卡,在"排序依据"选项卡中设置排序依据,如图 6-31 所示。

(6) "分组"和"杂项"选项卡保持默认设置。

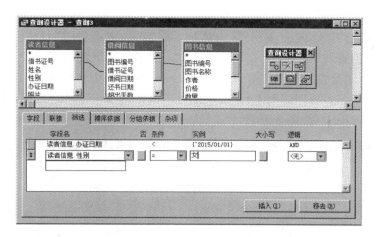

图 6-30 "筛选"选项卡

图 6-31 "排序依据"选项卡

（7）单击 ▨ 按钮,将弹出"另存为"对话框。保存文档并将其命名为"读者借阅图书查询",单击"保存"按钮。

（8）在查询设计器上右击,在弹出的快捷菜单中选择"运行查询"命令,查询结果如图 6-32所示。

图 6-32 "读者借阅图书查询.qpr"运行结果

【实验 6-4】 统计查询

（1）利用查询设计器创建查询,要求从"图书信息"表中查询每种图书的总价。其中,总价＝价格 * 数量,查询字段包括"图书编号"、"图书名称"、"出版社"和"总价",查询结果按"总价"降序排列。最后将查询保存在"图书总价查询.qpr"文件中,并运行该查询。

具体实验步骤如下。

查询与视图

① 选择"文件"菜单中的"新建"命令，进入"新建"对话框。选择"查询"单选按钮，单击"新建文件"按钮，打开"添加表或视图"对话框。在"添加表或视图"对话框中选择"图书信息"表，将其添加到查询设计器中。单击"关闭"按钮，进入查询设计器。

② 在查询设计器的"字段"选项卡的"可用字段"列表框中依次选择"图书信息.图书编号"、"图书信息.图书名称"和"图书信息.出版社"，并分别单击"添加"按钮，将这些字段添加到"选定字段"列表框中，如图 6-33 所示。

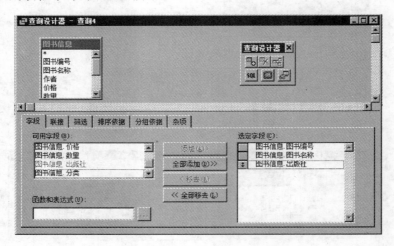

图 6-33　字段选取

③ 可用字段中并没有"总价"，需要在左下角的"函数和表达式"文本框中输入或单击该文本框右侧的按钮，通过表达式生成器生成正确的表达式"图书信息.价格＊图书信息.数量 AS 总价"，如图 6-34 所示。

图 6-34　表达式生成器

④ 单击"确定"按钮，将其添加到"选定字段"列表框中，如图 6-35 所示。

⑤ 选择"排序依据"选项卡，在"排序依据"选项卡中设置排序依据，如图 6-36 所示。

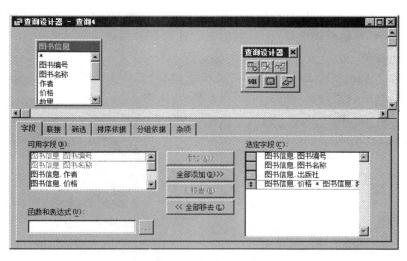

图 6-35　将生成的表达式添加到"选定字段"

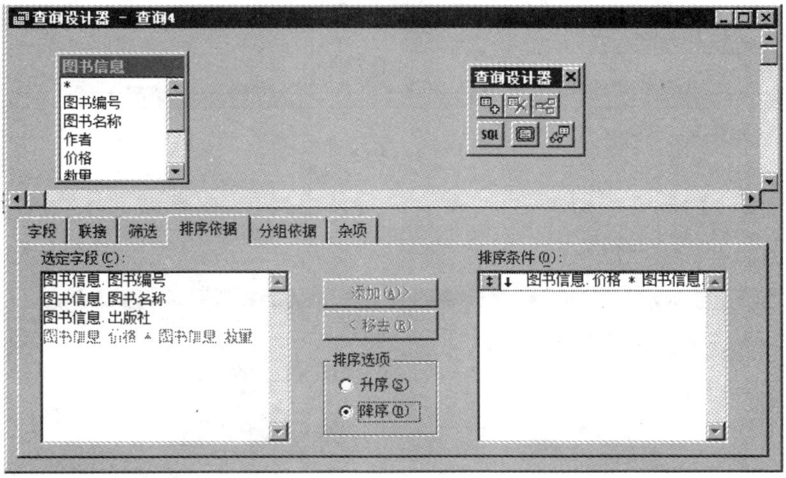

图 6-36　"排序依据"选项卡

⑥ "联接"、"筛选"、"分组"和"杂项"选项卡均保持默认设置。

⑦ 单击 ■ 按钮,将弹出"另存为"对话框。保存文档并将其命名为"图书总价查询",单击"保存"按钮。

⑧ 运行查询,查询结果如图 6-37 所示。

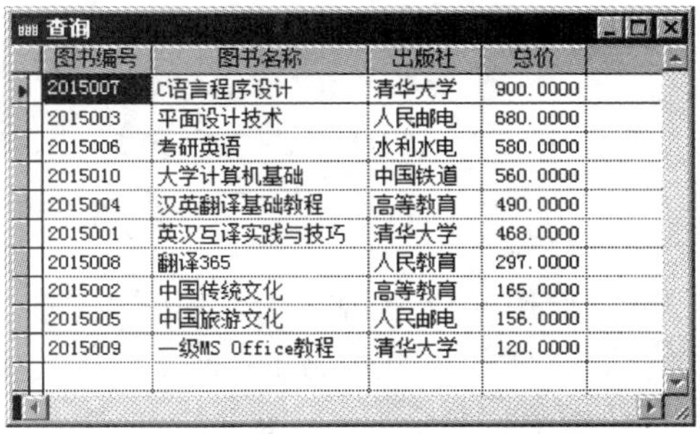

(2) 利用查询设计器创建查询,要求从"图书信息"表中查询每个出版社图书的总价。查询字段包括"出版社"和"总价",并按"总价"降序排列。最后将查询保存在"出版社图书总价查询.qpr"文件中,并运行该查询。

具体实验步骤如下。

① 选择"文件"菜单中的"新建"命令,进入

图书编号	图书名称	出版社	总价
2015007	C语言程序设计	清华大学	900.0000
2015003	平面设计技术	人民邮电	680.0000
2015006	考研英语	水利水电	580.0000
2015010	大学计算机基础	中国铁道	560.0000
2015004	汉英翻译基础教程	高等教育	490.0000
2015001	英汉互译实践与技巧	清华大学	468.0000
2015008	翻译365	人民教育	297.0000
2015002	中国传统文化	高等教育	165.0000
2015005	中国旅游文化	人民邮电	165.0000
2015009	一级MS Office教程	清华大学	120.0000

图 6-37　"图书总价查询.qpr"运行结果

"新建"对话框。选择"查询"单选按钮，单击"新建文件"按钮，打开"添加表或视图"对话框。在"添加表或视图"对话框中选择"图书信息"表，将其添加到查询设计器中。单击"关闭"按钮，进入查询设计器。

② 在查询设计器的"字段"选项卡的"可用字段"列表框中选择"图书信息. 出版社"，单击"添加"按钮，将字段添加到"选定字段"列表框中，如图 6-38 所示。

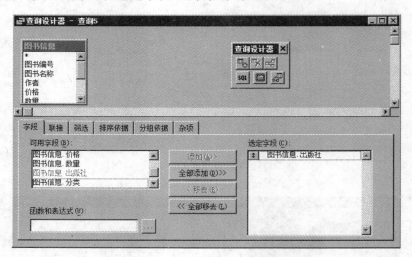

图 6-38　字段选取

③ 要查询每个出版社的图书总价，需要进行分组操作，在查询设计器的"分组"选项卡里设置分组字段，如图 6-39 所示。

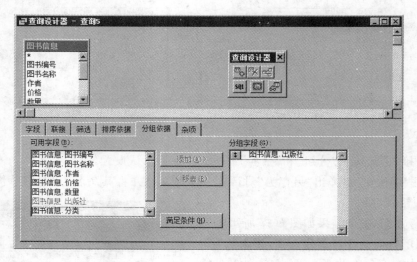

图 6-39　设置分组字段

④ "可用字段"列表框中并没有"总价"，需要在左下角的"函数和表达式"文本框中输入或单击该文本框右侧的按钮，通过表达式生成器生成正确的表达式。由于一种书的总价表达式为"图书信息. 价格 * 图书信息. 数量"，而每个出版社可出版多种书，需要把多种书的总价累加起来，因此可以选择 SUM() 函数来操作，输入正确的表达式即为：SUM(图书信息.

价格＊图书信息.数量）AS 总价，如图 6-40 所示。

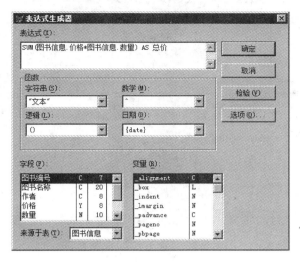

图 6-40　表达式生成器

⑤ 单击"确定"按钮，并将其添加到"选定字段"列表框中，如图 6-41 所示。

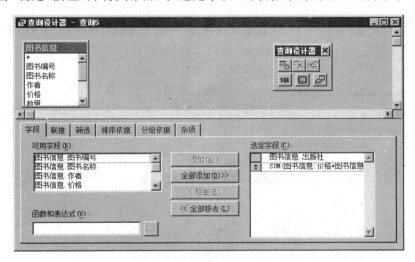

图 6-41　将生成的表达式添加到"选定字段"列表框

⑥ 选择"排序依据"选项卡，在"排序依据"选项卡中设置排序依据，如图 6-42 所示。

⑦ "联接"、"筛选"和"杂项"选项卡均保持默认设置。

⑧ 单击■按钮，将弹出"另存为"对话框。保存文档并将其命名为"出版社图书总价查询"，单击"保存"按钮。

⑨ 运行查询，查询结果如图 6-43 所示。

【实验 6-5】　查询去向设置

将【实验 6-4】中查询文件"出版社图书总价查询.qpr"的查询结果输出到"D：\图书管理\图书总价查询"数据表文件中。

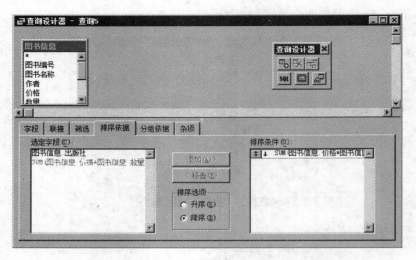

图 6-42 "排序依据"选项卡

具体实验步骤如下。

（1）打开"图书总价查询"查询，进入查询设计器。

（2）单击"查询设计器"工具栏中的"查询去向"按钮或在系统菜单中单击"查询"菜单中的"查询去向"命令，弹出"查询去向"对话框。其中共包含 7 个查询去向，系统默认为"浏览"形式。

图 6-43 "出版社图书总价查询.qpr"
运行结果

（3）根据要求，选择"表"查询去向，在"表名"文本框中输入"D:\图书管理\图书总价查询"，如图 6-44 所示。然后单击"确定"按钮，回到查询设计器。运行查询，此时没有查询结果显示。

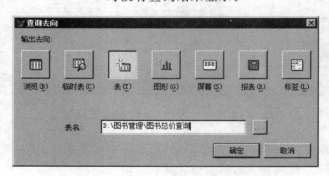

图 6-44 查询去向设置

（4）选择"文件"菜单中的"打开"命令，打开"D:\图书管理\图书总价查询"表文件，浏览该表结果，如图 6-45 所示。

【实验 6-6】 使用视图向导创建视图

在"图书管理"数据库中，使用视图向导建立视图"清华大学出版社"。该视图是根据"图书信息"表建立的。视图中的字段包括"图书编号"、"图书名称"、"价格"、"数量"和"出版

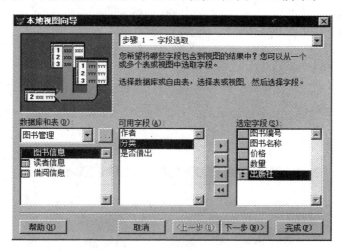

图 6-45　浏览表结果

社"。视图中只包括出版社是"清华大学"的记录。视图中的记录按"图书编号"降序排列。

具体实验步骤如下。

（1）在项目管理器的"数据"选项卡中，选择"本地视图"（建立本地视图之前要打开相关数据库）。

（2）单击"新建"按钮，弹出"新建本地视图"对话框。

（3）单击"视图向导"按钮，启动本地视图向导。

（4）选择"图书信息"表，然后依次将"图书编号"、"图书名称"、"价格"、"数量"和"出版社"字段从"可用字段"列表框移到"选定字段"列表框，如图 6-46 所示。

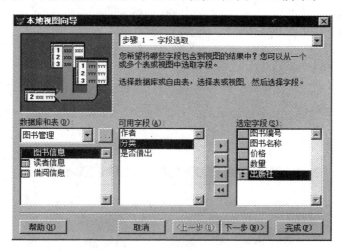

图 6-46　字段选取

（5）单击"下一步"按钮，确定是否筛选记录。这里在"字段"下拉列表框中选择"图书信息.出版社"，在"操作符"下拉列表框中选择"等于"，在"值"文本框中输入"清华大学"，如图 6-47 所示。

（6）单击"下一步"按钮，确定排序字段。这里，从"可用字段"列表框中选择"图书信息.图书编号"添加到"选定字段"列表框，并选择"降序"排序，如图 6-48 所示。

（7）单击"下一步"按钮，确定是否对记录进行限制。这里保持默认设置。单击"下一步"按钮，进入本地视图向导的"步骤 5-完成界面"，如图 6-49 所示。

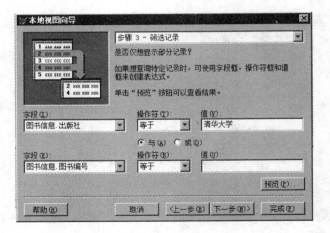

图 6-47　筛选记录

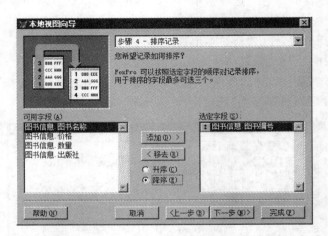

图 6-48　排序记录

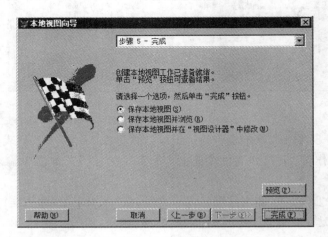

图 6-49　完成

(8) 单击“完成”按钮，保存视图并将其命名为“清华大学出版社”，如图 6-50 所示。

(9) 在“图书管理”数据库设计器窗口中可看到新建的“清华大学出版社”视图，如图 6-51 所示。

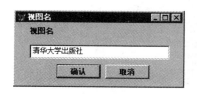

图 6-50 “另存为”对话框

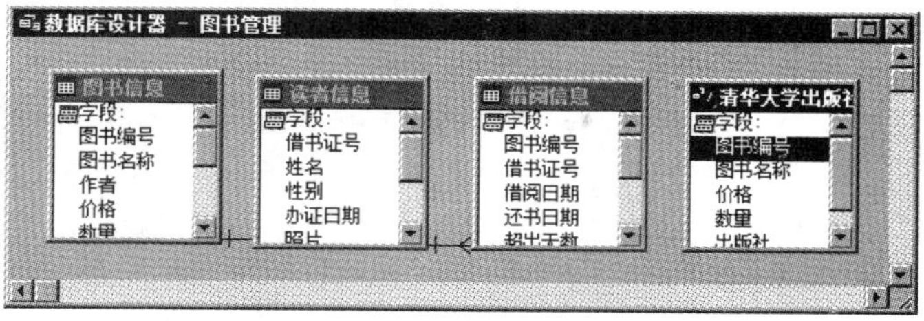

图 6-51 数据库中显示新建立的视图

(10) 右击“清华大学出版社”视图，在弹出的快捷菜单中选择“浏览”命令，进入浏览窗口，如图 6-52 所示。

清华大学出版社

图书编号	图书名称	价格	数量	出版社
2015009	一级MS Office教程	24.0000	5	清华大学
2015007	C语言程序设计	30.0000	30	清华大学
2015001	英汉互译实践与技巧	39.0000	12	清华大学

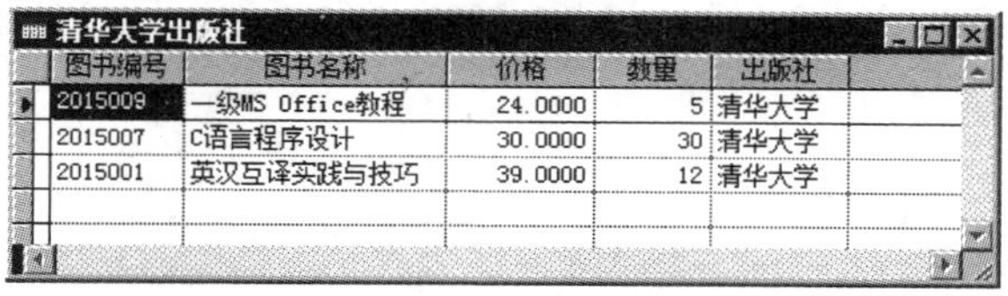

图 6-52 “清华大学出版社”视图预览

【实验 6-7】 使用视图设计器创建视图

在“图书管理”数据库中，使用视图设计器建立视图“多表视图”。该视图是根据“读者信息”表、“借阅信息”表和“图书信息”表建立的。视图中的字段包括“图书编号”、“图书名称”、“姓名”和“还书日期”，并且视图中只包括“姓名”为“李苗苗”的记录，视图中的记录按“图书编号”降序排列。

具体实验步骤如下。

(1) 在项目管理器的“数据”选项卡中，选择“本地视图”(建立本地视图之前要打开相关数据库)。

(2) 单击“新建”按钮，弹出“新建本地视图”对话框。

(3) 单击“新建视图”按钮，添加“读者信息”表、“借阅信息”表和“图书信息”表。

(4) 在“视图设计器”对话框中选择“字段”选项卡，依次将“图书信息.图书编号”、“图书信息.图书名称”、“读者信息.姓名”、“借阅信息.还书日期”等字段添加到“选定字段”列表框中，完成选取字段操作，如图 6-53 所示。

(5) 选择“筛选”选项卡，在“字段名”下拉列表框中选择“读者信息.姓名”，在“条件”下拉列表框中选择“=”，在“实例”文本框中输入“李苗苗”，完成筛选条件的设置，如图 6-54 所示。

(6) 选择“排序依据”选项卡，在“选定字段”列表框中选择“图书信息.图书编号”，单击“添加”按钮，将其添加到“排序条件”列表框中，并在“排序选项”中选定“降序”单选按钮，完成排序操作，如图 6-55 所示。

(7) 保存视图并将其命名为“多表视图”。

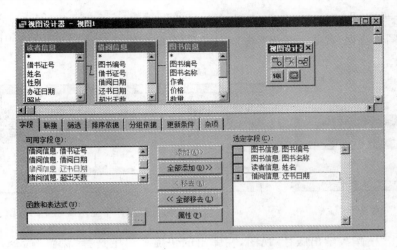

图 6-53　字段选取

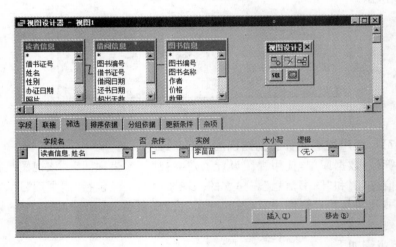

图 6-54　筛选条件

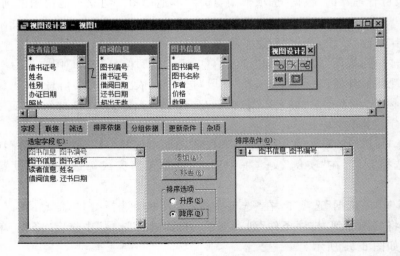

图 6-55　排序依据

（8）浏览结果如图6-56所示。

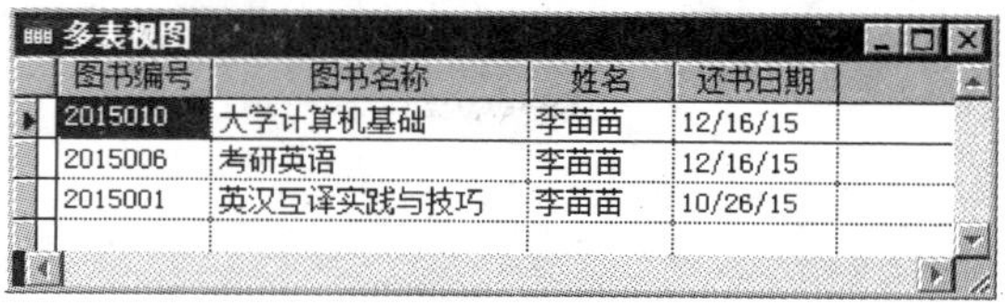

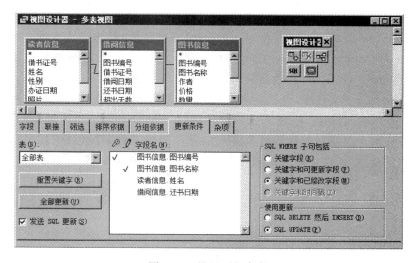

图 6-56　浏览"多表视图"

【实验6-8】　视图与数据更新

在"图书管理"数据库中,修改【实验6-7】所创建的"多表视图",使"图书名称"字段可更新。在视图中更改"考研英语"为"考研英语词汇",并将更新内容发送回源表。打开"读者信息"表,观察表中数据的变化。

具体实验步骤如下。

（1）打开"图书管理"数据库,在数据库设计器窗口中选择"多表视图"。单击"数据库设计器"工具栏中的 按钮,打开"视图设计器"窗口。

（2）选择"更新条件"选项卡,设置关键字段及可更新字段,并选中"发送 SQL 更新"复选框,如图6-57所示。

图 6-57　设置更新条件

设置关键字段及可更新字段时可采取以下方法。

① 在"图书信息"表中,以"图书编号"作为主关键字建立索引,所以在"关键字"列（即钥匙形列）下面的"学号"前面有"√"号。可以通过单击钥匙形列来设置或取消关键字段。

② 单击字段名前面的"可更新列"（即"笔形"列）,使相应字段名前面出现"√"号,表示该字段可更新。如果想使表中的所有字段可更新,可以单击"全部更新"按钮,使所有字段可更新。

（3）关闭视图设计器,将所做更改保存在"多表视图"中。

（4）浏览"多表视图",将"图书名称"中的"考研英语"字段值更改为"考研英语词汇"。

（5）选择"图书信息"表,单击 按钮,在浏览窗口中查看更新结果,如图6-58所示。

图书编号	图书名称	作者	价格	数量	出版社	分类	是否借出
2015001	英汉互译实践与技巧	许建平	39.0000	12	清华大学	英语	T
2015002	中国传统文化	张建	33.0000	5	高等教育	人文	F
2015003	平面设计技术	谭浩强	34.0000	20	人民邮电	计算机	F
2015004	汉英翻译基础教程	冯庆华	49.0000	10	高等教育	英语	F
2015005	中国旅游文化	刘秀峰	26.0000	6	人民邮电	人文	F
2015006	考研英语词汇	刘香玲	29.0000	20	水利水电	英语	T
2015007	C语言程序设计	谭浩强	30.0000	30	清华大学	计算机	T
2015008	翻译365	冯庆华	33.0000	9	人民教育	英语	T
2015009	一级MS Office教程	谭浩强	24.0000	5	清华大学	计算机	T
2015010	大学计算机基础	孙艳	28.0000	20	中国铁道	计算机	F

图 6-58　查看更新结果

四、能力测试

1. 使用查询设计器创建查询,从"订单"表和"职员"表中查询金额最高的 10 笔订单。查询字段包含"订单号"、"姓名"、"签订日期"和"金额",各记录按金额降序排列,查询去向为表 tableone。最后将查询保存在 queryone. qpr 文件中,并运行该查询。

2. 使用查询设计器创建查询,查询"朱茵"在 2014 年 1 月 1 号之后签订客户信息。查询字段包含"姓名"、"客户号"、"客户名"和"签订日期",各记录按签订日期降序排列,查询去向为表 tabletwo。最后将查询保存在 querytwo. qpr 文件中,并运行该查询。

3. 使用查询设计器创建查询,查询签订总金额大于 2000 元的组别信息。查询字段包含"组别"和"总金额",各记录按"总金额"升序排列,查询去向为表 tablethree。最后将查询保存在 querythree. qpr 文件中,并运行该查询。

4. 在"订单管理"数据库中,使用视图设计器建立视图 viewone,根据"客户"表、"订单"表和"职员"表查询 1 组组员签订的订单客户信息。视图中的字段包括"姓名"、"组别"、"职务"、"订单号"、"金额"、"客户名"和"地址",视图中的记录按金额降序排列。

实验七　SQL 数据查询

一、实验目的

（1）掌握 SQL 数据简单查询。

（2）掌握 SQL 数据复杂查询。

二、实验预备知识

（一）SELECT 命令的格式

```
SELECT [ALL|DISTINCT][TOP <数值表达式> [PERCENT]]
[别名.] <字段 1> [[AS] <列名>] [,[别名.] <字段 2> [[AS] <列名>]…]
FROM [数据库名!]<表名>[[AS] <别名>] [,[数据库名!]<表名>…]
[[INNER|LEFT[OUTER]|RIGHT[OUTER]|FULL[OUTER] JOIN [数据库名!]<表名>[[AS] <别名>][ON <联接条件>…]]
[WHERE <条件表达式 1> [AND <条件表达式 2>…]
[GROUP BY <分组字段 1>[,<分组字段 2>… ]][HAVING <分组条件>]
[ORDER BY <排序字段 1> [ASC|DESC][,<排序字段 2>[ASC | DESC… ]]
[INTO TABLE [CURSOR][ARRAY] <文件名>]
[TO FILE <文件名>]
```

从 SELECT 的命令格式来看似乎非常复杂,实际上只要理解命令中各个短语的含义就很容易掌握了。其主要短语的含义如下。

SELECT：要查询的字段。

DISTINCT：消除重复记录。

TOP 数值表达式[PERCENT]：指定查询结果包括特定数据的行数或者包括全部行数的百分比。使用 TOP 必须同时使用 ORDER BY 子句。

FROM：列出查询要用到的所有数据表。

INNER|LEFT[OUTER]|RIGHT[OUTER]|FULL[OUTER] JOIN：为表建立联接。

WHERE：查询筛选条件。

GROUP BY：把查询结果分组。

ORDER BY：把查询结果按字段排序,默认为升序。

INTO TABLE[CURSOR][ARRAY]文件名：把查询结果存放到表、临时表或数组中。

TO FILE 文件名：把查询结果存放到文本文件中。

SELECT 命令的执行过程是：先根据 WHERE 子句的联接条件和筛选条件,从 FROM

子句指定的基本表或视图中选取满足条件的元组,再按照 SELECT 子句中指定的字段,选出数据形成结果。如果有 GROUP 子句,则将查询结果按照分组字段进行分组;如果 GROUP 子句后有 HAVING 短语,则只输出满足 HAVING 条件的元组;如果有 ORDER 子句,查询结果还要按照字段排序。

（二）基本查询

```
SELECT [ALL|DISTINCT] <字段列表> FROM <表>
```

（三）条件（WHERE）查询语句

```
SELECT [ALL|DISTINCT] <字段列表>;
FROM <表>;
WHERE <条件表达式>
```

＜条件表达式＞由一系列用 AND 或 OR 连接的条件表达式组成,常用运算符如表 7-1 所示。

（四）统计查询

在很多应用中,并不只需要将表中的记录原样取出就行了,还需要在原有数据的基础上通过计算输出统计结果。SQL 提供了很多库函数,增强了检索功能。其主要函数如表 7-2 所示。

表 7-1　常用运算符

运　算　符	含　义
=、<>、! =、#、= =、>、>=、<、<=	比较大小
AND,OR,NOT	多重条件
BETWEEN… AND …	确定范围
IN	确定集合
LIKE	字符匹配

表 7-2　常用函数

函数名称	功　能
AVG()	按列计算平均值
SUM()	按列计算值的总和
COUNT()	按列统计记录个数
MAX()	求一列中的最大值
MIN()	求一列中的最小值

（五）分组查询

GROUP BY 可以将查询结果按某属性进行分组。若在分组后还要按照一定的条件进行筛选,则需要使用 HAVING 子句。

（六）查询的排序

当需要对查询结果进行排序时,可用 ORDER BY 子句对查询结果按一个或多个属性进行升序（ASC）或降序（DESC）排列。ORDER BY 必须出现在其他子句之后。显示部分记录的命令 TOP 要和 ORDER BY 同时使用才有效。

（七）联接查询

在一个数据库中的多个表之间一般都存在着某些联系。当一个查询语句中同时涉及两个或两个以上的表时,这种查询被称为联接查询（也称为多表查询）。要在多表之间查询,必须建立表与表之间的联接。

表的联接方法有如下两种。

方法一：用 FROM 指明表名，WHERE 子句指明联接条件。

SELECT FROM 表名 1，表名 2，表名 3 WHERE 表名 1.公共字段 = 表名 2.公共字段 AND 表名 2.公共字段 = 表名 3.公共字段

方法二：利用 JOIN 进行联接。

SELECT FROM 表名 1 JOIN 表名 2 JOIN 表名 3 ON 表名 2.公共字段 = 表名 3.公共字段 ON 表名 1.公共字段 = 表名 2.公共字段

（八）嵌套查询

1．返回一个值的子查询

当子查询的返回值只有一个时，可以使用比较运算符（＝、＞、＜、＞＝、＜＝、！＝）将父查询和子查询联接起来。

2．返回一组值的子查询

如果子查询的返回值不是一个，而是一个集合时，则不能直接使用比较运算符，可以在比较运算符和子查询之间插入 ANY、SOME 或 ALL。

（1）ANY、SOME 表示只要子查询中有一行使结果为真，结果就为真。ANY 和 SOME 是同义词。

（2）ALL 的含义为，子查询中全部为真，结果才为真。

（3）EXISTS 用于判断子查询结果是否存在。带有 EXISTS 的子查询不返回任何实际数据，它只得到逻辑值"真"或"假"。当子查询的查询结果集合为非空时，外层的 WHERE 子句返回真值，否则返回假值。NOT EXISTS 则相反。

（九）查询结果输出

前面的查询结果都是输出到浏览窗口，只能看，不能保存，也不能修改。查询结果还可以输出到表、文件等。

INTO TABLE［DBF］表名：把查询结果输出到表中。

INTO CURSOR 表名：把查询结果输出到临时表中，即只存储在内存中，关机后自动丢失。

INTO ARRAY 数组名：把查询结果输出到数组中。

TO FILE 文件名：把查询结果输出到文本文件中。

（十）集合"并"运算

SQL 支持集合的"并"（UNION）运算，即可以将两个 SELECT 语句的查询结果通过"并"运算合并成一个查询结果。为了进行"并"运算，需要两个查询结果具有相同的字段个数，并且对应字段的值要出自同一个值域。

三、实验内容

【实验 7-1】 单表基本查询

（1）查询"读者信息"表中的借书证号、姓名、性别和办证日期。

具体实验步骤如下。

在命令窗口输入如下 SQL 语句：

SELECT 借书证号,姓名,性别,办证日期 FROM 读者信息

查询结果如图 7-1 所示。

（2）查询"图书信息"表中的相关信息，将"价格"一项乘以 0.8 后作为新的"价格"。查询字段包含"图书编号"、"图书名称"、"价格"、"数量"和"出版社"。

具体实验步骤如下。

在命令窗口输入如下 SQL 语句：

SELECT 图书编号,图书名称,价格 * 0.8 AS 价格,数量,出版社 FROM 图书信息

查询结果如图 7-2 所示。

借书证号	姓名	性别	办证日期
001	王兰	女	09/10/14
002	李苗苗	女	09/15/14
003	张丽	女	10/10/14
004	王思成	男	11/22/14
005	高旭	男	09/01/15
006	刘晓寨	男	09/08/15
007	李艳	女	09/10/15
008	张伟利	男	09/15/15
009	刘朋	男	09/18/15

图 7-1　单表基本查询 1

图书编号	图书名称	价格	数量	出版社
2015001	英汉互译实践与技巧	31.2000	12	清华大学
2015002	中国传统文化	26.4000	5	高等教育
2015003	平面设计技术	27.2000	20	人民邮电
2015004	汉英翻译基础教程	39.2000	10	高等教育
2015005	中国旅游文化	20.8000	6	人民邮电
2015006	考研英语	23.2000	20	水利水电
2015007	C语言程序设计	24.0000	30	清华大学
2015008	翻译365	26.4000	9	人民教育
2015009	一级MS Office教程	19.2000	5	清华大学
2015010	大学计算机基础	22.4000	20	中国铁道

图 7-2　单表基本查询 2

【实验 7-2】　单表条件查询

（1）在"图书信息"表中查询"清华大学"出版社的所有图书信息。

具体实验步骤如下。

在"命令"窗口中输入如下 SQL 语句：

SELECT * FROM 图书信息 WHERE 出版社 = "清华大学"

查询结果如图 7-3 所示。

图书编号	图书名称	作者	价格	数量	出版社	分类	是否借出
2015001	英汉互译实践与技巧	许建平	39.0000	12	清华大学	英语	T
2015007	C语言程序设计	谭浩强	30.0000	30	清华大学	计算机	F
2015009	一级MS Office教程	谭浩强	24.0000	5	清华大学	计算机	T

图 7-3　单表条件查询 1

（2）在"图书信息"表中查询"清华大学"出版社的由"谭浩强"编写的所有图书信息。

具体实验步骤如下。

在"命令"窗口中输入如下 SQL 语句：

SELECT * FROM 图书信息;
WHERE 作者 = "谭浩强" .AND. 出版社 = "清华大学"

查询结果如图 7-4 所示。

图 7-4　单表条件查询 2

【实验 7-3】　统计查询

（1）在"图书信息"表中查询"计算机"类图书的最高价格和最低价格。查询字段包含"最高价格"、"最低价格"和"分类"。

具体实验步骤如下。

在"命令"窗口中输入如下 SQL 语句：

```
SELECT MAX(价格) AS 最高价格,MIN(价格) AS 最低价格,分类;
FROM 图书信息;
WHERE 分类 = "计算机"
```

查询结果如图 7-5 所示。

（2）在"图书信息"表中查询"人民邮电"出版社出版了几种图书。查询字段包含"出版社"和"出版数"。

具体实验步骤如下。

在"命令"窗口中输入如下 SQL 语句：

```
SELECT 出版社,COUNT( * ) AS 出版数;
FROM 图书信息;
WHERE 出版社 = "人民邮电"
```

查询结果如图 7-6 所示。

图 7-5　统计查询 1　　　　　　　图 7-6　统计查询 2

（3）在"图书信息"表中查询每种图书的总价。其中,总价＝价格 * 数量,查询字段包括"图书编号"、"图书名称"、"出版社"和"总价"。

具体实验步骤如下。

在"命令"窗口中输入如下 SQL 语句：

```
SELECT 图书编号,图书名称,出版社,价格 * 数量 AS 总价;
FROM 图书信息
```

查询结果如图 7-7 所示。

【实验 7-4】　带特殊运算符的查询

（1）查询"图书信息"表中图书价格在 30～40 之间的图书名称和价格。

具体实验步骤如下。

在"命令"窗口中输入如下 SQL 语句：

```
SELECT 图书名称,价格 FROM 图书信息;
WHERE 价格 BETWEEN 30 AND 40
```

查询结果如图 7-8 所示。

图 7-7　统计查询 3　　　　　　　图 7-8　带特殊运算符的查询 1

（2）在"图书信息"表中查询图书名称中含有"基础"字符的图书信息，其中包含所有
字段。

具体实验步骤如下。

在"命令"窗口中输入如下 SQL 语句：

```
SELECT * FROM 图书信息;
WHERE 图书名称 LIKE "%基础%"
```

查询结果如图 7-9 所示。

图 7-9　带特殊运算符的查询 2

【实验 7-5】　查询的排序

（1）查询"读者信息"表的借书证号、姓名、性别和办证日期，查询结果按"办证日期"降
序排序。

具体实验步骤如下。

在"命令"窗口中输入如下 SQL 语句：

```
SELECT 借书证号,姓名,性别,办证日期;
FROM 读者信息;
ORDER BY 办证日期 DESC
```

查询结果如图 7-10 所示。

（2）查询"图书信息"表全部信息，查询结果按"出版
社"升序排序，"出版社"相同的再按"数量"降序排序。

图 7-10　查询的排序 1

具体实验步骤如下。

在“命令”窗口中输入如下 SQL 语句：

```
SELECT * FROM 图书信息 ORDER BY 出版社,数量 DESC
```

查询结果如图 7-11 所示。

查询

图书编号	图书名称	作者	价格	数量	出版社	分类	是否借出
2015004	汉英翻译基础教程	冯庆华	49.0000	10	高等教育	英语	T
2015002	中国传统文化	张建	33.0000	5	高等教育	人文	F
2015007	C语言程序设计	谭浩强	30.0000	30	清华大学	计算机	F
2015001	英汉互译实践与技巧	许建平	39.0000	12	清华大学	英语	T
2015009	一级MS Office教程	谭浩强	24.0000	5	清华大学	计算机	T
2015008	翻译365	冯庆华	33.0000	9	人民教育	英语	F
2015003	平面设计技术	谭浩强	34.0000	20	人民邮电	计算机	F
2015005	中国旅游文化	刘秀峰	26.0000	6	人民邮电	人文	F
2015006	考研英语	刘香玲	29.0000	20	水利水电	英语	T
2015010	大学计算机基础	孙艳	28.0000	20	中国铁道	计算机	F

图 7-11　查询的排序 2

【实验 7-6】　分组与计算查询

(1) 在“图书信息”表中查询各个出版社的图书名称、出版社、最高价格、最低价格和数量总和。

具体实验步骤如下。

在“命令”窗口中输入如下 SQL 语句：

```
SELECT 图书名称,出版社,MAX(价格) AS 最高价格,;
MIN(价格) AS 最低价格,;
SUM(数量) AS 数量总和;
FROM 图书信息;
GROUP BY 出版社
```

查询结果如图 7-12 所示。

查询

图书名称	出版社	最高价格	最低价格	数量总和
汉英翻译基础教程	高等教育	49.0000	33.0000	15
一级MS Office教程	清华大学	39.0000	24.0000	47
翻译365	人民教育	33.0000	33.0000	9
中国旅游文化	人民邮电	34.0000	26.0000	26
考研英语	水利水电	29.0000	29.0000	20
大学计算机基础	中国铁道	28.0000	28.0000	20

图 7-12　分组与计算查询 1

(2) 在“借阅信息”表中查询没有罚金情况下每个借书证号所借图书的数量，查询字段包含“借书证号”和“所借图书数量”。

具体实验步骤如下。

在“命令”窗口中输入如下 SQL 语句：

```
SELECT 借书证号,COUNT(*) AS 所借图书数量;
FROM 借阅信息;
```

WHERE 罚金 = 0;
GROUP BY 借书证号

查询结果如图 7-13 所示。

（3）在"借阅信息"表中，查询没有罚金情况下所借图书数量大于等于 2 的借书证号和所借图书数量。

具体实验步骤如下。

在"命令"窗口中输入如下 SQL 语句：

```
SELECT 借书证号,COUNT( * ) AS 所借图书数量;
FROM 借阅信息;
WHERE 罚金 = 0;
GROUP BY 借书证号;
HAVING COUNT( * )> = 2
```

图 7-13   分组与计算查询 2

查询结果如图 7-14 所示。

【实验 7-7】   多表联接查询

查询"李苗苗"所借的图书名称和借阅日期。

具体实验步骤如下。

在"命令"窗口中输入如下 SQL 语句：

```
SELECT 图书名称,借阅日期 FROM 图书信息,借阅信息,读者信息;
WHERE 图书信息.图书编号 = 借阅信息.图书编号;
AND 借阅信息.借书证号 = 读者信息.借书证号;
AND 姓名 = "李苗苗"
```

查询结果如图 7-15 所示。

图 7-14   分组与计算查询 3

图 7-15   多表联接查询

【实验 7-8】   嵌套查询

（1）查询被罚金额为 100 元的读者"姓名"。

具体实验步骤如下。

在"命令"窗口中输入如下 SQL 语句：

```
SELECT 姓名 FROM 读者信息 WHERE 借书证号 IN;
(SELECT 借书证号 FROM 借阅信息 WHERE 罚金 = 100)
```

查询结果如图 7-16 所示。

（2）查询没有罚金情况下所借图书数量大于等于 2 的读者姓名和所借图书数量。

具体实验步骤如下。

在"命令"窗口中输入如下 SQL 语句：

SELECT 姓名 FROM 读者信息;
WHERE 借书证号 IN;
(SELECT 借书证号 FROM 借阅信息;
WHERE 罚金＝0 GROUP BY 借书证号;
HAVING COUNT(＊)＞＝2)

查询结果如图 7-17 所示。

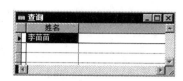

图 7-16　嵌套查询 1

图 7-17　嵌套查询 2

四、能力测试

1. 查询"职员"表中的职员号、姓名、组别和职务。

2. 在"职员"表中查询"胡一刀"的职员号、姓名和职务。

3. 在"订单"表中查询签订日期在 2013 年 1 月 1 日之后并且金额大于 200 的所有记录。

4. 在"客户"表中查询地址中含有"杭州"字符的客户名、地址和所在城市。

5. 在"订单表"中查询职员号为 101 的职员签订了几笔订单以及其签订的最高金额和总金额。查询字段包含"职员号"、"几笔订单"、"最高金额"和"总金额"。

6. 在"订单"表中查询签订订单数量大于 3 的职员号和订单数。

7. 在"订单"表中查询签订金额最高的 10 笔订单信息。

8. 查询不同职务所签订的金额平均值和金额总值，查询字段包括"职务"、"金额平均值"和"金额总值"，结果按职务升序排列，并将查询结果输出到表 cx.dbf 中。

实验八　SQL 的数据更新与数据定义

一、实验目的

(1) 掌握 SQL 的数据修改功能。

(2) 掌握 SQL 的数据定义功能。

二、实验预备知识

（一）插入记录

INSERT INTO <表名> [<(字段名表)>] VALUES <(表达式表)>

或

INSERT INTO <表名> FROM ARRAY <数组名>

当为表中所有字段赋值时，<字段名表>可以省略不写。

（二）修改数据记录

UPDATE <表文件名> SET <字段名 1> = <表达式> [,<字段名 2> = <表达式>…] [WHERE <条件>]

WHERE 用于指定更新的行。如果省略 WHERE 子句，则表示修改表中的所有记录。

（三）删除记录

DELETE FROM <表名> WHERE <表达式>

这里的删除是逻辑删除，即在删除的记录加上删除标记。

（四）表的定义

CREATE TABLE <表名> <字段名 1><数据类型>[(<宽度>[,<小数位数>])][NULL| NOT NULL][,<字段名 2>…][PRIMARY KEY] [UNIQUE] [CHECK[ERROR]][DEFAULT])

PRIMARY KEY：建立主索引。

NULL：可以为空。

NOT NULL：不可以为空。

UNIQUE：建立候选索引。

CHECK<逻辑表达式>：为字段值指定约束条件。

ERROR<文本信息>：指定不满足约束条件时显示的出错提示信息。

DEFAULT<表达式>：指定字段的默认值。

（五）表结构的修改

（1）增加新字段 ADD，在新增字段的同时也可以增加字段有效性规则。

ALTER TABLE <表名> ADD <字段名 1> 类型(长度)

（2）修改已有字段的宽度和类型 ALTER。

ALTER TABLE <表名> ALTER <字段名 1> 类型(长度)

（3）为已有的字段设置字段有效性，删除有效性规则。

ALTER TABLE <表名> ALTER <字段名> SET CHECK [ERROR]
ALTER TABLE <表名> ALTER <字段名> SET DEFAULT
ALTER TABLE <表名> ALTER <字段名> DROP CHECK
ALTER TABLE <表名> ALTER <字段名> DROP DEFAULT

（4）删除字段。

ALTER TABLE <表名> DROP <字段名> [DROP <字段名 2>…]

（5）为字段重新命名。

ALTER TABLE <表名> RENAME <旧字段名> TO <新字段名>

（六）表的删除

DROP TALBE <表名>

（七）索引的创建和删除

1. 创建索引

ALTER TABLE <表名> ADD < PRIMARY KEY | UNIQUE > <索引表达式> TAG <索引名>

2. 删除索引

ALTER TABLE <表名> DROP < PRIMARY KEY | UNIQUE > [TAG <索引名>]

（八）视图的创建和删除

1. 定义视图

CREATE VIEW <视图名> AS < SELECT 语句>

2. 删除视图

DROP VIEW <视图名>

三、实验内容

【实验 8-1】 使用 INSERT 语句插入记录

（1）在"图书信息"表中插入一条完整记录。

具体实验步骤如下。

① 在"命令"窗口中输入如下 SQL 语句:

```
INSERT INTO 图书信息;
VALUES("2010011","大学生创业","前程",32,80,"未来","人文",.F.)
```

② 打开并浏览"图书信息"表,结果如图 8-1 所示。

图书编号	图书名称	作者	价格	数量	出版社	分类	是否借出
2015001	英汉互译实践与技巧	许建平	39.0000	12	清华大学	英语	T
2015002	中国传统文化	张建	33.0000	5	高等教育	人文	F
2015003	平面设计技术	谭浩强	34.0000	20	人民邮电	计算机	F
2015004	汉英翻译基础教程	冯庆华	49.0000	10	高等教育	英语	T
2015005	中国旅游文化	刘秀峰	26.0000	6	人民邮电	人文	F
2015006	考研英语	刘香玲	29.0000	20	水利水电	英语	T
2015007	C语言程序设计	谭浩强	30.0000	30	清华大学	计算机	T
2015008	翻译365	冯庆华	33.0000	9	人民教育	英语	F
2015009	一级MS Office教程	谭浩强	24.0000	5	清华大学	计算机	F
2015010	大学计算机基础	孙艳	28.0000	20	中国铁道	计算机	F
2010011	大学生创业	前程	32.0000	80	未来	人文	F

图 8-1 插入新记录后的"图书信息"表

(2) 在"图书信息"表中插入一条新记录。

具体实验步骤如下。

① 在"命令"窗口中输入如下 SQL 语句:

```
INSERT INTO 图书信息(图书编号,图书名称,作者,价格,数量,出版社);
VALUES("2010012","当代就业指导","前程",38,40,"未来")
```

② 打开并浏览"图书信息"表,结果如图 8-2 所示。

图书编号	图书名称	作者	价格	数量	出版社	分类	是否借出
2015001	英汉互译实践与技巧	许建平	39.0000	12	清华大学	英语	T
2015002	中国传统文化	张建	33.0000	5	高等教育	人文	F
2015003	平面设计技术	谭浩强	34.0000	20	人民邮电	计算机	F
2015004	汉英翻译基础教程	冯庆华	49.0000	10	高等教育	英语	T
2015005	中国旅游文化	刘秀峰	26.0000	6	人民邮电	人文	F
2015006	考研英语	刘香玲	29.0000	20	水利水电	英语	T
2015007	C语言程序设计	谭浩强	30.0000	30	清华大学	计算机	T
2015008	翻译365	冯庆华	33.0000	9	人民教育	英语	F
2015009	一级MS Office教程	谭浩强	24.0000	5	清华大学	计算机	F
2015010	大学计算机基础	孙艳	28.0000	20	中国铁道	计算机	F
2010011	大学生创业	前程	32.0000	80	未来	人文	F
2010012	当代就业指导	前程	38.0000	40	未来		

图 8-2 插入新记录后的"图书信息"表

【实验 8-2】 使用 UPDATE 语句更新记录

(1) 将"图书信息"表中所有图书的价格都加上 1 元。

具体实验步骤如下。

① 在"命令"窗口中输入如下 SQL 语句:

```
UPDATE 图书信息 SET 价格 = 价格 + 1
```

② 打开并浏览"图书信息"表,结果如图 8-3 所示。

图 8-3　更新后的"图书信息"表

(2) 将"图书信息"表中"清华大学"出版社出版的图书的价格增加 5 元。

具体实验步骤如下。

① 在"命令"窗口中输入如下 SQL 语句:

UPDATE 图书信息 SET 价格 = 价格 + 5 WHERE 出版社 = "清华大学"

② 打开并浏览"图书信息"表,结果如图 8-4 所示。

图 8-4　更新后的"图书信息"表

【实验 8-3】　使用 DELETE 语句删除记录

删除"图书信息"表中"出版社"为"未来"的记录信息。

具体实验步骤如下。

(1) 在"命令"窗口中输入如下 SQL 语句:

DELETE FROM 图书信息 WHERE 出版社 = "未来"

(2) 打开并浏览"图书信息"表,结果如图 8-5 所示。

【实验 8-4】　使用 CREAT TABLE 创建表结构

在"图书管理"数据库中,创建数据库表"职工信息",结构如下:

职工信息(职工号 C(6),姓名 C(8),性别 C(2),出生日期 D,工资 N(6,1))

图书编号	图书名称	作者	价格	数量	出版社	分类	是否借出
2015001	英汉互译实践与技巧	许建平	45.0000	12	清华大学	英语	T
2015002	中国传统文化	张建	34.0000	5	高等教育	人文	F
2015003	平面设计技术	谭洁强	35.0000	20	人民邮电	计算机	F
2015004	汉英翻译基础教程	冯庆华	50.0000	10	高等教育	英语	F
2015005	中国旅游文化	刘秀峰	27.0000	6	人民邮电	人文	F
2015006	考研英语	刘香玲	30.0000	20	水利水电	英语	F
2015007	C语言程序设计	谭洁强	36.0000	30	清华大学	计算机	F
2015008	翻译365	冯庆华	34.0000	9	人民教育	英语	F
2015009	一级MS Office教程	谭洁强	30.0000	5	清华大学	计算机	F
2015010	大学计算机基础	孙艳	29.0000	20	中国铁道	计算机	F
2010011	大学生创业	前程	33.0000	80	未来	人文	F
2010012	当代就业指导	前程	39.0000	40	未来		

图 8-5 加上删除标记的"图书信息"表

其中,"职工号"是主索引关键字;"性别"字段的值只能输入"男"或"女",默认值为"男";"工资"字段允许为空值,且工资>0。

具体实验步骤如下。

(1) 在"命令"窗口中输入如下 SQL 语句:

```
CREAT TABLE 职工信息;
(职工号 C(6) PRIMARY KEY,姓名 C(8),;
性别 C(2) CHECK 性别 = "男".OR.性别 = "女";
ERROR "性别只能是男或是女!" DEFAULT "男",;
出生日期 D,工资 N(6,1) NULL CHECK 工资> 0)
```

(2) 打开并查看"职工信息"表结构,结果如图 8-6 所示。

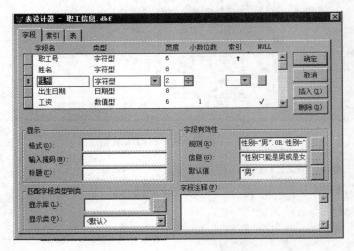

图 8-6 "职工信息"表结构

【实验 8-5】 使用 ALTER TABLE 修改表结构

(1) 为"职工信息"表增加字段"部门代码"C(1)。

具体实验步骤如下。

① 在"命令"窗口中输入如下 SQL 语句:

```
ALTER TABLE 职工信息 ADD 部门代码 C(1)
```

② 打开并查看"职工信息"表结构，结果如图 8-7 所示。

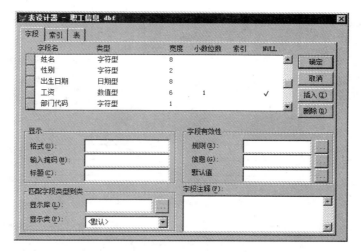

图 8-7　增加"部门代码"字段后的"职工信息"表结构

（2）将"职工信息"表中的"性别"字段的默认值改为"女"。

具体实验步骤如下。

① 在"命令"窗口中输入如下 SQL 语句：

ALTER TABLE 职工信息 ALTER 性别 SET DEFAULT "女"

② 打开并查看"职工信息"表结构，结果如图 8-8 所示。

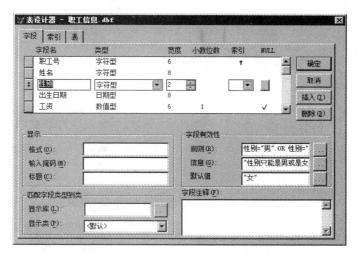

图 8-8　修改"性别"默认值后的表结构

（3）将"职工信息"表中的"部门代码"字段名改为"部门编码"。

具体实验步骤如下。

① 在"命令"窗口中输入如下 SQL 语句：

ALXER TABLE 职工信息 RENAME 部门代码 TO 部门编码

SQL 的数据更新与数据定义

② 打开并查看"职工信息"表结构,结果如图 8-9 所示。

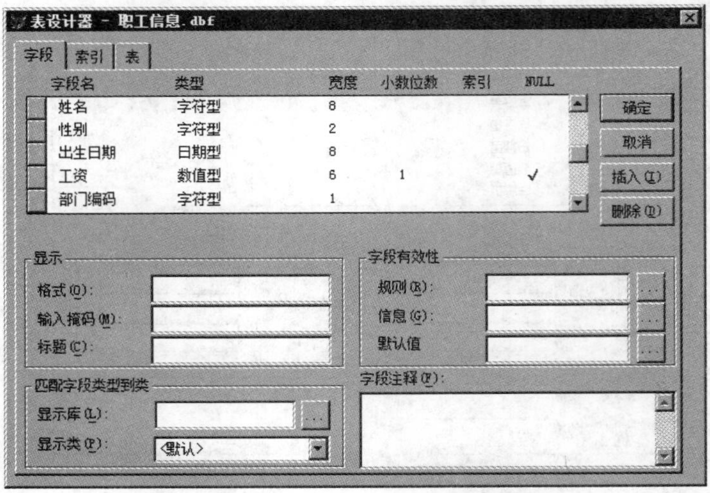

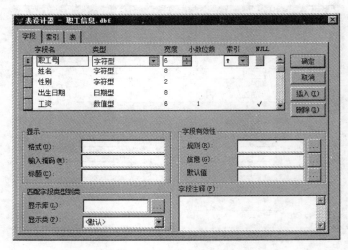

图 8-9　修改为"部门编码"后的表结构

(4) 删除"职工信息"表中的"部门编码"字段。

具体实验步骤如下。

① 在"命令"窗口中输入如下 SQL 语句:

ALTER TABLE 职工信息 DROP 部门编码

② 打开并查看"职工信息"表结构,结果如图 8-10 所示。

图 8-10　删除"部门编码"后的表结构

【实验 8-6】　使用 DROP 删除表

删除"职工信息"表。

具体实验步骤如下。

在"命令"窗口中输入如下 SQL 语句:

DROP TABLE 职工信息

【实验 8-7】 定义视图

（1）在"图书管理"数据库中，建立视图 View1，查询出性别为女的读者所借图书的图书名称、借阅日期。查询字段包括"性别"、"图书名称"和"借阅日期"。

具体实验步骤如下。

① 在"命令"窗口中输入如下 SQL 语句：

```
CREATE VIEW VIEW1 AS;
SELECT 性别,图书名称,借阅日期 FROM 图书信息,借阅信息,读者信息;
WHERE 图书信息.图书编号 = 借阅信息.图书编号;
AND 借阅信息.借书证号 = 读者信息.借书证号;
AND 性别 = "女"
```

② 浏览视图 View1，如图 8-11 所示。

（2）删除视图 View1。

具体实验步骤如下。

在"命令"窗口中输入如下 SQL 语句：

```
DROP VIEW VIEW1
```

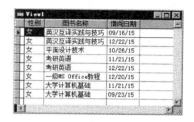

图 8-11　浏览视图

四、能力测试

1. 使用 INSERT 语句分别向"职员"表、"订单"表和"客户"表插入一条记录。

2. 使用 UPDATE 语句将"订单"表中职员号为 101 的职员所签订的金额都加上 5 元。

3. 逻辑删除之前在"职员"表、"订单"表和"客户"表中插入的记录信息。

4. 使用 CREAT TABLE 创建"商品"表，表结构如下：

商品(商品号 C(6),商品名 C(20),订单号 C(4),价格 N(5,2))

其中，"商品号"是主索引关键字；"商品号"字段的值左边第一位只能输入 S；出错信息是"商品号字段必须以 S 开头！"；"价格"字段允许为空值，且价格＞0。输入 3 条记录。

5. 为"商品"表增加字段：产地 C(20)。

6. 将"商品"表中的"价格"字段的有效性规则改为：价格＞10。

7. 删除"商品"表中的"产地"字段。

8. 在"订单管理"数据库中，建立视图 SHITU，查询签订日期在 2013 年 1 月 1 日之后并且金额大于 200 所有记录。

实验九 Visual FoxPro 程序基本结构

一、实验目的

（1）掌握建立、修改、运行程序文件的方法。

（2）掌握程序中的常用命令。

（3）掌握顺序结构的程序设计方法并能够灵活运用。

（4）掌握分支结构的程序设计方法并能够灵活运用。

（5）掌握循环结构的程序设计方法并能够灵活运用。

二、实验预备知识

（一）程序文件的建立

1. 命令方式

MODIFY COMMAND [<程序文件名>]

2. 菜单方式

选择"文件"菜单中的"新建"命令，在打开的"新建"对话框中选择"程序"单选按钮，单击"新建文件"按钮进入程序编辑窗口。

3. 项目管理器方式

若要使程序包含在一个项目文件中，可在项目管理器中建立该程序文件，具体操作如下。

（1）打开项目文件，启动项目管理器。

（2）选择"代码"选项卡中的"程序"单选按钮，单击"新建"按钮，进入代码编辑窗口。

（二）程序文件的修改

1. 命令方式

MODIFY COMMAND [<程序文件名>]

2. 菜单方式

选择"文件"菜单中的"打开"命令，在弹出的"打开"对话框中选择程序的文件名后，单击"确定"按钮。

3. 项目管理器方式

进入项目管理器后，打开"代码"选项卡，展开"程序"项，选择要修改的程序文件后，单击"修改"按钮，该程序便会显示在编辑窗口中。修改完成后，选择"文件"菜单中的"保存"/"另存为"命令，保存文件。

（三）程序文件的执行

1. 命令方式

DO <程序文件名>

2. 菜单方式

选择"程序"菜单中的"运行"命令,在弹出的对话框中选择要执行的程序文件或输入要执行的程序文件名,单击"运行"按钮。

3. 项目管理器方式

进入项目管理器后,打开"代码"选项卡,展开"程序"项,选择要修改的程序文件后,单击"运行"按钮。

（四）程序设计常用命令

1. 交互式输入命令

1）INPUT 输入命令

INPUT [<提示信息>] TO <内存变量>

2）ACCEPT 输入命令

ACCEPT [<提示信息>] TO <内存变量>

3）单字符输入命令

WAIT [<提示信息>] [TO <内存变量>] [WINDOW[AT <行>,<列>]] [NOWAIT] [CLEAR/NOCLEAR] [TIMEOUT < 数值表达式>]

2. 文本输出命令

TEXT
　　<文本信息>
ENDTEXT

3. 清屏命令

CLEAR

4. 返回命令

RETURN

5. 终止程序执行命令

CANCEL

6. 退出系统命令

QUIT

7. 注释命令

NOTE <注释内容>: 作为独立的一行语句。
　*　　<注释内容>: 作为独立的一行语句。

&&<注释内容>：放在某一条语句的后面。

8. 打开/关闭对话命令

SET TALK ON|OFF

（五）程序的基本结构

在 Visual FoxPro 中，结构化程序设计主要依靠系统提供的结构化语句构成。程序的基本结构有 3 种：顺序结构、选择结构和循环结构。每一种基本结构可以包含一个或多个语句。

1. 顺序结构

顺序结构是指程序按照语句排列的先后顺序逐条地执行。它是程序中最简单、最常用的基本结构。在 Visual FoxPro 中，大多数命令都可以作为顺序结构中的语句来实现编程。

2. 选择结构

选择结构也叫分支结构，是在执行程序时，按照一定的条件选择不同的语句，用来解决选择、转移的问题。分支结构的基本形式有 3 种，分别由 IF 语句和 DO CASE 语句实现。

1）单分支结构

```
IF <条件表达式>
    <命令行序列>
ENDIF
```

2）双分支结构

```
IF <条件表达式>
    <命令行序列 1>
ELSE
    <命令行序列 2>
ENDIF
```

3）多分支结构

```
DO CASE
    CASE <条件表达式 1>
        <命令行序列 1>
    CASE <条件表达式 2>
        <命令行序列 2>
            …
    CASE <条件表达式 N>,
        <命令行序列 N>
    [OTHERWISE
        <命令行序列 N＋1>]
ENDCASE
```

3. 循环结构

循环结构也称为重复结构，是指程序在执行的过程中，其中的某段代码被重复执行若干次。被重复执行的代码段，通常被称为循环体。Visual FoxPro 支持循环结构的语句包括：DO WHILE…ENDDO、FOR…ENDFOR 和 SCAN…ENDSCAN 语句。

1）DO WHILE…ENDDO 语句

```
DO WHILE <条件表达式>
    <命令行序列 1>
    [LOOP]
    <命令行序列 2>
    [EXIT]
    <命令行序列 3>
ENDDO
```

2）FOR…ENDFOR 语句

根据用户设置的循环变量的初值、终值和步长，决定循环体内语句执行次数。该语句通常用于实现循环次数已知情况下的循环结构。

```
FOR <循环变量>=<循环初值> TO <循环终值> [STEP <步长>]
    <命令行序列 1>
    [LOOP]
    <命令行序列 2>
    [EXIT]
     <命令行序列 3>
ENDFOR|NEXT
```

3）SCAN…ENDSCAN 语句

该循环语句一般用于处理表中的记录。它是根据用户设置的当前记录指针，来对一组记录进行循环操作的。

```
SCAN [<范围>] [FOR<条件表达式 1>] | [WHILE<条件表达式 2>]
    <命令行序列>
ENDSCAN
```

4）多重循环

多重循环是指在一个循环语句内又包含另一个循环语句。多重循环也称为循环嵌套。下面以条件循环为例进行说明。

```
DO WHILE <条件表达式 1>
    <命令行序列 11>
    DO WHILE <条件表达式 2>
        <命令行序列 21>
    ENDDO
    <命令行序列 12>
ENDDO
```

三、实验内容

【实验 9-1】 建立和运行程序文件

（1）使用菜单方式建立一个名为"计算机类图书.prg"的程序文件，用于显示"图书信息"表中计算机类的图书信息。程序代码如下。

```
clear
use 图书信息
```

```
list for 分类 = "计算机"
use
```

具体实验步骤如下。

① 选择"文件"菜单中的"新建"命令，在出现的对话框中选择"程序"单选按钮，单击"新建文件"按钮，出现程序文件的编辑窗口，输入程序代码，如图 9-1 所示。

② 选择"文件"菜单中的"保存"命令，或单击工具栏中的"保存"按钮，出现"另存为"对话框。将文件名称设置为"计算机类图书"，单击"保存"按钮保存文件，如图 9-2 所示。

图 9-1　建立程序文件

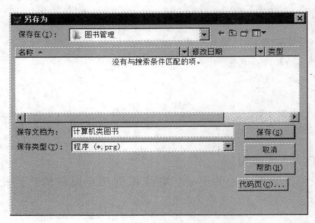

图 9-2　保存程序文件

（2）使用菜单方式运行"计算机类图书.prg"程序文件。

具体实验步骤如下。

① 选择"程序"菜单中的"执行计算机类图书.prg"命令，或单击工具栏中的 ! 按钮，均可运行该程序。在主窗口中查看程序的运行结果，如图 9-3 所示。

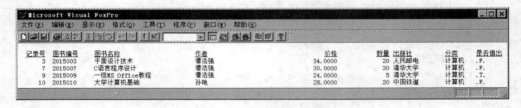

图 9-3　"计算机类图书.prg"的运行结果

② 关闭程序文件的编辑窗口，完成该程序的编辑。

（3）使用命令方式建立一个名为"读者信息.prg"的程序文件，用于显示"读者信息"表中的所有信息。程序代码如下。

```
clear
use 读者信息
list
use
```

具体实验步骤如下。

① 在"命令"窗口中输入命令"MODIFY COMMAND 读者信息",如图 9-4 所示。按 Enter 键执行该命令,可进入"读者信息.prg"程序文件的编辑窗口。在程序编辑窗口中输入程序代码,如图 9-5 所示。

图 9-4　在"命令"窗口中输入命令

图 9-5　程序编辑窗口

② 按 Ctrl+W 键保存程序文件,返回"命令"窗口。

(4) 使用命令方式运行"读者信息.prg"程序文件。

具体实验步骤如下。

① 在"命令"窗口中输入运行程序的命令"DO 读者信息,"并按 Enter 键执行该命令,如图 9-6 所示。

② 程序运行结果如图 9-7 所示。

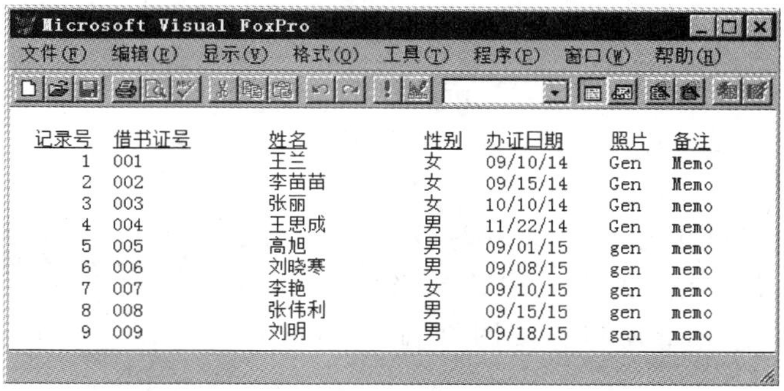

图 9-6　运行"读者信息.prg"程序

图 9-7　"读者信息.prg"的运行结果

【实验 9-2】　修改程序文件

(1) 使用菜单方式修改"计算机类图书.prg"程序文件,使程序运行结果只显示"图书编号"、"图书名称"、"作者"、"价格"和"出版社"等字段的信息。

具体实验步骤如下。

① 选择"文件"菜单中的"打开"命令,出现"打开"对话框。在"文件类型"下拉列表框中选择"程序",然后在程序列表中选择"计算机类图书.prg"。单击"确定"按钮,打开程序文件的编辑窗口。按要求修改程序,如图 9-8 所示。

```
clear
use 图书信息
list 图书编号,图书名称,作者,价格,出版社 for 分类="计算机"
use
```

图 9-8　修改"计算机类图书.prg"程序文件

实
验
九

Visual FoxPro 程序基本结构

② 修改后,单击工具栏中的 ▮ 按钮运行程序,则弹出图 9-9 所示的提示对话框。单击 "是"按钮,保存修改并运行程序。程序的运行结果如图 9-10 所示。

图 9-9 保存修改后的程序文件

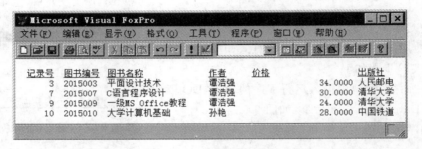

图 9-10 修改后的"计算机类图书.prg"的运行结果

(2) 使用命令方式修改"读者信息.prg"程序文件,使程序运行结果只显示男读者信息, 并将修改后的程序文件另存为"男读者信息.prg"。

具体实验步骤如下。

① 在"命令"窗口中输入修改程序文件的命令: MODIFY COMMAND 读者信息。按 Enter 键执行该命 令,出现程序文件的编辑窗口。按图 9-11 所示修改 程序。

② 选择"文件"菜单中的"另存为"命令,出现"另存 为"对话框。将文件名称设置为"男读者信息",单击"保 存"按钮保存程序,如图 9-12 所示。

图 9-11 修改"读者信息.prg"程序

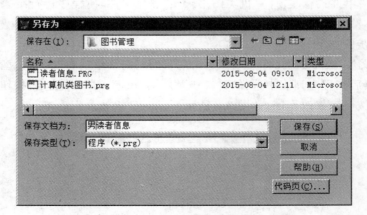

图 9-12 另存为"男读者信息.prg"

③ 按 Ctrl＋E 键执行程序文件,查看程序的运行结果,如图 9-13 所示。

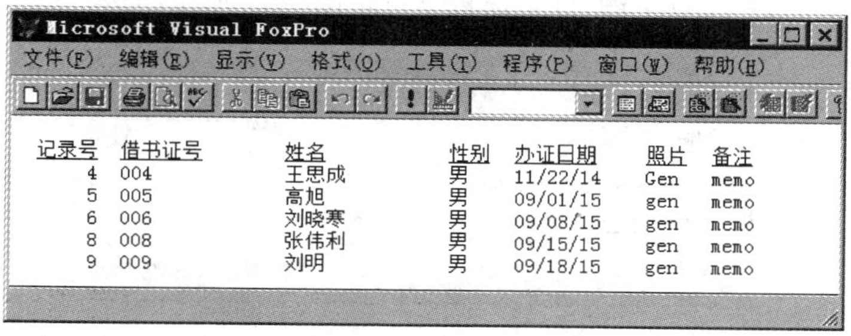

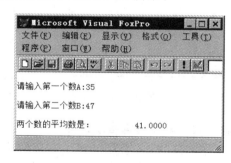

图 9-13 "男读者信息.prg"的运行结果

【实验 9-3】 程序设计的常用命令

1. INPUT 输入命令

建立程序文件"平均数.prg"。程序的功能是:任意输入两个数,求这两个数的平均数。具体实验步骤如下。

(1) 新建程序"平均数.prg",输入程序代码,如图 9-14 所示。

(2) 运行程序,主窗口将显示提示信息"请输入第一个数 A:"。用户在闪动光标处输入 35,按 Enter 键,则主窗口将显示提示信息"请输入第二个数 B:"。用户在闪动光标处输入 47,按 Enter 键,则主窗口上将显示程序的运行结果,如图 9-15 所示。

图 9-14 "平均数.prg"程序

图 9-15 "平均数.prg"的运行结果

2. ACCEPT 输入命令

建立程序文件"图书查询.prg"。程序功能是:用户输入"图书编号"后,显示该图书的基本信息。

具体实验步骤如下。

(1) 新建程序"图书查询.prg",输入程序代码,如图 9-16 所示。

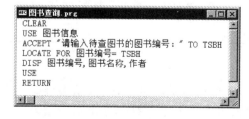

图 9-16 "图书查询.prg"程序

Visual FoxPro 程序基本结构

（2）运行程序，主窗口将显示提示信息"请输入待查图书的图书编号："。用户在闪动光标处输入 2015007，按 Enter 键，则主窗口上显示图 9-17 所示的运行结果。

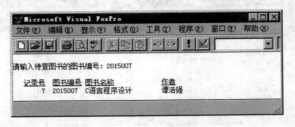

图 9-17 "图书查询.prg"的运行结果

3. TEXT…ENDTEXT 文本输出命令

建立程序文件"文本输出.prg"。程序功能是：按原样输出文本信息。

具体实验步骤如下。

（1）新建程序"文本输出.prg"，输入程序代码，如图 9-18 所示。

（2）运行程序，在主窗口将显示程序运行结果，如图 9-19 所示。

图 9-18 "文本输出.prg"程序

图 9-19 "文本输出.prg"的运行结果

【实验 9-4】 顺序结构程序设计

建立程序文件"图书分类.prg"。程序的功能是：根据输入的图书分类信息查询该分类的图书基本信息，运行结果要求显示"图书编号"、"图书名称"、"作者"、"出版社"和"是否借出"等字段。

具体实验步骤如下。

（1）新建程序"图书分类.prg"，输入程序代码，如图 9-20 所示。

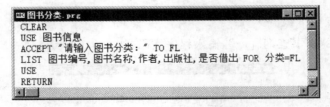

图 9-20 "图书分类.prg"程序

（2）运行程序，主窗口将显示提示信息"请输入图书分类："。用户在闪动光标处输入"英语"，按 Enter 键，则主窗口上显示图 9-21 所示的运行结果。

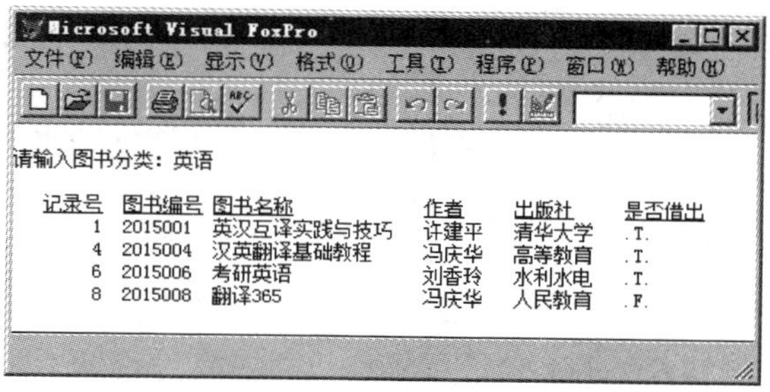

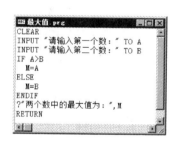

图 9-21　"图书分类.prg"的运行结果

【实验 9-5】　分支结构程序设计（IF…ELSE…ENDIF 语句应用）

（1）建立程序文件"最大值.prg"。程序的功能是：任意输入两个数，求两个数的最大值。

具体实验步骤如下。

① 新建程序"最大值.prg"，输入程序代码，如图 9-22 所示。

② 运行程序，主窗口将显示提示信息"请输入第一个数："。用户在闪动光标处输入 28，按 Enter 键，则主窗口显示提示信息"请输入第二个数："。用户在闪动光标处输入 32，按 Enter 键，则主窗口上显示程序的运行结果，如图 9-23 所示。

图 9-22　"最大值.prg"程序

图 9-23　"最大值.prg"的运行结果

（2）建立程序文件"查找读者.prg"。程序的功能是：任意输入一个读者姓名，在"读者信息"表中进行查找，如果该读者存在，则显示读者的借书证号、姓名、性别和办证日期；如果不存在，则显示一条提示信息"没有此读者！"。

具体实验步骤如下。

① 新建程序"查找读者.prg"，输入程序代码，如图 9-24 所示。

② 第一次运行程序，主窗口将显示提示信息"请输入要查找的读者姓名："。用户输入一个存在的读者姓名"李苗苗"，按 Enter 键，则主窗口上将显示图 9-25 所示的运行结果。

③ 第二次运行程序，主窗口将显示提示信息"请输入要查找的读者姓名："。用户输入一个不存在的读者姓名"张力"，按 Enter 键，则主窗口上显示图 9-26 所示的运行结果。

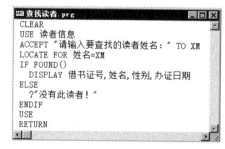

图 9-24　"查找读者.prg"程序

Visual FoxPro 程序基本结构

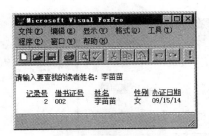

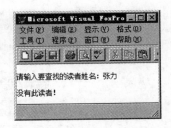

图 9-25　查找成功　　　　　　　　　图 9-26　查找失败

【实验 9-6】　分支结构程序设计(IF 语句嵌套和 DO CASE…ENDCASE 语句应用)

(1) 使用 IF 语句嵌套来编写程序,求图 9-27 所示分段函数中 Y 的值,并输出结果。

具体实验步骤如下。

① 新建程序"分段函数 1.prg",输入程序代码,如图 9-28 所示。

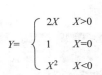

$$Y=\begin{cases} 2X & X>0 \\ 1 & X=0 \\ X^2 & X<0 \end{cases}$$

图 9-27　分段函数　　　　　　　图 9-28　"分段函数 1.prg"程序

② 将该程序运行 3 次,分别输入 3 个不同的数。运行结果如图 9-29 所示。

(2) 使用 DO CASE…ENDCASE 语句来完成上面的题目要求。

具体实验步骤如下。

① 新建程序"分段函数 2.prg",输入程序代码,如图 9-30 所示。

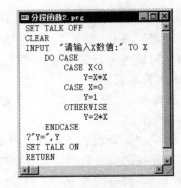

图 9-29　"分段函数 1.prg"的 3 次运行结果　　　图 9-30　"分段函数 2.prg"程序

② 运行程序,结果如图 9-29 所示。

【实验 9-7】　循环结构程序设计(DO WHILE…ENDDO 语句应用)

(1) 使用 DO WHILE…ENDDO 语句编写程序文件"奇数和.prg",要求计算并输出

"1+3+5+…+99"的和。

具体实验步骤如下。

① 新建程序"奇数和.prg",输入程序代码,如图 9-31 所示。

② 运行程序,则主窗口上显示的运行结果如图 9-32 所示。

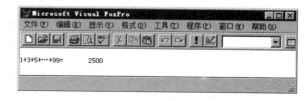

图 9-31 "奇数和.prg"程序　　　　图 9-32 "奇数和.prg"的运行结果

（2）使用 DO WHILE…ENDDO 语句编写程序"统计出版社图书.prg",要求根据用户给定的出版社名称,统计该出版社出版图书的种数,并输出结果。

具体实验步骤如下。

① 新建程序"统计出版社图书.prg",输入程序代码,如图 9-33 所示。

② 运行程序,主窗口将显示提示信息"请输入出版社名称:"。用户输入出版社名称"清华大学",并按 Enter 键,则主窗口上显示的运行结果如图 9-34 所示。

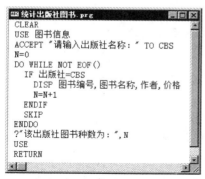

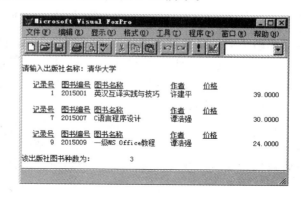

图 9-33 "统计出版社图书.prg"程序　　　图 9-34 "统计出版社图书.prg"的运行结果

【实验 9-8】 循环结构程序设计（FOR…ENDFOR 语句应用）

（1）使用 FOR…ENDFOR 语句编写【实验 9-7】中求奇数和的程序。程序文件名称为"奇数和 1.prg"。

具体实验步骤如下。

① 新建程序"奇数和 1.prg",输入程序代码,如图 9-35 所示。

② 运行程序,则主窗口上显示的运行结果与【实验 9-7】相同。

（2）编写程序,求自然数 1 到 N 中能同时被 3 和 7 整除的数以及这些数之和。程序文件名为"整除.prg"。

具体实验步骤如下。

① 新建程序"整除.prg",输入程序代码,如图 9-36 所示。

实
验
九

Visual FoxPro 程序基本结构

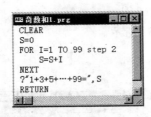

图 9-35 "奇数和 1. prg"程序

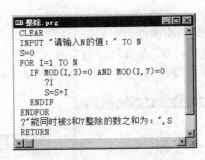

图 9-36 "整除. prg"程序

② 运行程序,主窗口将显示提示信息"请输入 N 的值:"。用户输入 N 的值 100,按 Enter 键,则主窗口上显示的运行结果如图 9-37 所示。

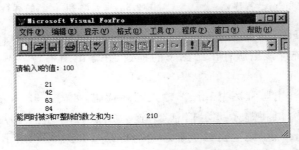

图 9-37 "整除. prg"的运行结果

【实验 9-9】 循环结构程序设计(SCAN…ENDSCAN 语句应用)

编写程序,显示"图书信息"表中由键盘输入指定分类的"图书编号"、"图书名称"、"分类"等字段的信息。程序文件名称为"图书分类 1. prg"。

具体实验步骤如下。

(1) 新建程序"图书分类 1. prg",输入程序代码,如图 9-38 所示。

(2) 运行程序,主窗口将显示提示信息"请输入所要查询分类:"。用户输入分类信息"计算机",按 Enter 键,则主窗口上显示的运行结果如图 9-39 所示。

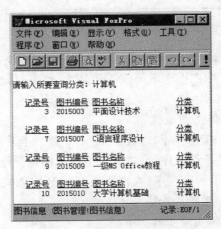

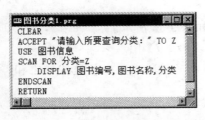

图 9-38 "图书分类 1. prg"程序

图 9-39 "图书分类 1. prg"的运行结果

【实验 9-10】 循环语句嵌套

编写程序,输出图 9-40 所示的九九乘法表。程序文件名称为"九九表.prg"。

```
1*1= 1
1*2= 2  2*2= 4
1*3= 3  2*3= 6  3*3= 9
1*4= 4  2*4= 8  3*4=12  4*4=16
1*5= 5  2*5=10  3*5=15  4*5=20  5*5=25
1*6= 6  2*6=12  3*6=18  4*6=24  5*6=30  6*6=36
1*7= 7  2*7=14  3*7=21  4*7=28  5*7=35  6*7=42  7*7=49
1*8= 8  2*8=16  3*8=24  4*8=32  5*8=40  6*8=48  7*8=56  8*8=64
1*9= 9  2*9=18  3*9=27  4*9=36  5*9=45  6*9=54  7*9=63  8*9=72  9*9=81
```

图 9-40　九九乘法表

具体实验步骤如下。

(1) 新建程序"九九表.prg",输入程序代码,如图 9-41 所示。

```
CLEAR
FOR I=1 TO 9
  FOR J=1 TO I
  ?? STR(J,1)+"*"+STR(I,1)+"="+STR(I*J,2)+SPACE(2)
  ENDFOR
  ?
ENDFOR
?
RETURN
```

图 9-41　"九九表.prg"程序

(2) 运行程序,则主窗口上显示的运行结果如图 9-42 所示。

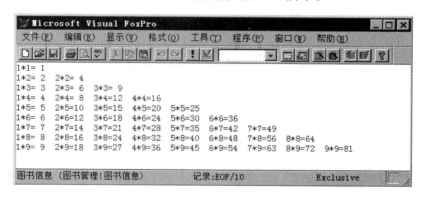

图 9-42　"九九表.prg"的运行结果

【实验 9-11】 数组在程序中的应用

编写程序,要求任意输入 10 个数到数组 S 中,将其由小到大排序输出。程序文件名称为"数组排序.prg"。

具体实验步骤如下。

(1) 新建程序"数组排序.prg",输入程序代码,如图 9-43 所示。

(2) 运行程序。程序运行时每输入一个数按一次 Enter 键,连续输入 10 个数后,则主窗口上显示图 9-44 所示的运行结果。

Visual FoxPro 程序基本结构

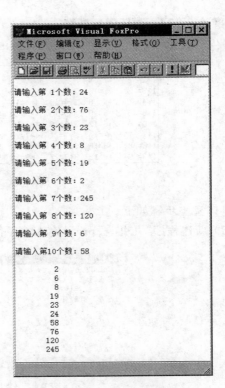

图 9-43 "数组排序.prg"程序   图 9-44 "数组排序.prg"的运行结果

四、能力测试

1. 编写程序"梯形面积. prg",要求通过键盘输入梯形的上底、下底和高,计算梯形的面积并输出计算结果。

2. 编写程序"偶数和. prg",要求输出 100 以内所有偶数以及所有偶数的和。

3. 编写程序"职员统计. prg",要求统计"职员"表中男职员和女职员的人数,并输出统计结果。

4. 编写程序"客户信息查询. prg",要求通过键盘输入客户的所在城市,在"客户"表中查询并显示指定城市的客户信息。

模块程序设计

一、实验目的

(1) 掌握模块化设计方法。
(2) 掌握调用模块的方法。
(3) 掌握变量作用域的概念。
(4) 掌握带参过程的调用方法。

二、实验预备知识

在结构化程序设计中,通常要将一个比较复杂的系统划分若干个模块,每个模块完成一项基本功能。模块是一个相对独立的程序段,它可以被其他模块所调用,也可以调用其他的模块。通常,把被其他模块调用的模块称为过程或子程序,把调用其他模块而没有被其他模块调用的模块称为主程序。

(一) 过程与过程文件

1. 过程的建立

PROCEDURE │ FUNCTION <过程名 1>
　　<命令序列 1>
[ENDPROC │ ENDFUNC]

2. 过程调用

DO <过程名> 或 <过程名>( )

执行调用命令时,将指定的过程调入内存并执行。执行完过程后,将返回到调用命令中的第 1 条可执行语句。

3. 过程文件

过程也可以保存在被称为过程文件的单独文件里。一个过程文件由多个过程组成,过程文件的扩展名仍然是 prg。

1) 过程文件的建立

MODIFY COMMAND <过程文件名>

过程文件的基本书写格式如下:

PROCEDURE │ FUNCTION <过程名 1>
　　<命令序列 1>
[RETURN[<表达式>]]

```
[ENDPROC｜ENDFUNC]

PROCEDURE｜FUNCTION <过程名 2>
    <命令序列 2>
[RETURN[<表达式>]]
[ENDPROC｜ENDFUNC]
        …
PROCEDURE｜FUNCTION <过程名 N>
    <命令序列 N>
[RETURN[<表达式>]]
[ENDPROC｜ENDFUNC]
```

2）过程文件的打开

SET PROCEDURE TO <过程文件名 1>[,<过程文件名 2>…][ADDITIVE]

该命令的功能为：打开一个或多个过程文件。若在命令中输入 ADDITIVE，则在打开新的过程文件时，将不关闭已打开的过程文件，过程文件中所包含的过程全部调入内存。

3）过程文件的关闭

CLOSE PROCEDURE 或 SET PROCEDURE TO

该命令的功能为：关闭已打开的过程文件。

（二）过程的带参调用

Visual FoxPro 提供了过程的带参调用方法，即在调用过程的命令和被调用过程的相关语句中，分别设置数量相同、数据类型一致且排列顺序相互对应的参数表。调用过程的命令会将一系列参数的值传递给被调用过程中的对应参数，被调用过程运行结束时，再将参数的值返回到调用它的上一级过程或主程序中。这种调用是通过带参过程调用命令和接受参数命令实现的。

1. 带参调用

DO <过程名> WITH <参数表>或 <子程序名>(<参数表>)

2. 接受参数

PARAMETERS <参数表>|LPARAMETERS <参数表>

（1）该命令必须位于被调用过程的第 1 条可执行语句处。此处的参数表又称为形参表，其中的参数一般为内存变量。参数之间应用逗号隔开。形参与实参的个数应相等、数据类型和个数要对应相同。

（2）系统会自动把实参传递给对应的形参。形参的数目不能少于实参的数目，否则系统会产生运行时错误。如果形参的数目多于实参的数目，那么多余的形参取初值逻辑假.F.。

（3）采用第 1 种格式调用模块程序时，如果实参是常量或一般表达式，系统会计算出实参值，并将其赋值给相应的形参变量。这种情形被称为按值传递。如果实参是变量，则传递的不是变量的值，而是变量的地址。这时，形参和实参实际上是同一变量（尽管它们的名字可能不同）。在模块程序中，形参变量值的改变同样意味着实参变量值的改变，这种情形被称为按引用传递。

（4）采用第 2 种格式调用模块程序时，默认为按值方式传递参数。如果实参为变量，可用 SET UDFPARMS 命令重新设置参数传递方式。该命令格式如下：

SET UDFPARMS TO VALUE|REFERENCE

① TO VALUE：按值传递。形参变量值的改变不会影响实参变量的取值。

② TO REFERENCE：按引用传递。形参变量值改变时，实参变量值也随之改变。

（三）变量的作用域

在程序设计中，特别是模块程序中，往往会用到许多内存变量。这些内存变量有的在整个程序运行过程中起作用，而有的只在某些程序模块中起作用。内存变量的这些作用范围被称为内存变量的作用域。根据作用范围的不同，可将内存变量的作用域分为公共变量、局部变量和私有变量。

1）公共变量

公共变量是指在程序的任何嵌套中以及在程序执行期间始终有效的变量。程序执行完毕后，它们不会在内存中自动释放。公共变量的定义如下：

PUBLIC <内存变量表>

该命令的功能为：将内存变量表中的变量说明为公共变量。

2）局部变量

局部变量只能在建立它的模块中使用，不能在上层或下层模块中使用。当建立它的模块程序运行结束时，局部变量会自动释放。局部变量用 LOCAL 命令建立。

LOCAL <内存变量表>

该命令的功能为：将内存变量表中的变量说明为局部变量。

3）私有变量

在程序中直接使用（没有通过 PUBLIC 和 LOCAL 命令事先声明）而由系统自动隐含建立的变量都是私有变量。私有变量的作用域是建立它的模块及其下属的各层模块。一旦建立它的模块程序运行结束，这些私有变量就会被自动清除。

开发应用程序时，可以在子程序中使用 PRIVATE 命令隐藏主程序中可能存在的变量，使得这些变量在子程序中暂时无效。

PRIVATE <内存变量表>
PRIVATE ALL[LIKE <通配符>|EXCEPT <通配符>]

该命令的功能为：隐藏指定的在上层模块中可能已经存在的内存变量，使得这些变量在当前模块程序中暂时无效。

三、实验内容

【实验 10-1】 简单过程调用

建立程序文件"过程调用.prg"，要求在 Visual FoxPro 主窗口中输出图 10-1 所示的系统菜单，其中"***************"和"--------------"两个图形的输出要通过调用过程 SUB1 和过程 SUB2 来完成。过程 SUB1 和过程 SUB2 写在主程序的下面。

具体实验步骤如下。

(1) 选择"文件"菜单中的"新建"命令,在出现的对话框中选择"程序"单选按钮,单击"新建文件"按钮,出现程序文件的编辑窗口,然后输入程序代码,如图 10-2 所示。

(2) 选择"文件"菜单中的"保存"命令,或单击工具栏中的"保存"按钮 ▣,出现"另存为"对话框。将文件名称设置为"过程调用.prg"。

(3) 单击工具栏中的"运行"按钮 ▣ 运行程序。程序运行结果如图 10-3 所示。

图 10-1 系统菜单   图 10-2 "过程调用.prg"程序   图 10-3 "过程调用.prg"的运行结果

【实验 10-2】 将程序文件作为过程调用

编写程序文件"文件调用.prg",要求计算并输出结果。其中"m!"、"n!"和"(m-n)!"均需要调用"阶乘.prg"文件来实现。

具体实验步骤如下。

(1) 新建程序文件"阶乘.prg",输入求阶乘的程序代码,如图 10-4 所示。

(2) 单击工具栏中的"保存"按钮 ▣,保存程序文件"阶乘.prg",然后关闭程序文件的编辑窗口。

(3) 新建程序文件"文件调用.prg",输入程序代码,如图 10-5 所示。

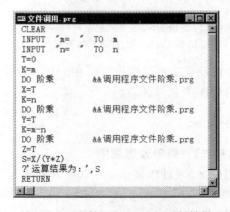

图 10-4 "阶乘.prg"程序   图 10-5 "文件调用.prg"的运行结果

（4）单击工具栏中的"保存"按钮 ![icon]，保存程序文件"文件调用. prg"。

（5）运行程序"文件调用. prg"。在"命令"窗口中输入命令"DO 文件调用. prg，"并按 Enter 键执行。在主窗口中分别输入 m 和 n 的值，其中，m 值为 10，n 值为 6，得到图 10-6 所示的运行结果。

图 10-6 "文件调用. prg"的运行结果

【实验 10-3】 过程和自定义函数应用

编写程序文件"圆的计算. prg"，要求输入圆的半径 R，调用过程 ZC 计算圆的周长，调用自定义函数 MJ()计算圆的面积。其中，过程 ZC 和自定义函数 MJ()写在主程序"圆的计算. prg"中。体会这两种方式的不同之处。

具体实验步骤如下。

（1）新建程序文件"圆的计算. prg"，输入程序代码，如图 10-7 所示。

（2）单击工具栏中的"保存"按钮 ![icon]，保存程序文件"圆的计算. prg"。

（3）单击工具栏中的"运行"按钮 ![icon] 运行程序，在主窗口中输入圆的半径 R 的值 10，得到图 10-8 所示的运行结果。

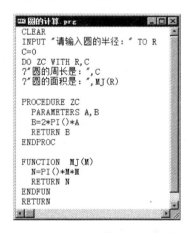

图 10-7 "圆的计算. prg"程序

图 10-8 "圆的计算. prg"的运行结果

【实验 10-4】 过程文件的建立与使用

建立一个包含计算圆面积（SUB1）和正方形面积（SUB2）两个过程的过程文件，文件名为 prosub. prg。编写一个文件名为 main. prg 的主程序，要求任意输入一个数值 N，调用 SUB1 过程计算以 N 为半径的圆的面积，调用 SUB2 过程计算以 N 为边长的正方形的面积。

模块程序设计

具体实验步骤如下。

(1) 新建程序文件 prosub.prg,输入过程文件代码,如图 10-9 所示。单击工具栏中的"保存"按钮 🔳 ,保存过程文件。

(2) 新建程序文件 main.prg,输入主程序文件代码,如图 10-10 所示。单击工具栏中的"保存"按钮 🔳 ,保存主程序文件。

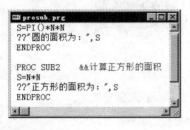
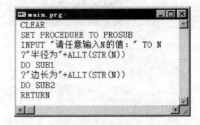

图 10-9　过程文件 prosub.prg　　　　　图 10-10　主程序文件 main.prg

(3) 单击工具栏中的"运行"按钮 ❗ 运行主程序 main.prg,在主窗口中输入 N 的值为 10,得到图 10-11 所示的运行结果。

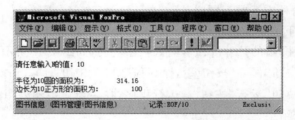

图 10-11　main.prg 的运行结果

【实验 10-5】　参数传递方式

1. 按引用传递参数示例

新建一个程序文件"引用传递.prg",要求调用过程 GC 时按引用传递参数。

具体实验步骤如下。

(1) 新建程序文件"引用传递.prg",输入程序代码,如图 10-12 所示。

(2) 单击工具栏中的"保存"按钮 🔳 ,保存程序文件"引用传递.prg"。

(3) 单击工具栏中的"运行"按钮 ❗ 运行程序,得到图 10-13 所示的运行结果。

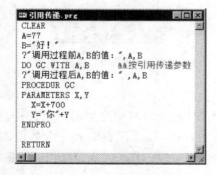
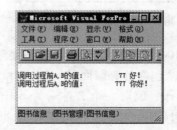

图 10-12　"引用传递.prg"程序　　　　图 10-13　"引用传递.prg"的运行结果

2. 按值传递参数示例

新建一个程序文件"值传递.prg"，要求调用过程 GC 时按值传递参数。

具体实验步骤如下。

（1）新建程序文件"值传递.prg"，输入程序代码，如图 10-14 所示。

（2）单击工具栏中的"保存"按钮 ![保存]，保存程序文件"值传递.prg"。

（3）单击工具栏中的"运行"按钮 ![运行] 运行程序，得到图 10-15 所示的运行结果。

图 10-14 "值传递.prg"程序

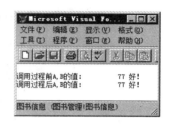

图 10-15 "值传递.prg"的运行结果

【实验 10-6】 公共变量和私有变量的应用

（1）建立程序文件"作用域 1.prg"，在程序中定义变量 M、N 为全局变量，并为两个变量赋值，变量 K 未进行定义而直接赋值，然后在主窗口中显示 3 个变量的基本信息。

具体实验步骤如下。

① 新建程序文件"作用域 1.prg"，输入程序代码，如图 10-16 所示。

② 单击工具栏中的"保存"按钮 ![保存]，保存程序文件"作用域 1.prg"。

③ 单击工具栏中的"运行"按钮 ![运行] 运行程序，得到图 10-17 所示的运行结果。其中，内存变量 M、N 均是全局变量，内存变量 K 未定义为全局变量，它是私有变量。

图 10-16 "作用域 1.prg"程序

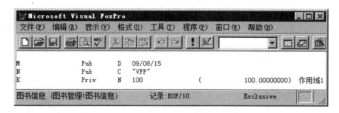

图 10-17 "作用域 1.prg"的运行结果

（2）建立程序文件"作用域 2.prg"，在程序中定义变量 A、B 为全局变量，并为两个变量赋值，然后调用上述示例中建立的程序"作用域 1.prg"，最后在主窗口中显示这几个变量的基本信息。

模块程序设计

具体实验步骤如下。

① 新建程序文件"作用域 2. prg"，输入程序代码，如图 10-18 所示。

图 10-18　"作用域 2. prg"程序

② 单击工具栏中的"保存"按钮 ，保存程序文件"作用域 2. prg"。

③ 单击工具栏中的"运行"按钮 运行程序，得到图 10-19 所示的运行结果。其中，第 1 组数据为"作用域 1. prg"的输出数据，M、N、A、B 均是全局变量，K 是私有变量；第 2 组数据为"作用域 2. prg"的输出数据，在控制返回到主程序后，私有变量 K 自动被释放。

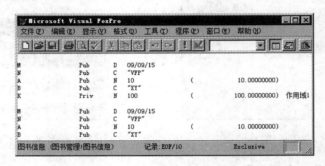

图 10-19　"作用域 2. prg"的运行结果

【实验 10-7】　局部变量的应用

建立程序文件"作用域 3. prg"，其中，X 为主程序中定义的全局变量，Y 为函数 A() 中的私有变量，Z 为函数 AA() 中定义的局部变量。

具体实验步骤如下。

（1）新建程序文件"作用域 3. prg"，输入程序代码，如图 10-20 所示。

图 10-20　"作用域 3. prg"程序

（2）单击工具栏中的"保存"按钮 🖫，保存程序文件"作用域 3.prg"。

（3）单击工具栏中的"运行"按钮 ❗ 运行程序，运行结果如图 10-21 所示。

【实验 10-8】 **隐藏变量**

建立程序文件"隐藏变量.prg"，在主程序中定义全局变量 X 和 Y，并为 X 和 Y 赋值为 1000。调用过程 B 之前先显示 X 和 Y 的值，然后再调用过程 B。过程 B 将主程序的变量 X 隐藏了起来，并为 X 和 Y 重新赋值为 2000。调用过程 B 之后，再次显示 X 和 Y 的值，比较两次显示的结果。

具体实验步骤如下。

（1）新建程序文件"隐藏变量.prg"，输入程序代码，如图 10-22 所示。

（2）单击工具栏中的"保存"按钮 🖫，保存程序文件"隐藏变量.prg"。

（3）单击工具栏中的"运行"按钮 ❗ 运行程序，运行结果如图 10-23 所示。

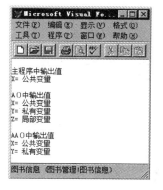

图 10-21 "作用域 3.prg"的
运行结果

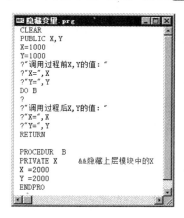

图 10-22 "隐藏变量.prg"程序

图 10-23 "隐藏变量.prg"的运行结果

四、能力测试

1. 编写一个主程序 main1.prg，要求任意输入一个 N 的值，调用过程 SUB1 计算"1＋2＋3＋…＋N"的值，调用过程 SUB2 计算"1＊2＊3＊…＊N"的值，两个过程均写在主程序的后面。

2. 编写主程序 main2.prg，要求使用自定义函数计算 2!−6!＋8!。

3. 建立一个包含计算圆面积（SUB1）、圆的周长（SUB2）、球的体积（SUB3）3 个过程的过程文件 psub.prg，编写主程序 main3.prg，要求任意输入一个半径 R，调用过程 SUB1 计算以 R 为半径的圆的面积，调用过程 SUB2 计算以 R 为半径的圆的周长，调用过程 SUB3 计算以 R 为半径的球的体积。

4. 编写程序 main4.prg，要求任意输入圆柱体的底面半径 R 和圆柱体的高 H，调用计算圆柱体体积的过程 SUB，计算出 3 个不同圆柱体的体积。

模块程序设计

实验十一　表单的创建

一、实验目的

(1) 学会使用表单向导创建表单。

(2) 了解使用"快速表单"命令创建表单的方法。

(3) 掌握使用表单设计器设计表单的方法。

(4) 熟悉表单的数据环境。

二、实验预备知识

表单是应用程序中最常见的交互式操作界面,各种对话框和窗口都是表单不同的外观表现形式。通过设计表单和向表单里添加控件,能够制作出各种友好、美观、实用的界面,用于实现人机之间的信息交互。

(一) 创建表单

在 Visual FoxPro 中,可以利用表单向导和表单设计器创建表单文件。表单文件的扩展名为 scx(表单文件)和 sct(表单备注文件)。

1. 表单向导

Visual FoxPro 提供了两种表单向导来创建表单。

(1) 表单向导:可以创建基于一个表的表单。

调用表单向导的方法主要有以下 3 种。

① 在 Visual FoxPro 的项目管理器的"文档"选项卡中选择"表单",单击"新建"按钮,在弹出的"新建表单"对话框中单击"表单向导"按钮。

② 选择"文件"菜单中的"新建"命令,在打开的"新建"对话框中选中"表单"单选按钮,然后单击"向导"按钮。

③ 选择"工具"菜单中的"向导"子菜单的"表单"命令。

采用上述 3 种方法中的任意一种,都会打开"向导选取"对话框。在此对话框中选择"表单向导",单击"确定"按钮,即可进入表单向导。后面会通过示例来说明表单向导的使用方法。

(2) 一对多表单向导:可以创建基于两个表(按一对多关系联接)的表单。

"一对多"表单涉及两个表,其中一个表称为父表,另一个表称为子表。父表中的一条记录对应着子表中多个与其相关联的记录。在表单中的显示形式多半是父表的一条记录显示在上部,与其对应的子表记录以表格的形式显示在下半部,二者之间应有如下关系。

① 两个表中至少有一个有公共内容的字段。

② 父表中的公共字段必须设置成主索引,字段值不允许有重复,即所谓的"一"。

③ 子表中的公共字段只需设置成普通索引,字段值可以有重复,即所谓的"多"。

2. 表单设计器

表单设计器提供了强大的表单设计功能,用户可以根据需要选择各种控件,设计方法灵活,可以制作出个性化的表单。

表单设计器的打开方式主要有以下 3 种。

(1) 在项目管理器中选择"文档"选项卡中的"表单",再单击"新建"按钮,在弹出的"新建表单"对话框中单击"新建表单"按钮。

(2) 打开"文件"菜单,选择"新建"命令,然后在出现的对话框中选择"表单"单选按钮,并单击"新建文件"按钮。

(3) 在"命令"窗口中输入并执行"CREATE FORM<表单文件名>",可以打开表单设计器来新建表单。

使用上面任何一种方法都可以打开"表单设计器"窗口。

(二) 表单的保存、运行与修改

1. 表单的保存

对于设计完成的表单,选择"文件"菜单中的"保存"命令就可以保存。如果在未保存前试图运行表单或关闭表单设计器,系统将提示是否保存已做过的修改,如图 11-1 所示。单击"是"按钮,即可保存表单。

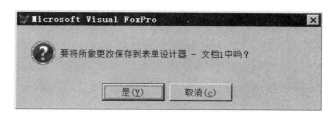

图 11-1　保存表单

2. 表单的运行

利用表单向导或表单设计器建立的表单文件,必须在运行之后才能生成相应的表单对象。可以通过以下方法运行表单文件。

(1) 在项目管理器中选择要运行的表单,然后单击"运行"按钮。

(2) 在表单设计器环境下,选择"表单"菜单中的"执行表单"命令或单击工具栏中的"运行"按钮。

(3) 选择"程序"菜单中的"运行"命令,打开"运行"对话框。在对话框中指定要运行的表单,单击"运行"按钮。

(4) 在"命令"窗口中输入命令"DO FORM　[<表单文件名>]"来运行表单。

3. 表单的修改

无论通过何种途径创建表单文件,都可以利用表单设计器重新加以修改。

(三) 可视化的表单设计环境

启动表单设计器后,主窗口中将出现"表单设计器"窗口、"表单设计器"工具栏、"表单控件"工具栏以及"属性"窗口等,它们一起构成了可视化的表单设计环境。

1. "表单设计器"窗口

在该窗口中包含了正在编辑的表单,表单窗口只能在"表单设计器"窗口内移动和调整大小,如图 11-2 所示。

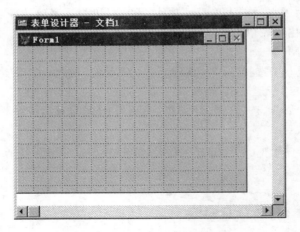

图 11-2 "表单设计器"窗口

2. "表单设计器"工具栏

一般情况下,当表单设计器打开时,就可以在屏幕上看到"表单设计器"工具栏,如图 11-3 所示。

3. "表单控件"工具栏

"表单控件"工具栏是用来在表单上创建各种控件的,其样式如图 11-4 所示。使用时,先单击某一控件按钮,然后将鼠标指针移到表单上要创建控件的位置上,按住鼠标左键,拖出一个所需的区域来,即可生成控件。如果尺寸不合适,还可以用鼠标进行调整。

4. "属性"窗口

在"属性"窗口中可以对表单上的各个对象进行属性设置或更改,其样式如图 11-5 所示。

图 11-3 "表单设计器"工具栏

图 11-4 "表单控件"工具栏

图 11-5 "属性"面板

（四）表单的数据环境

Visual FoxPro 的每一个表单都有一个数据环境。在表单的设计、运行过程中都需要使用数据环境。把与表单有关的表或视图放进表单的数据环境中,可以很容易地把表单、控件与表或视图中的字段关联在一起,形成一个完整的构造体系。

1. 数据环境设计器

数据环境是表单设计的数据来源。表单设计器中的数据环境设计器用于表单的数据环境设置,如图 11-6 所示。数据环境中的表或视图会随着表单的打开或运行而打开,并随着表单的关闭或释放而关闭。

打开数据环境设计器的方法有以下 3 种。

（1）选择"显示"菜单中的"数据环境"命令。

（2）选择表单快捷菜单中的"数据环境"命令。

（3）单击"表单设计器"工具栏中的"数据环境"按钮  。

图 11-6　数据环境设计器

2. 数据环境与数据

数据环境是一个对象,它包含与表单相互作用的表或视图以及这些表之间的关系。在数据环境设计器中,可以进行以下操作。

（1）添加表或视图。

（2）从数据环境设计器中拖动表和字段。

（3）从数据环境设计器中移去表或视图。

（4）在数据环境中设置关系。

（5）在数据环境中编辑关系。

三、实验内容

【实验 11-1】　使用表单向导创建表单

使用表单向导创建一个文件名为"读者信息. scx"的表单,用于显示"读者信息"表中的所有字段。表单样式为"新奇式",按钮类型为"文本按钮",排序字段为"借书证号"(升序),表单标题为"读者信息浏览",保存并运行表单。

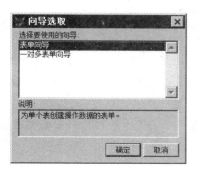

图 11-7　"向导选取"对话框

具体实验步骤如下。

1）向导选取

选择"工具"菜单"向导"子菜单中的"表单"命令,弹出"向导选取"对话框,选择"表单向导",如图 11-7 所示。单击"确定"按钮。

2）步骤 1-字段选取

进入"步骤 1-字段选取"界面,在"数据库和表"下拉列表框中选择"图书管理"数据库,将在其下方的列表框里列出库中所包含的数据表。选择"读者信息"表,则在"可用字段"列表框中将列出该表的全部字段供用户选择。单击 ▶▶ 按钮将全部字段添加到"选定字段"列表框中，如图 11-8 所示。单击"下一步"按钮。

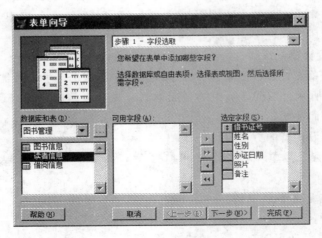

图 11-8　字段选取

3）步骤 2-选择表单样式

进入"步骤 2-选择表单样式"界面，在"样式"列表框中选择"新奇式"，在"按钮类型"选项组中选择"文本按钮"单选按钮，如图 11-9 所示。单击"下一步"按钮。

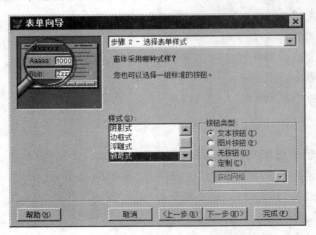

图 11-9　选择表单样式和按钮类型

4）步骤 3-排序次序

进入"步骤 3-排序次序"界面，在"可用字段或索引标识"列表框中选择"借书证号"字段，选择"升序"单选按钮，单击"添加"按钮，将"借书证号"字段添加到"选定字段"列表框中，如图 11-10 所示。单击"下一步"按钮。

注意：如果表单是基于一个表而设计的，就会出现"排序次序"对话框；如果表单是基于一个查询而设计的，就会跳过这一步。

5）步骤 4-完成

进入"步骤 4-完成"界面，在"请输入表单标题："文本框中输入表单标题"读者信息浏览",选择"保存并运行表单"单选按钮,如图11-11所示。单击"完成"按钮。

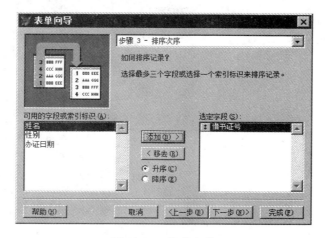

图 11-10　排序次序

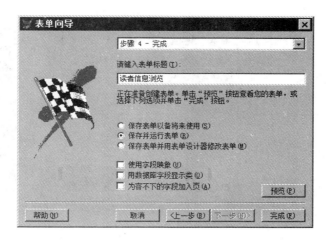

图 11-11　完成

6）保存表单

弹出"另存为"对话框,在"保存表单为"文本框中输入表单名"读者信息",如图11-12所示。单击"保存"按钮,将表单以"读者信息.scx"为名保存在默认路径下。

7）运行表单

表单保存完成后将显示表单的运行结果,如图11-13所示。

【实验 11-2】　使用"一对多表单向导"创建多表表单

使用"一对多表单向导"创建一个文件名为"读者借阅情况.scx"的表单,要求从父表"读者信息"中选择"借书证号"、"姓名"两个字段;从子表"借阅信息"中选择"图书编号"、"借阅日期"、"还书日期"、"超出天数"及"罚金"等字段;以"借书证号"为关键字段建立两个表之间的关系;表单样式为"凹陷式",按钮类型为"图形按钮",排序字段为"借书证号"(升序),设置表单标题为"读者借阅情况",保存并运行表单。

具体实验步骤如下。

表单的创建

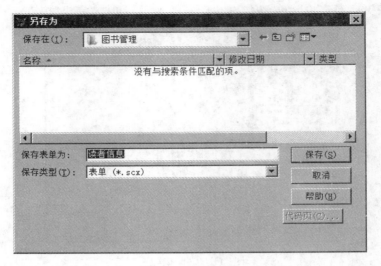

图 11-12   保存表单

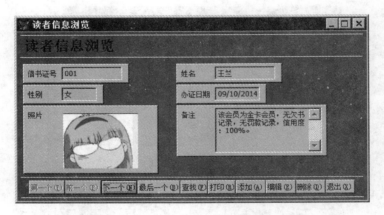

图 11-13   "读者信息.scx"的运行结果

1) 新建表单

选择"文件"菜单中的"新建"命令,在弹出的"新建"对话框中,选中"表单"单选按钮,如图 11-14 所示。单击"向导"按钮。

2) 向导选取

弹出"向导选取"对话框,选取"一对多表单向导",如图 11-15 所示。单击"确定"按钮。

3) 步骤 1-从父表中选定字段

进入"步骤 1-从父表中选定字段"界面,在"数据库和表"列表框中选择父表"读者信息",将"可用字段"列表框中的"借书证号"和"姓名"两个字段添加到"选定字段"列表框中,如图 11-16 所示。单击"下一步"按钮。

4) 步骤 2-从子表中选定字段

进入"步骤 2-从子表中选定字段"界面,在"数据库和表"列表中选择子表"借阅信息",将"可用字段"列表框中的"图书编号"、"借阅日期"、"还书日期"、"超出天数"及"罚金"等字段添加到"选定字段"列表框中,如图 11-17 所示。单击"下一步"按钮。

图 11-14 "新建"对话框

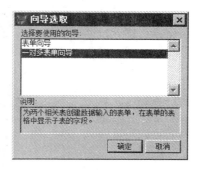
图 11-15 "向导选取"对话框

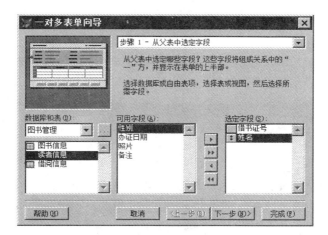
图 11-16 从父表中选定字段

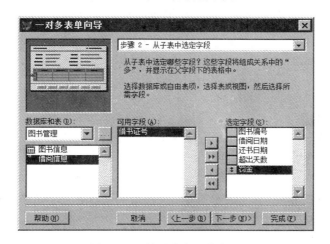
图 11-17 从子表中选定字段

实验十一

表单的创建

5）步骤 3-建立表之间的关系

进入"步骤 3-建立表之间的关系"界面,在"读者信息"和"借阅信息"下拉列表框中分别选择"借书证号"字段建立两表间的关系,单击"下一步"按钮,如图 11-18 所示。

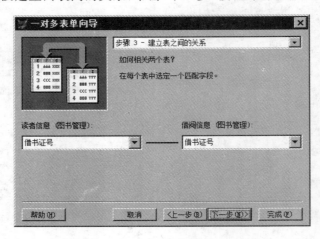

图 11-18   建立表之间的关系

6）步骤 4-选择表单样式

进入"步骤 4-选择表单样式"界面,在"样式"列表框中选择"凹陷式",在"按钮类型"选项组中选择"图片按钮"单选按钮,如图 11-19 所示。单击"下一步"按钮。

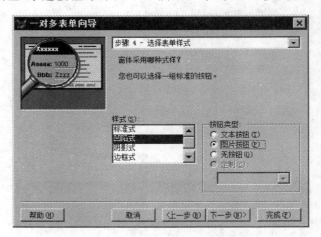

图 11-19   选择表单样式

7）步骤 5-排序次序

进入"步骤 5-排序次序"界面,选择"借书证号"作为排序字段,按"升序"排序,单击"下一步"按钮,如图 11-20 所示。

8）步骤 6-完成

进入"步骤 6-完成"界面,输入表单标题"读者借阅情况",选择"保存并运行表单"单选按钮,如图 11-21 所示。单击"完成"按钮。

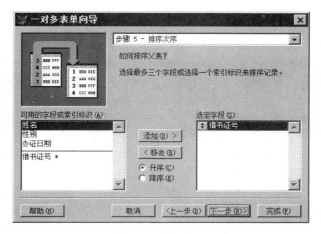

图 11-20　排序次序

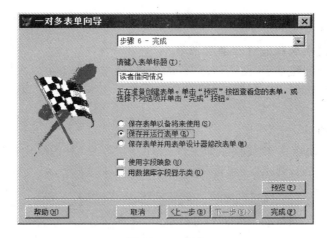

图 11-21　完成

9）保存表单

　　弹出"另存为"对话框，在"保存表单为"文本框中输入表单名"读者借阅情况"，如图 11-22
所示。单击"保存"按钮，将表单以"读者借阅情况.scx"为名保存在默认路径下。

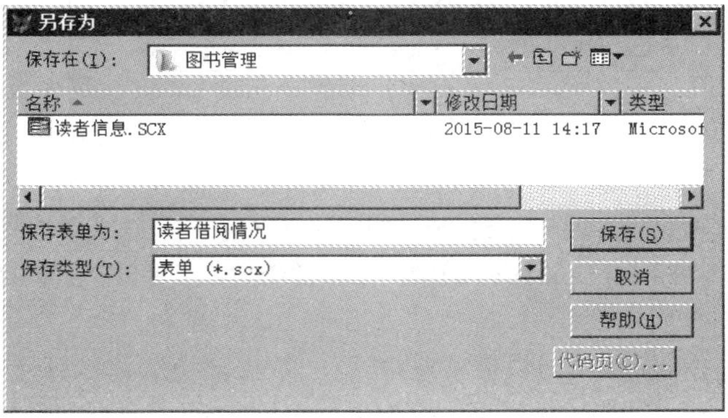

图 11-22　保存表单

10）运行表单

表单保存完成后将显示表单的运行结果，如图 11-23 所示。

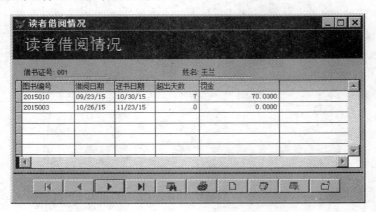

图 11-23　"读者借阅情况.scx"的运行结果

【实验 11-3】　使用表单设计器创建表单

使用表单设计器创建基于"图书信息"表的表单，要求在表单上以表格的形式显示"图书信息"表中全部字段信息，表单标题为"图书信息浏览"，并将表单以"图书信息.scx"为名保存在默认路径下。

具体实验步骤如下。

（1）选择"文件"菜单中的"新建"命令，在弹出的"新建"对话框中，选中"表单"单选按钮，单击"新建文件"按钮，弹出"表单设计器"窗口，如图 11-24 所示。

图 11-24　"表单设计器"窗口

（2）在表单的空白区域单击鼠标右键，然后在弹出的快捷菜单中选择"属性"命令，打开"属性"窗口，设置表单的 Caption 属性为"图书信息浏览"，即可将表单的标题设置为"图书信息浏览"，如图 11-25 所示。

（3）在表单中右击，在弹出的快捷菜单中选择"数据环境"命令，打开"数据环境设计器"窗口，同时弹出"添加表或视图"对话框。在"数据库中的表"列表框中选择"图书信息"，单击"添加"按钮，将"图书信息"表添加到"数据环境设计器"中，如图 11-26 所示。单击"关闭"按

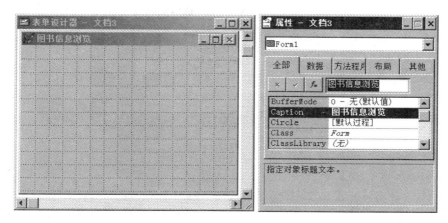

图 11-25　设置表单标题

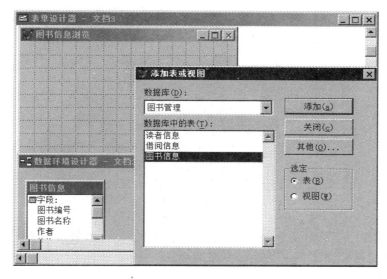

图 11-26　向数据环境设计器中添加表

钮将"添加表或视图"对话框关闭。

（4）将"图书信息"表从数据环境设计器中拖曳到表单中，则在表单上会自动生成一个表格控件。关闭"数据环境设计器"窗口，并调整表单上表格的大小和位置，如图 11-27 所示。

（5）选择"文件"菜单中的"保存"命令，弹出"另存为"对话框，在"保存表单为"文本框中输入表单名称"图书信息"，则表单将以"图书信息.scx"为名保存在默认路径下。

（6）运行"图书信息.scx"表单，结果如图 11-28 所示。

【实验 11-4】　使用表单设计器创建多表表单

使用"表单设计器"创建基于"读者信息"表和"借阅信息"表的多表表单，要求在表单上显示"读者信息"表中的"借书证号"和"姓名"两个字段信息及"借阅信息"表的所有字段信息。其中，"借阅信息"表以表格形式显示。表单上有"上一条记录"和"下一条记录"两个按钮，用于查询不同读者信息。当读者信息发生变化时，表格中将显示该读者的借阅信息。表

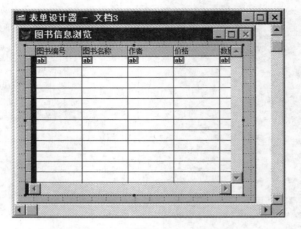

图 11-27　拖曳“图书信息”表到表单

图书编号	图书名称	作者	价格	数量	出版社
2015001	英汉互译实践	许建平	39.0000	12	清华大学
2015002	中国传统文化	张建	33.0000	5	高等教育
2015003	平面设计技术	谭浩强	34.0000	20	人民邮电
2015004	汉英翻译基础	冯庆华	49.0000	10	高等教育
2015005	中国旅游文化	刘秀峰	26.0000	6	人民邮电
2015006	考研英语	刘香玲	29.0000	20	水利水电
2015007	C语言程序设计	谭浩强	30.0000	30	清华大学
2015008	翻译365	冯庆华	33.0000	9	人民教育
2015009	一级MS Offic	谭浩强	24.0000	5	清华大学
2015010	大学计算机基	孙艳	28.0000	20	中国铁道

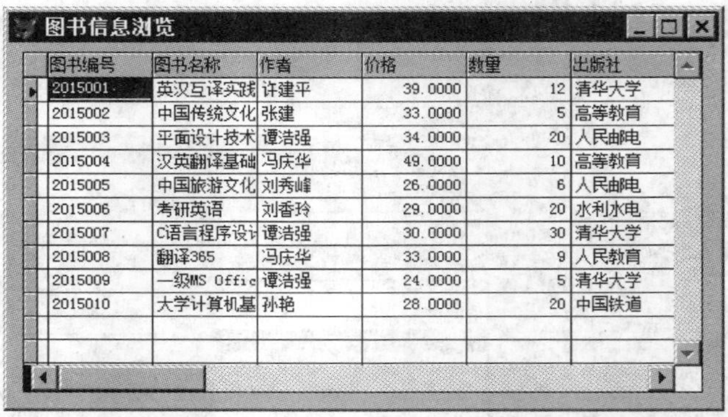

图 11-28　“图书信息.scx”的运行结果

单上的“退出”按钮用于退出表单的运行。将表单标题设置为“读者借阅情况浏览”，最后将表单以“读者借阅情况浏览.scx”为名保存在默认路径下。

具体实验步骤如下。

(1) 新建一个表单，打开“表单设计器”窗口，设置表单 Caption 属性为“读者借阅情况浏览”，如图 11-29 所示。

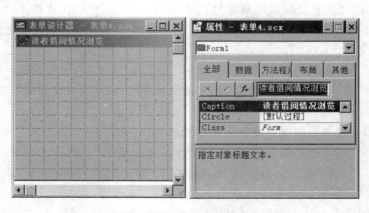

图 11-29　设置表单标题

（2）打开数据环境设计器，将"读者信息"表和"借阅信息"表均添加到"数据环境设计器"中，如图 11-30 所示。

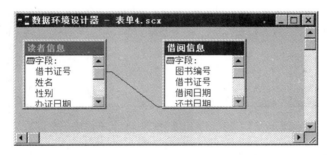

图 11-30　向数据环境设计器中添加表

（3）将"读者信息"表中的"借书证号"和"姓名"字段拖曳到表单的上部，将"借阅信息"表拖曳到表单中，然后关闭"数据环境设计器"窗口，如图 11-31 所示。

图 11-31　拖曳字段和表到表单

（4）利用表单设计器创建的表单没有定位控件，因此可以加入自己的定位控件。利用"表单控件"工具栏向表单中添加定位按钮。单击"表单控件"工具栏中的"命令按钮"控件，鼠标指针变成十字形。在表单上要添加"命令按钮"控件的地方单击鼠标，即可在表单上创建一个标题为 Command1 的命令按钮。在"属性"窗口中修改该按钮的 Caption 属性为"上一条记录"。

（5）在表单上双击"上一条记录"按钮，打开命令按钮的 Click 事件代码窗口。在代码窗口中输入图 11-32 所示的代码，然后单击右上角的"关闭"按钮，关闭代码窗口。

图 11-32　"上一条记录"按钮 Click 事件代码窗口

162

(6) 按照同样的方法,添加"下一条记录"命令按钮,并在其 Click 事件代码窗口中输入图 11-33 所示的代码,然后单击右上角的"关闭"按钮,关闭代码窗口。

图 11-33 "下一条记录"按钮 Click 事件代码窗口

(7) 按照同样的方法,添加"退出"命令按钮,并在其 Click 事件代码窗口中输入图 11-34 所示的代码,然后单击右上角的"关闭"按钮,关闭代码窗口。

图 11-34 "退出"按钮 Click 事件代码窗口

说明:thisform.release 的作用是释放当前表单,即在表单运行时,单击"退出"按钮将退出当前表单的运行。

(8) 在"表单设计器"窗口中选择"文件"菜单中的"保存"命令,弹出"另存为"对话框。在"保存表单为"文本框中输入表单名称"读者借阅情况浏览",则表单将以"读者借阅情况浏览.scx"为名保存在默认路径下。

(9) 运行"读者借阅情况浏览.scx"表单,结果如图 11-35 所示,在表单的上部显示"读者信息"表中当前记录的"借书证号"和"姓名"字段的值,在下面的表格中则显示该读者的借阅信息。执行表单后,分别单击"上一条记录"和"下一条记录"按钮,观察表单上所显示的记录信息;单击"退出"按钮退出表单的运行。

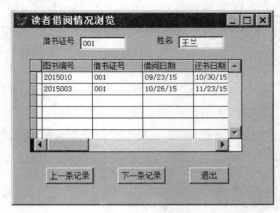

图 11-35 "读者借阅情况浏览.scx"的运行结果

【实验 11-5】 使用"快速表单"命令创建表单

使用"快速表单"命令创建"图书基本信息"表单,用于显示"图书信息"表中当前记录的"图书编号"、"图书名称"、"作者"和"出版社"等字段信息。将表单标题设置为"图书基本信息",控件样式设置为"浮雕式",最后将表单以"图书基本信息.scx"为名保存在默认路径下。

具体实验步骤如下。

(1) 新建一个表单,打开"表单设计器"窗口。

(2) 在"表单"菜单中选择"快速表单"命令,弹出"表单生成器"对话框。在"字段选取"选项卡中,依次将"图书编号"、"图书名称"、"作者"和"出版社"字段添加到"选定字段"列表框中,如图 11-36 所示。

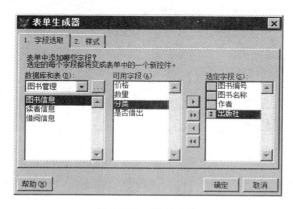

图 11-36 字段选取

(3) 在"样式"选项卡中,选择"样式"为"浮雕式",如图 11-37 所示。

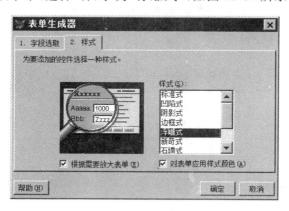

图 11-37 样式选择

(4) 单击"确定"按钮,返回"表单设计器"窗口,如图 11-38 所示。

(5) 在"属性"窗口中,设置表单的 Caption 属性为"图书基本信息"。

(6) 按照【实验 11-4】中的方法,向表单中添加"上一条记录"、"下一条记录"和"退出"命令按钮,并编写相应的 Click 事件代码,如图 11-39 所示。

(7) 将表单以"图书基本信息.scx"为名保存在默认路径下。

表单的创建

164

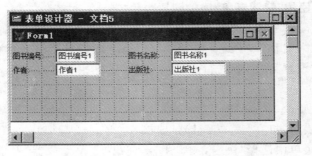

图 11-38　返回"表单设计器"窗口

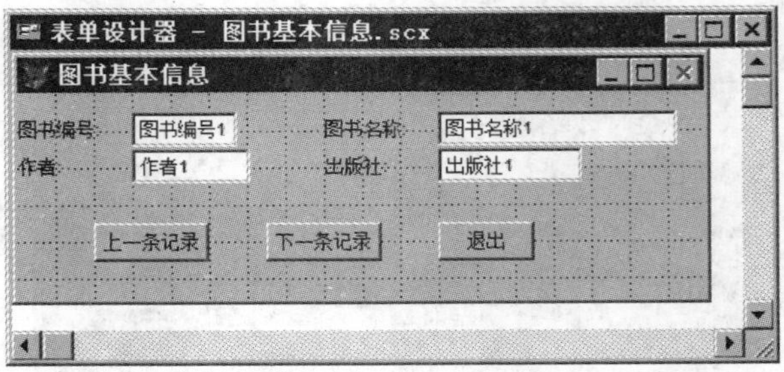

图 11-39　添加命令按钮后的"表单设计器"窗口

（8）运行表单，结果如图 11-40 所示。在表单上会显示"图书信息"表当前记录的基本信息。执行表单后，分别单击"上一条记录"和"下一条记录"按钮，观察表单上所显示的记录信息；单击"退出"按钮退出表单的运行。

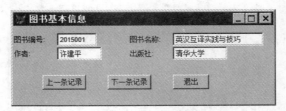

图 11-40　"图书基本信息.scx"的运行结果

四、能 力 测 试

1. 使用表单向导创建一个名为"客户信息.scx"的表单，用于显示"客户"表中的所有字段。表单样式为"阴影式"，按钮类型为"图片按钮"，排序字段为"客户号"（升序），表单标题为"客户信息浏览"。将表单保存在默认路径下。表单的运行结果如图 11-41 所示。

2. 利用表单向导创建一个名为"职员订单情况.scx"的表单。要求从父表"职员"中选择"职员号"、"姓名"两个字段；从子表"订单"中选择"订单号"、"客户号"、"签订日期"及"金额"等字段；以"职员号"为关键字段建立两个表之间的关系；样式为"新奇式"，按钮类型为"文本按钮"；排序字段为"职员号"（升序）；设置表单标题为"职员订单情况"；将表单保存在默认路径下。表单的运行结果如图 11-42 所示。

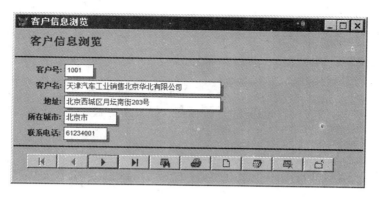

图 11-41 "客户信息.scx"的运行结果

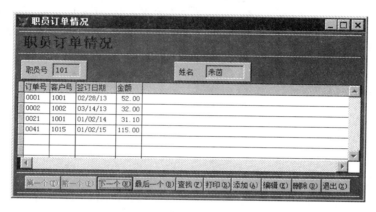

图 11-42 "职员订单情况.scx"的运行结果

3. 使用表单设计器创建一个名为"职员基本信息浏览.scx"的表单。要求在表单中以表格的形式显示"职员"表中的全部数据,表单的标题设置为"职员基本信息"。运行结果如图 11-43 所示。

职员号	姓名	性别	组别	职务
101	朱茵	女	1	组长
102	李毅军	男	2	组长
103	王一凡	女	1	组员
104	杨小萍	女	2	组员
105	吴军	男	3	组员
106	李龙	男	1	组员
107	赵小青	女	3	组员
108	刘严俊	男	2	组员
109	杨一明	男	4	组长

图 11-43 "职员基本信息浏览.scx"的运行结果

4. 使用表单设计器创建基于"客户"表和"订单"表的多表表单。要求在表单上显示"客户"表中的"客户号"和"客户名"两个字段信息以及"订单"表的当前客户所签订单的全部信息。其中,"订单"表以表格形式显示。单击"上一条记录"和"下一条记录"按钮,以查询不同

实验十一

表单的创建

客户信息。当客户信息发生变化时,表格中将显示该客户所签订的订单信息。单击"退出"
按钮退出表单的运行。将表单标题设置为"客户订单情况",最后将表单以"客户订单情
况.scx"为名保存在默认路径下。运行结果如图 11-44 所示。

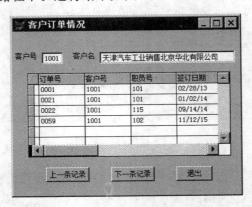

图 11-44 "客户订单情况.scx"的运行结果

实验十二　表单常用控件(一)

一、实验目的

(1) 掌握利用表单设计器建立、修改、运行表单的方法。

(2) 掌握"表单设计器"工具栏的使用方法。

(3) 掌握使用"属性"窗口修改属性的方法。

(4) 掌握 Click 事件代码窗口的代码设置方法。

(5) 掌握标签、命令按钮、文本框及编辑框等控件的常用属性设置及常用事件和方法的使用。

二、实验预备知识

(一) 表单的基本概念

1. 对象

客观世界里的任何实体都可以被看作对象。对象可以是具体的物,也可以是某些概念。每个对象具有一定的状态,也有自己的行为。

(1) 属性:用来表示对象的状态。

(2) 方法:用来描述对象的行为。

(3) 事件:是一种由系统预先定义而由用户或系统发出的动作。

2. 类

类是对一类相似对象的性质描述。这些对象具有相同的性质、相同种类的属性及方法。

3. 容器与控件

Visual FoxPro 中的类可以分成两种类型:容器类和控件类。控件是一个可以以图形化表现出来,并能与用户进行交互的对象;而容器是一种特殊的控件,它能够包含其他的控件或容器。在 Visual FoxPro 中常用的容器类有表单集、表单、表格、列、页框、页、命令按钮组、选项按钮组等。在容器层次中的对象引用的属性或关键字如下。

(1) Parent:当前对象的直接容器对象。

(2) This:当前对象。

(3) ThisForm:当前对象所在的表单。

(4) ThisFormSet:当前对象所在的表单集。

4. 表单的常见属性

表单的常见属性如表 12-1 所示。

表 12-1　表单的常见属性

属　性	说　　明	属　性	说　　明
Caption	指定对象的标题	Width	指定屏幕上一个对象的宽度
Name	指定对象的名字	Left	对象左边相对于父对象的位置
Value	指定对象当前的取值	Top	对象上边相对于父对象的位置
FontName	指定对象文本的字体名	Movable	运行时表单能否移动
FontSize	指定对象文本的字体大小	Closable	标题栏中关闭按钮是否有效
ForeColor	指定对象中的前景色	ControlBox	是否取消标题栏所有的按钮
BackColor	指定对象内部的背景色	MaxButton	指定表单是否有"最大化"按钮
BorderStyle	指定边框样式	MinButton	指定表单是否有"最小化"按钮
AlwaysOnTop	是否处于其他窗口之上	WindowState	指定运行时是最大化或最小化

5. 表单的常见事件

表单的常见事件如表 12-2 所示。

表 12-2　表单的常见事件

事　件	事件的激发	事　件	事件的激发
Init	对象创建时	GotFocus	对象接收到焦点
Load	创建对象之前	LostFocus	对象失去焦点
Unload	释放对象时	KeyPress	用户按下或释放一个键
Destroy	对象从内存中释放时	MouseDown	用户按下鼠标键
Click	用户鼠标单击对象	MouseMove	用户移动鼠标指针到对象上
DblClick	用户鼠标双击对象	MouseUp	用户释放鼠标
RightClick	用户鼠标右击对象	Error	发生错误

6. 表单的常见方法

方法的过程代码由 Visual FoxPro 定义,对用户是不可见的。Visual FoxPro 中,表单的常见方法如表 12-3 所示。

表 12-3　表单的常见方法

方　法　程　序	用　　途
Hide	隐藏表单、表单集或控件
Refresh	重新绘制表单或控件,并更新所有值
Release	从内存中释放表单或表单集
Show	显示表单

(二) 控件的操作与布局

1. 控件的基本操作

(1) 选定控件。

(2) 移动控件。

(3) 调整控件大小。

(4) 复制控件。

(5) 删除控件。

2. 控件的布局

"布局"工具栏可以通过单击"表单设计器"工具栏上的"布局工具栏"按钮打开或关闭。利用"布局"工具栏中的按钮,可以方便地调整表单窗口中被选控件的相对大小或位置。

（三）控件及控件属性

1. 标签控件

标签控件(Label)用来显示文本,被显示的文本在 Caption 属性中指定,称之为标题文本。常用标签属性如下。

（1）Caption：指定标签的标题文本。

（2）Alignment：指定标题文本在控件中显示的对齐方式。

对 Alignment 属性的设置值如下。

① 0(默认值)：左对齐,文本显示在区域的左边。

② 1：右对齐,文本显示在区域的右边。

③ 2：中央对齐,将文本居中显示,使左右两边的空白相等。

2. 命令按钮控件

命令按钮(CommandButton)一般用来完成某个特定功能,如关闭表单、移动记录指针、打印报表等,其常用属性如下。

（1）Default：命令按钮的 Default 属性默认值为.F.,如果该属性设置为.T.,则在该按钮所在的表单为激活状态下,按 Enter 键,可以激活该按钮,并执行该按钮的 Click 事件代码。

（2）Cancel：命令按钮的 Cancel 属性默认值为.F.,如果设置为.T.,则在该按钮所在的表单为激活状态,按 Esc 键可以激活该按钮。

（3）Enabled：确定按钮是否有效,如果按钮的属性 Enabled 为.F.,单击该按钮不会引发该按钮的单击事件。

（4）Visible：指定对象是可见还是隐藏。对于在表单设计器环境下创建的对象,该属性的默认值为.T.,即对象是可见的。

3. 文本框控件

文本框(TextBox)是一种常用控件,可用于输入数据或编辑内存变量、数组元素和非备注型字段内的数据。文本框一般只包含一行数据。文本框可以编辑任何类型的数据,如字符型、数值型、逻辑型、日期型或日期时间型等。常用的文本框属性如下。

（1）ControlSource：该属性为文本框指定一个字段或内存变量来返回文本框的当前内容。

（2）PasswordChar：指定文本框控件内是显示用户输入的字符还是显示占位符。当为该属性指定一个字符(即占位符,通常为"＊")后,文本框内将显示占位符,而不会显示用户输入的实际内容。

（3）InputMask：指定在一个文本框中如何输入和显示数据。

4. 编辑框控件

编辑框是一个完整的字处理器,其处理的数据可以包含回车符。只能在编辑框中输入、编辑字符型数据,包括字符型内存变量、数组元素、字段及备注字段里的内容。常用的编辑框属性如下。

(1) ControlSource：设置编辑框的数据源，一般为数据表的备注字段。

(2) Value：保存编辑框中的内容，可以通过该属性来访问编辑框中的内容。

(3) SelText：返回用户在编辑区内选定的文本，如果没有选定任何文本，则返回空串。

(4) SelLength：返回用户在文本输入区中所选定字符的数目。

(5) ReadOnly：确定用户是否能修改编辑框中的内容。

(6) ScrollBars：指定编辑框是否具有滚动条。当属性值为 0 时，编辑框没有滚动条；当属性值为 2(默认值)时，编辑框包含垂直滚动条。

三、实验内容

【实验 12-1】 标签控件的使用

(1) 使用标签控件创建一个如图 12-1 所示的表单(图书管理系统欢迎界面.scx)，并将表单保存到默认路径下。

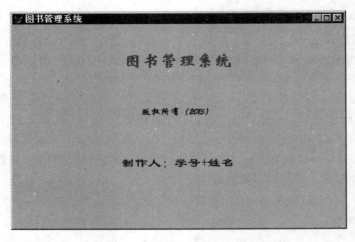

图 12-1 "图书管理系统欢迎界面"表单

具体实验步骤如下。

① 在 Visual FoxPro 系统的主菜单下，单击"文件"菜单中的"新建"命令，打开"新建"对话框。

② 在"新建"对话框选择"表单"单选按钮，再单击"新建文件"按钮，进入"表单设计器"窗口。

③ 在表单中，单击"表单控件"工具栏中的"标签"按钮 **A**，分别创建 3 个标签控件。

④ 在"属性"窗口中，分别为表单和控件设置属性值，如表 12-4 所示。

⑤ 表单和控件的属性设置完成后，设置 3 个标签在表单中水平居中。先打开"布局"工具栏，如图 12-2 所示，然后在表单中选中第 1 个标签"图书管理系统"，单击"布局"工具栏中的"水平居中"按钮 ▣，使标签在表单中水平居中。使用同样的方法将另外两个标签设置为水平居中。

⑥ 将表单以"图书管理系统欢迎界面.scx"为名保存到默认路径下。单击工具栏中的"运行"按钮 ▮ 运行表单，表单的运行效果如图 12-1 所示。

表 12-4 "图书管理系统欢迎界面"表单和各控件主要属性设置

对象名	属性名	属 性 值	对象名	属性名	属 性 值
Form1	Caption	图书管理系统	Label2	Caption	版权所有(2015)
	AutoCenter	. T.		FontName	华文行楷
	AlwaysOnTop	. T.		FontSize	24
Label1	Caption	图书管理系统		BackStyle	0—透明
	FontName	华文新魏		AutoSize	. T.
	FontSize	48		Name	lab2
	FontBold	. T.	Label3	Caption	制作人：学号＋姓名
	ForeColor	255,0,0		FontName	隶书
	BackStyle	0—透明		FontSize	32
	AutoSize	. T.		BackStyle	0—透明
	Name	labl		AutoSize	. T.
				Name	lab3

（2）将以上创建的"图书管理系统欢迎界面.scx"表单进行
修改，单击"版权所有(2015)"标签时，标签内容变成"吉林工商
学院版权所有"，如图 12-3 所示。

具体实验步骤如下。

① 打开"图书管理系统欢迎界面"表单设计器，双击"版权
所有(2015)"（lab2）标签，编写标签控件的 Click 事件代码，
如图 12-4 所示。

图 12-2 "布局"工具栏

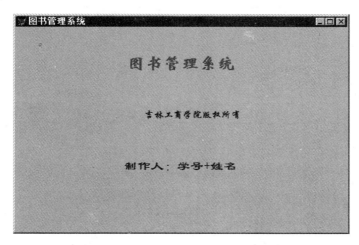

图 12-3 修改后的"图书管理系统欢迎界面"表单

图 12-4 标签控件的 Click 事件代码窗口

② 保存表单,单击工具栏中的"运行"按钮 ![] 运行表单,表单的运行效果如图 12-1 所示。用鼠标单击"版权所有(2015)"标签,则表单的运行效果如图 12-3 所示。

【实验 12-2】 命令按钮控件的使用

(1) 创建一个如图 12-5 所示的表单(命令按钮示例.scx),要求运行表单时,单击不同的按钮则表单的背景颜色变成按钮名称所描绘的颜色,单击"退出"按钮则退出表单的运行。将表单保存到默认路径下。

具体实验步骤如下。

① 创建表单,添加图 12-5 所示的标签和按钮控件,调整控件位置,并设置相应属性,如表 12-5 所示。

图 12-5 "命令按钮示例"表单

表 12-5 "命令按钮示例"表单和各控件主要属性设置

对象名	属性名	属性值	对象名	属性名	属性值
Form1	Caption	命令按钮示例	Command2	Caption	黄色
	AutoCenter	.T.		FontName	宋体
	AlwaysOnTop	.T.		FontSize	12
Label1	Caption	颜色变换		Name	cmd2
	FontName	黑体	Command3	Caption	蓝色
	FontSize	20		FontName	宋体
	AutoSize	.T.		FontSize	12
	Name	labl		Name	cmd3
Command1	Caption	红色	Command4	Caption	退出
	FontName	宋体		FontName	宋体
	FontSize	12		FontSize	12
	Name	cmd1		Name	cmd4

② 编写各命令按钮的 Click 事件代码。

a. 命令按钮 cmd1(红色)的 Click 事件代码如图 12-6 所示。

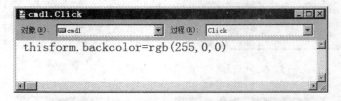

图 12-6 "红色"命令按钮的 Click 事件代码

b. 命令按钮 cmd2(黄色)的 Click 事件代码如下:

```
thisform.backcolor = rgb(255,255,128)
```

c. 命令按钮 cmd3(蓝色)的 Click 事件代码如下：

```
thisform.backcolor = rgb(0,0,255)
```

d. 命令按钮 cmd4(退出)的 Click 事件代码如下：

```
thisform.release
```

③ 将表单以"命令按钮示例.scx"为名保存到默认路径下。单击工具栏中的"运行"按钮 ![] 运行表单，表单的运行效果如图 12-5 所示。

(2) 将以上建立的表单"命令按钮示例"修改成图 12-7 所示样式，将表单标题栏的"最大化"和"最小化"按钮取消，并设置"退出"按钮为不可用状态，同时修改表单的 Tab 键次序为蓝色、黄色、红色。

具体实验步骤如下。

① 打开"命令按钮示例"表单设计器，将表单 Form1 和按钮控件 cmd4 的属性进行修改，修改内容如表 12-6 所示。

表 12-6 "命令按钮示例"表单和各控件属性设置

对象名	属性名	属性值	对象名	属性名	属性值
Form1	Maxbutton	.F.	cmd4	Enabled	.F.
	Minbutton	.F.			

② 单击"表单设计器"工具栏中的第 1 个按钮 ![] 进行 Tab 键的次序设置，设置顺序如图 12-8 所示。设置时，先单击 Command3(蓝色按钮)，然后单击 Command2(黄色按钮)，再单击 Command1(红色按钮)，最后单击 Command4(退出按钮)。

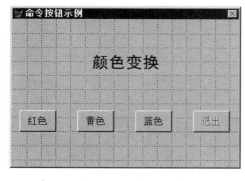

图 12-7 修改后的"命令按钮示例"表单

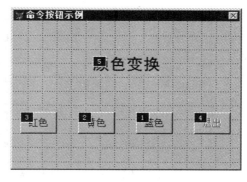

图 12-8 "命令按钮示例"Tab 键次序

③ 保存表单，单击工具栏中的"运行"按钮 ![] 运行表单。表单的运行效果如图 12-7 所示。

【实验 12-3】 文本框控件的使用

(1) 设计一个如图 12-9 所示的表单，表单的文件名为"数值比较.scx"，要求表单的标题为"排序"，输入两个数后，可按其由大到小的顺序输出，单击"退出"按钮则释放表单。

具体实验步骤如下。

① 创建表单，添加图 12-9 所示的标签、按钮和文本框控件，调整控件位置，并设置相应属性，如表 12-7 所示。

表单常用控件(一)

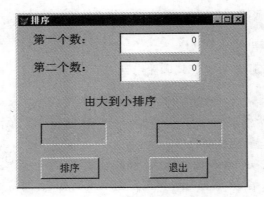

图 12-9 "数值比较"表单

表 12-7 "数值比较"表单和各控件主要属性设置

对象名	属性名	属性值	对象名	属性名	属性值
	Caption	排序		Value	0
Form1	AutoCenter	.T.	Text1	FontSize	12
	AlwaysOnTop	.T.		Name	txt1
	Caption	第一个数：		Value	0
	FontName	宋体	Text2	FontSize	12
Label1	FontSize	15		Name	txt2
	AutoSize	.T.		ReadOnly	.T.
	Name	lab1	Text3	FontSize	12
	Caption	第二个数：		Name	txt3
	FontName	宋体		ReadOnly	.T.
Label2	FontSize	15	Text4	FontSize	12
	AutoSize	.T.		Name	txt4
	Name	lab2		Caption	排序
	Caption	由大到小排序	Command1	FontSize	12
	FontName	宋体		Name	cmd1
Label3	FontSize	15		Caption	退出
	AutoSize	.T.	Command2	FontSize	12
	Name	lab3		Name	cmd2

② 编写各命令按钮的 Click 事件代码。

a. 双击"排序"命令按钮,编写 cmd1 的 Click 事件代码。Click 事件代码窗口如图 12-10 所示。

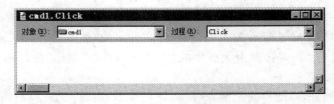

图 12-10 "排序"按钮的 Click 代码窗口

在 Click 事件代码窗口中输入如下内容：

```
if thisform.txt1.value > = thisform.txt2.value
    thisform.txt3.value = thisform.txt1.value
    thisform.txt4.value = thisform.txt2.value
else
    thisform.txt3.value = thisform.txt2.value
    thisform.txt4.value = thisform.txt1.value
endif
```

b. "退出"命令按钮 cmd2 的 Click 事件代码如下：

```
thisform.release
```

③ 将表单以"数值比较.scx"为名保存到默认路径下。单击工具栏中的"运行"按钮 ![]
运行表单。表单的运行效果如图 12-9 所示。

（2）创建一个图 12-11 所示的表单（图书查询.scx），要求在该表单上放置 4 个标签、
4 个文本框、两个命令按钮，两个命令按钮的标题分别为"查询"（command1）和"退出"
（command2）。运行表单时，用户在第 1 个文本框中输入图书编号，单击"查询"按钮则可在
下面相应的文本框中显示该图书的图书名称、作者和数量；单击"退出"按钮则退出表单的
运行。将表单以"图书查询.scx"为名保存在默认路径下。

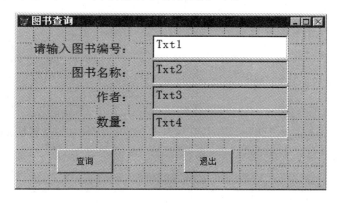

图 12-11 "图书查询"表单设计界面

具体实验步骤如下。

① 创建表单，添加如图 12-11 所示的控件，并设置相应属性，如表 12-8 所示。

表 12-8 "图书查询"表单和各控件主要属性设置

对象名	属性名	属性值	对象名	属性名	属性值
Form1	Caption	图书查询	Label2	Caption	图书名称：
	AutoCenter	.T.		FontSize	14
	AlwaysOnTop	.T.		AutoSize	.T.
Label1	Caption	请输入图书编号：	Label3	Caption	作者：
	FontSize	14		FontSize	14
	AutoSize	.T.		AutoSize	.T.

表单常用控件（一）

176

对象名	属性名	属性值	对象名	属性名	属性值
	Caption	数量：		FontSize	14
Label4	FontSize	14	Text4	Name	Txt4
	AutoSize	.T.		ReadOnly	.T.
	FontSize	14		Caption	查询
Text1			Command1	FontSize	10
	Name	Txt1		Name	Cmd1
	FontSize	14		Caption	退出
Text2	Name	Txt2	Command2	FontSize	10
	ReadOnly	.T.		Name	Cmd2
	FontSize	14			
Text3	Name	Txt3			
	ReadOnly	.T.			

② 输入"查询"按钮（Cmd1）的 Click 事件代码，内容如下：

```
use 图书信息
locate for 图书编号 = alltrim(thisform.txt1.value)
thisform.txt2.value = 图书名称
thisform.txt3.value = 作者
thisForm.txt4.value = 数量
```

③ "退出"按钮（Cmd2）的 Click 事件代码如下：

```
thisform.release
```

④ 将表单以"图书查询.scx"为名保存到默认路径下。单击工具栏中的"运行"按钮 ![] 运行表单。在第 1 个文本框中输入 2015001，单击"查询"按钮，则在相应的文本框中将显示出对应图书的基本信息。表单的运行效果如图 12-12 所示。

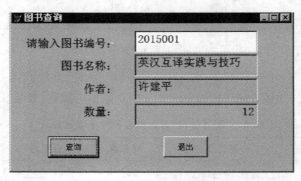

图 12-12　运行"图书查询"表单

【实验 12-4】　编辑框控件的使用

创建一个图 12-13 所示的表单（编辑框的使用.scx），要求运行表单时，在编辑框中显示"读者信息"表的备注字段（备注型）内容。可在编辑框中选择其中的文字，然后单击"选定复制"按钮，则所选内容及选择的起始位置和长度都会在下面相应的文本框中显示。单击"退出"按钮则可退出表单的运行。

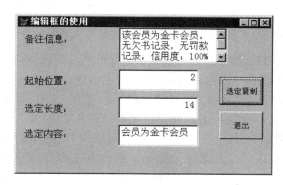

图 12-13 "编辑框的使用"表单

具体实验步骤如下。

（1）创建表单，打开数据环境设计器，添加"读者信息"表。

（2）向表单中添加图 12-13 所示的控件，并设置相应的属性，如表 12-9 所示。

表 12-9 "编辑框的使用"表单和各控件主要属性设置

对象名	属性名	属性值	对象名	属性名	属性值
Form1	Caption	编辑框的使用	Labet4	FontSize	12
	AutoCenter	. T.		AutoSize	. T.
	AlwaysOnTop	. T.	Edit1	ControlSource	读者信息. 备注
Label1	Caption	备注信息：		FontSize	12
	FontSize	12	Text1	FontSize	12
	AutoSize	. T.	Text2	FontSize	12
Label2	Caption	起始位置：	Text3	FontSize	12
	FontSize	12	Command1	Caption	选定复制
	AutoSize	. T.		FontSize	10
Label3	Caption	选定长度：		Name	Cmd1
	FontSize	12	Command2	Caption	退出
	AutoSize	. T.		FontSize	10
Label4	Caption	选定内容：		Name	Cmd2

（3）调整控件的大小和位置。

（4）编写"选定复制"命令按钮的 Click 事件代码，如下所示：

```
thisform. text1. value = thisform. edit1. selstart
thisform. text2. value = thisform. edit1. sellength
thisform. text3. value = thisform. edit1. seltext
```

（5）编写"退出"命令按钮的 Click 事件代码如下所示：

```
thisform. release
```

（6）将表单以"编辑框的使用. scx"为名保存到默认路径下，然后运行表单。运行效果如图 12-13 所示。

表单常用控件（一）

四、能力测试

1. 使用表单设计器创建一个名为"客户信息浏览.scx"的表单,用于浏览"订单管理"数据库中的客户信息。运行结果如图 12-14 所示。为表单添加相应的控件(标签、按钮和文本框控件)并设置控件的属性和 Click 事件代码。

2. 创建一个图 12-15 所示的表单(订单管理系统登录.scx),要求当用户输入用户名和密码并单击"确认"按钮后,检验其输入的用户名和密码是否匹配,(假设用户名为 user,密码为 1234)。如果正确,则运行上一题设计的"客户信息浏览"表单。若不正确,则显示"用户名或密码错误,请重新输入"字样,如果连续 3 次输入不正确,则显示"用户名或密码不正确,登录失败"字样并关闭表单。单击"退出"按钮则退出表单的运行状态。

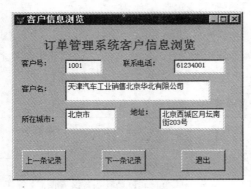
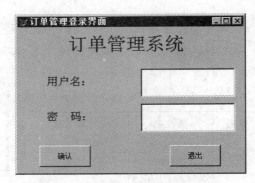

图 12-14 "客户信息浏览"表单   图 12-15 "订单管理系统登录"表单

3. 创建图 12-16 所示的表单,表单文件名为 myform1.scx,其中包含一个名为"高度"的标签控件、文本框控件 Text1 以及一个名为"确定"的命令按钮控件。打开该表单文件,然后在表单设计器环境下完成如下操作。

(1) 将标签、文本框和命令按钮 3 个控件设置为顶边对齐。

(2) 修改"确定"按钮的相关属性,使得在表单运行时按 Enter 键就可以直接选择该按钮。

(3) 设置表单的标题为"表单操作",表单名称为 myform1。

(4) 编写"确定"按钮的 Click 事件代码,使得表单运行时,单击该按钮可以将表单的高度设置成在文本框中指定的值。

4. 创建图 12-17 所示的表单,表单文件名为 myform2.scx,其中包含一个文本框和一个命令按钮。打开该表单文件,然后在表单设计器环境下完成如下操作。

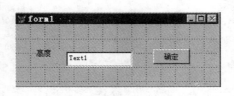
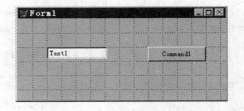

图 12-16 myform1 表单   图 12-17 myform2 表单

（1）将表单的标题修改为"表单操作"，命令按钮的标题修改为"显示"。

（2）设置文本框的初始值为数值 0、宽度为 60。

（3）设置文本框的 InputMask 属性，使其只能输入数值。其中，小数部分为两位，整数部分（包括符号）最多为 5 位。

（4）修改命令按钮的 Click 事件代码（修改前，命令按钮的 Click 事件代码如图 12-18 所示），使其中的 wait 命令功能为显示文本框的值。

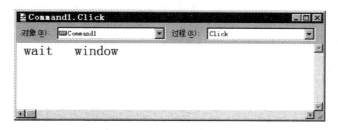

图 12-18　修改前命令按钮的 Click 事件代码

注意：需要将文本框中的数值转换成字符串。其中，小数位数保留两位，字符串的长度为 8。

表单常用控件（一）

实验十三 表单常用控件（二）

一、实验目的

    （1）掌握利用表单设计器建立、修改、运行表单的方法。

    （2）掌握编辑框控件的常用属性设置及常用事件和方法的使用。

    （3）掌握选项按钮组控件的常用属性设置及常用事件和方法的使用。

    （4）掌握命令按钮组控件的常用属性设置及常用事件和方法的使用。

    （5）掌握组合框和列表框控件的常用属性设置及常用事件和方法的使用。

二、实验预备知识

（一）复选框控件

    一个复选框（CheckBox）用于标记一个两值状态，如真（.T.）或假（.F.）。当处于选中状态时，复选框显示一个对勾（√）；否则，复选框内为空白。常用的复选框属性如下。

    （1）Caption：指定选择项功能或值的文本。

    （2）Value：用于指明复选框的当前状态。选中时为.T.（或1），未选中时为.F.（或0），无效状态为.Null.（或2）。

    （3）ControlSource：用于指明复选框的数据源。作为数据源的字段变量或内存变量，其类型可以是数值型或逻辑型。

（二）选项按钮组控件

    选项按钮组（OptionGroup）又称为单选按钮，是包含选项按钮的一种容器。一个选项按钮组包含若干个选项按钮，用户只能从中选择一个按钮。当用户选择某个选项按钮时，该按钮即处于被选中状态，而选项按钮组中的其他选项按钮，不管原来是什么状态，都将变为未选中状态。处于选中状态的选项按钮中会出现一个圆点。选项按钮组控件的常用属性如下。

    （1）ButtonCount：指定选项按钮组中选项按钮的数目。

    （2）Value：用于指定选项按钮组中哪个选项按钮被选中。Value的初始值若为数值型，则该属性返回当前选中的单选按钮的序号；若初始值为字符型，则该属性返回当前选中的单选按钮的Caption属性值。默认是数值型。

    （3）ControlSource：指明与选项按钮组建立联系的数据源。作为选项按钮组数据源的字段变量或内存变量，其类型可以是数值型或字符型。

    （4）Buttons：用于存取选项按钮组中每个按钮的数组。

    （5）Caption：指定选择项功能或值的文本。

选项按钮组是容器,若想编辑容器里的控件,有两种办法。第一种是右击选项按钮组,选择快捷菜单下的"编辑";第二种是右击选项按钮组,选择快捷菜单下的"生成器"。

（三）命令按钮组控件

命令按钮组(CommandGroup)是包含一组命令按钮的容器控件。命令按钮组及其中的每个按钮都有自己的属性、方法和事件。命令按钮组控件的常用属性如下。

（1）ButtonCount：指定命令按钮组中命令按钮的数目。

（2）Buttons：用于存取命令按钮组中各按钮的数组。

（3）Value：指定命令按钮组当前的状态,一般为当前选中的命令按钮的序号。

（四）组合框控件

组合框兼有编辑框和列表框的功能,用于提供一组数据项(供用户从中选择一个数据项),主要用于从列表项中选取数据并显示在编辑窗口。组合框不提供多重选择的功能,没有 MdtiSelect 属性。

组合框有两种形式:下拉组合框(Style 属性为 0)和下拉列表框(Style 属性为 2)。对于下拉组合框,用户既可以从列表中选择,也可以在编辑区输入。对于下拉列表框,用户只可以从列表中选择。

（1）RowSourceType：指明列表框中条目数据源的类型。0—无;1—值;2—别名;3—SQL 语句;4—查询;5—数组;6—字段;7—文件;8—结构;9—弹出式菜单。

（2）RowSource：指定列表框的条目数据源。

（3）List：用以存取列表框中数据条目的字符串数组。

（4）ListCount：指明列表框中数据条目的数目。

（5）ColumnCount：指定列表框的列数。

（6）Value：返回列表框中被选中的条目。

（7）ControlSource：该属性在列表框中的用法与在其他控件中的用法有所不同,指定用户从列表框中选择的值保存在何处。

（8）Selected：指定列表框内的某个条目是否处于选定状态。

（五）列表框控件

列表框(ListBox)用于提供一组条目(数据项)。用户可以从中选择一个或多个条目,但不能直接编辑列表框的数据。当列表框不能同时显示所有项目时,它将自动添加滚动条,使用户可以滚动查阅所有选项。常用的列表框属性如下。

（1）RowSourceType：指明列表框中条目数据源的类型。0—无;1—值;2—别名;3—SQL 语句;4—查询;5—数组;6—字段;7—文件;8—结构;9—弹出式菜单。

（2）RowSource：指定列表框的条目数据源。

（3）List：用以存取列表框中数据条目的字符串数组。

（4）ListCount：指明列表框中数据条目的数目。

（5）ColumnCount：指定列表框的列数。

（6）Value：返回列表框中被选中的条目。

（7）ControlSource：该属性在列表框中的用法与在其他控件中的用法有所不同,指定用户从列表框中选择的值保存在何处。

（8）Selected：指定列表框内的某个条目是否处于选定状态。

（9）MultiSelect：指定用户能否在列表框控件内进行多重选择。

列表框的主要属性与组合框类似，但也有不同，主要表现在以下两点。

（1）列表框可有多个条目可见（视列表框大小而定），组合框只有一个条目可见。

（2）可以从列表框的选项中选择一项或多项，数目由 MultiSelect 属性决定；而组合框则不提供多重选择功能。

三、实验内容

【实验 13-1】 复选框控件的使用

使用复选框控件创建图 13-1 所示的表单（复选框的使用.scx）。运行表单时，在复选框中体现出"图书信息"表中当前记录的"是否借出"字段的值（若该字段的值为 T，则复选框为选中状态☑，若该字段的值为 F，则复选框为非选中状态☐）。

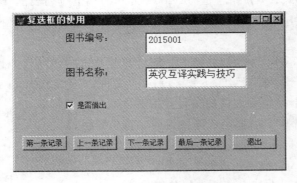

图 13-1 "复选框的使用"表单

具体实验步骤如下。

（1）创建表单，打开数据环境设计器，添加"图书信息"表，如图 13-2 所示。

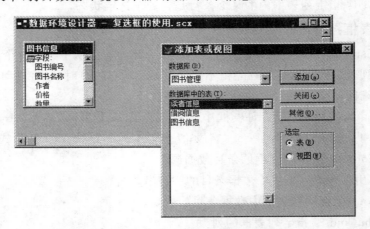

图 13-2 "复选框的使用"表单数据环境设置

（2）向表单中添加图 13-1 所示的控件，并设置相应属性，如表 13-1 所示。

表 13-1　"复选框的使用"表单和各控件主要属性设置

对象名	属性名	属 性 值	对象名	属性名	属 性 值
Form1	Caption	复选框的使用	Text1	FontSize	12
	AutoCenter	．T．		ControlSource	图书信息.图书编号
	AlwaysOnTop	．T．	Text2	FontSize	12
Label1	Caption	图书编号：		ControlSource	图书信息.图书名称
	FontSize	12	Command1	Caption	第一条记录
	AutoSize	．T．	Command2	Caption	上一条记录
Label2	Caption	图书名称：	Command3	Caption	下一条记录
	FontSize	12	Command4	Caption	最后一条记录
	AutoSize	．T．	Command5	Caption	退出
Check1	Caption	是否借出			
	ControlSource	图书信息.是否借出			

（3）编写 Command1（第一条记录）的 Click 事件代码，如图 13-3 所示。

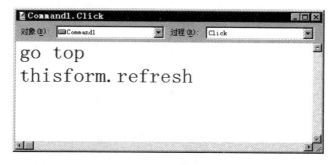

图 13-3　Command1（第一条记录）的 Click 事件代码

（4）按如下内容编写 Command2（上一条记录）的 Click 事件代码。

```
skip - 1
if bof()
  go bottom
endif
thisform.refresh
```

（5）按如下内容编写 Command3（下一条记录）的 Click 事件代码。

```
skip
if eof()
  go top
endIf
thisform.refresh
```

（6）按如下内容编写 Command4（最后一条记录）的 Click 事件代码。

```
go bottom
thisform.refresh
```

（7）按如下内容编写 Command5（退出）的 Click 事件代码。

```
thisform.release
```

（8）将表单以"复选框的使用.scx"为名保存到默认路径下。然后运行表单，运行效果如图 13-1 所示。

【实验 13-2】 选项按钮组控件的使用

（1）创建一个图 13-4 所示能浏览"图书管理"数据库中表的表单（图书管理系统数据表查询.scx）。运行表单时，单击选项按钮组中的单选按钮，则查询相应数据表的信息。

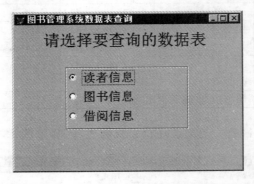

图 13-4 "图书管理系统数据表查询"表单

具体实验步骤如下。

① 创建表单，向表单中添加图 13-4 所示的控件，并调整控件的位置，设置相应属性，如表 13-2 所示。

表 13-2 "图书管理系统数据表查询"表单和各控件主要属性设置

对 象 名	属 性 名	属 性 值
Form1	Caption	图书管理系统数据表查询
	AutoCenter	. T.
	AlwaysOnTop	. T.
Label1	Caption	请选择要查询的数据表
	FontSize	20
	AutoSize	. T.
OptionGroup1. Option1	AutoSize	. T.
	Caption	读者信息
	FontSize	16
OptionGroup1. Option2	AutoSize	. T.
	Caption	图书信息
	FontSize	16
OptionGroup1. Option3	AutoSize	. T.
	Caption	借阅信息
	FontSize	16

② 双击选项按钮组，打开 Click 事件代码窗口，如图 13-5 所示。在"过程"下拉列表框中选中 Click 事件，编写选项按钮组（OptionGroup1）的 Click 事件代码。

图 13-5　选项按钮组(OptionGroup1)的 Click 事件代码窗口

在选项按钮组(OptionGroup1)的 Click 事件代码窗口中输入下列内容:

```
do case
    case this.value = 1
        select * from 读者信息
    case this.value = 2
        select * from 图书信息
    case this.value = 3
        select * from 借阅信息
endcase
```

③ 将表单以"图书管理系统数据表查询.scx"为名保存到默认路径中,并运行表单,运行效果如图 13-4 所示。当用鼠标单击"读者信息"单选按钮时,则在表单中会弹出"读者信息"表的查询窗口,如图 13-6 所示。

(2) 创建一个图 13-7 所示能浏览"读者信息"表中数据的表单(选项按钮组的使用.scx)。运行表单时,选项按钮组显示"读者信息"表中的性别信息。

图 13-6　"读者信息"表查询窗口

图 13-7　"选项按钮组的使用"表单

具体实验步骤如下。

① 创建表单,打开数据环境设计器,添加"读者信息"表,如图 13-8 所示。

② 采用鼠标左键拖曳的方式将"读者信息"表中的"借书证号"、"姓名"和"备注"字段拖曳到表单的指定位置,并调整大小。

③ 向表单添加 1 个标签、1 个选项按钮组和 3 个按钮控件,控件的属性设置如表 13-3 所示。

④ 按如下内容编写 Command1(上一条记录)的 Click 事件代码。

表单常用控件(二)

表 13-3 "选项按钮组的使用"表单和各控件主要属性设置

对　象　名	属性名	属　性　值
Form1	Caption	选项按钮组的使用
	AutoCenter	. T.
	AlwaysOnTop	. T.
Label1	Caption	性别
	FontSize	12
	AutoSize	. T.
OptionGroup1. Option1	AutoSize	. T.
	Caption	男
	FontSize	12
OptionGroup1. Option2	AutoSize	. T.
	Caption	女
	FontSize	12
OptionGroup1	ControlSource	读者信息. 性别
Command1	Caption	上一条记录
Command2	Caption	下一条记录
Command3	Caption	退出

```
skip − 1
if bof()
  go bottom
endif
thisform. refresh
```

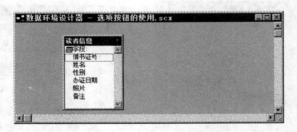

图 13-8　表单数据环境设计器

⑤ 按如下内容编写 Command2(下一条记录)的 Click 事件代码。

```
skip
if eof()
  go top
endif
thisform. refresh
```

⑥ 按如下内容编写 Command3(退出)的 Click 事件代码。

```
thisform. release
```

⑦ 将表单以"选项按钮组的使用. scx"为名保存到默认路径下。然后运行表单,运行效果如图 13-7 所示。

【实验 13-3】 **命令按钮组控件的使用**

创建一个图 13-9 所示的表单（读者情况查询.scx）。要求运行表单时在表单上显示"读者信息"表当前记录的读者基本情况信息，单击命令按钮组中的相应命令按钮，则表单上所显示的读者信息随着记录指针的移动而发生变化。

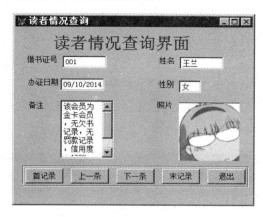

图 13-9 "读者情况查询"表单

具体实验步骤如下。

（1）创建表单，向表单中添加一个标签控件，设置表单和标签的属性，如表 13-4 所示。

表 13-4 "读者情况查询"表单和各控件主要属性设置

对 象 名	属 性 名	属 性 值
Form1	Caption	读者情况查询
	AutoCenter	.T.
	AlwaysOnTop	.T.
Label1	Caption	读者情况查询界面
	FontSize	20
	AutoSize	.T.

（2）打开表单的数据环境设计器，添加"读者信息"表，如图 13-8 所示。将"读者信息"表中的"借书证号"、"姓名"、"办证日期"、"性别"、"备注"和"照片"等字段拖曳到表单中适当位置，然后关闭数据环境设计器。

（3）在表单上添加一个命令按钮组控件，然后在该控件上右击，在弹出的快捷菜单中选择"生成器"命令，打开"命令组生成器"对话框。在"按钮"选项卡中将"按钮的数目"设置为5，并将各个按钮标题分别设置为"首记录"、"上一条"、"下一条"、"末记录"和"退出"，如图 13-10 所示。在"布局"选项卡中将"按钮布局"设置为"水平"，如图 13-11 所示。单击"确定"按钮，退出命令组生成器。

（4）双击命令按钮组（OptionGroup1），打开代码窗口，在"过程"下拉列表框中选中Click 事件，按如下内容编写命令按钮组的 Click 事件代码。

表单常用控件（二）

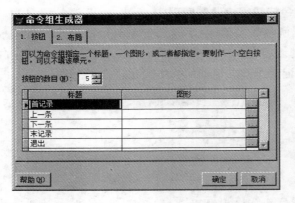

图 13-10 命令组生成器的"按钮"选项卡

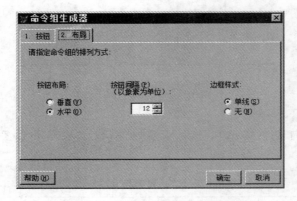

图 13-11 命令组生成器的"布局"选项卡

```
do case
  case this.value = 1
    go top
    thisform.refresh
  case this.value = 2
    skip - 1
    if bof()
      go bottom
    endif
    thisform.refresh
  case this.value = 3
    skip
    if eof()
      go top
    endif
    thisform.refresh
  case this.value = 4
    go bottom
    thisform.refresh
  case this.value = 5
    thisform.release
endcase
```

（5）将表单以"读者情况查询.scx"为名保存在默认路径下，并运行表单。运行效果如图 13-9 所示。

【实验 13-4】 组合框控件的使用

（1）创建一个图 13-12 所示的表单（图书数量查询.scx），用于查询"图书信息"表中各种图书的数量。要求在组合框中选择"图书名称"，然后单击"查询"按钮，则在文本框中显示该图书的数量。

具体实验步骤如下。

① 新建一个表单，添加图 13-12 所示的控件，并设置相应属性，如表 13-5 所示。

表 13-5 "图书数量查询"表单和各控件主要属性设置

对象名	属性名	属性值	对象名	属性名	属性值
Form1	Caption	图书数量查询	Label3	Caption	图书数量：
	AutoCenter	.T.		FontSize	12
	AlwaysOnTop	.T.		AutoSize	.T.
Label1	Caption	图书数量查询	Combo1	FontSize	12
	FontSize	20		RowSourceType	6-字段
	AutoSize	.T.		RowSource	图书信息.图书名称
Label2	Caption	请选择图书名称：	Text1	FontSize	12
	FontSize	12	Command1	Caption	查询
	AutoSize	.T.	Command2	Caption	退出

② 按如下内容编写"查询"按钮（Command1）的 Click 事件代码。

```
select 数量 from 图书信息;
where 图书名称 = thisform.combo1.value into array w
thisform.text1.value = w
```

③ 按如下内容编写"退出"按钮（Command2）的 Click 事件代码。

```
thisform.release
```

④ 将表单以"图书数量查询.scx"为名保存在默认路径下，并运行表单。运行效果如图 13-12 所示。

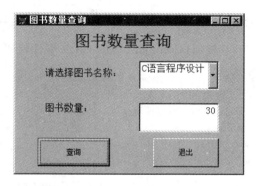

图 13-12 "图书数量查询"表单

(2) 根据"图书信息"表,设计图 13-13 所示的表单。表单文件名称为"图书总价.scx",表单的标题为"图书总价查询"。表单中有 3 个标签、1 个组合框、2 个文本框和 2 个命令按钮。运行表单时,组合框有"图书信息"表中的"图书编号"(组合框中的图书编号不重复)可供选择。在组合框中选择"图书编号"后,如果单击"查询"命令按钮,则文本框将显示出该图书的图书名称和图书总价(总价=价格 * 数量)。单击"退出"按钮可关闭表单。

图 13-13 "图书总价"表单

具体实验步骤如下。

① 新建一个表单,添加图 13-13 所示的控件,并设置相应属性,如表 13-6 所示。

表 13-6 "图书总价"表单和各控件主要属性设置

对象名	属性名	属 性 值	对象名	属性名	属 性 值
Form1	Caption	图书总价查询	Label3	Caption	图书总价:
	AutoCenter	.T.		FontSize	12
	AlwaysOnTop	.T.		AutoSize	.T.
Label1	Caption	图书编号:	Combo1	FontSize	12
	FontSize	12		RowSourceType	6-字段
	AutoSize	.T.		RowSource	图书信息.图书编号
Label2	Caption	图书名称:	Text1	FontSize	12
			Text2	FontSize	12
	FontSize	12	Command1	Caption	查询
	AutoSize	.T.	Command2	Caption	退出

② 按如下内容编写"查询"按钮(Command1)的 Click 事件代码。

```
select 图书名称 from 图书信息 where 图书编号 = thisform.combo1.value;
into array v
select 数量 * 价格 as 图书总价 from 图书信息 ;
where 图书编号 = thisForm.combo1.value into array w
thisform.text1.value = v
thisform.text2.value = w
```

③ 按如下内容编写"退出"按钮(Command2)的 Click 事件代码。

```
thisform.release
```

④ 将表单以"图书总价.scx"为名保存在默认路径下。然后运行表单,在组合框中选定内容 2015003,单击"查询"按钮,运行效果如图 13-13 所示。

【实验 13-5】 列表框控件的使用

(1)创建一个图 13-14 所示的表单(列表框的使用.scx)。表单中有 2 个标签、2 个列表框和 4 个命令按钮,设置控件的相应属性。运行表单时,在第一个列表框中显示"读者信息"表中的字段,单击相应按钮则可完成两个列表框中项目的相互移动。

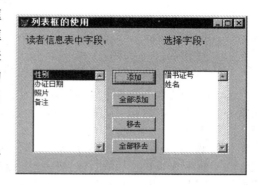

图 13-14 "列表框的使用"表单

具体实验步骤如下。

① 新建一个表单,在数据环境中添加"读者信息"表,如图 13-8 所示。

② 向表单中添加图 13-14 所示的控件,并设置相应属性,如表 13-7 所示。

表 13-7 "列表框的使用"表单和各控件主要属性设置

对象名	属性名	属性值	对象名	属性名	属性值
Form1	Caption	列表框的使用	List1	RowSourceType	8-结构
	AutoCenter	. T.		RowSource	读者信息
	AlwaysOnTop	. T.	Command1	Caption	添加
Label1	Caption	读者信息表中字段:	Command2	Caption	全部添加
	AutoSize	. T.	Command3	Caption	移去
Label2	Caption	选择字段:	Command4	Caption	全部移去
	AutoSize	. T.			

③ 按如下内容编写 4 个命令按钮的 Click 事件代码。

a."添加"按钮(Command1):

```
for i = 1 to thisform.list1.listCount
  if thisform.list1.selected(i)
    thisform.list2.additem(thisform.list1.list(i))
    thisform.list1.removeitem(i)
  endif
endfor
```

b."全部添加"按钮(Command2):

```
do while thisform.list1.listcount > 0
  thisform.list2.additem(thisform.list1.list(1))
  thisform.list1.removeitem(1)
enddo
```

c."移去"按钮(Command3):

```
if thisform.list2.listcount > 0
  thisform.list1.additem(thisform.list2.list(thisform.list2.listindex))
```

```
    thisform.list2.removeitem(thisform.list2.listindex)
  endif
```

d. "全部移去"按钮（Command4）：

```
do while thisform.list2.listcount > 0
  thisform.list1.additem(thisform.list2.list(1))
  thisform.list2.removeitem(1)
enddo
```

④ 将表单以"列表框的使用. scx"为名保存在默认路径下，并运行表单。运行效果如图 13-14 所示。

（2）设计一个名为"显示表"的表单，如图 13-15 所示。表单中有两个标签、一个选项按钮组、一个列表框和一个命令按钮。设置控件的相应属性值。运行表单时，根据选项按钮组所选的表，在列表框中显示相应表中的数据。单击"关闭"按钮则关闭表单。

具体实验步骤如下。

① 新建一个表单，向表单中添加图 13-15 所示的控件，并设置相应属性，如表 13-8 所示。

如图 13-15 "显示表"表单

表 13-8 "显示表"表单和各控件主要属性设置

对象名	属性名	属性值	对象名	属性名	属性值
Form1	Caption	显示表	OptionGroup1. Option1	AutoSize	. T.
	AutoCenter	. T.		Caption	读者信息
	AlwaysOnTop	. T.		FontSize	12
Label1	Caption	请选择表：	OptionGroup1. Option2	AutoSize	. T.
	AutoSize	. T.		Caption	借阅信息
	FontSize	12		FontSize	12
Label2	Caption	显示表的数据	OptionGroup1. Option3	AutoSize	. T.
	AutoSize	. T.		Caption	图书信息
	FontSize	12		FontSize	12
Command1	Caption	退出			

② 为表添加一个列表框，调整好相应位置。

③ 双击选项按钮组，在"过程"下拉列表框中选中 Click 事件，并设置 Click 事件的代码，设置内容如下。

```
do case
  case this.value = 1
      thisform.list1.rowsourcetype = 3
      thisform.list1.columncount = 7
      thisform.list1.rowsource = "select * from 读者信息 into cursor tt"
  case this.value = 2
      thisform.list1.rowsourcetype = 3
      thisform.list1.columncount = 5
```

```
        thisform.list1.rowsource = "select * from 借阅信息 into cursor tt"
case this.value = 3
        thisform.list1.rowsourcetype = 3
        thisform.list1.columncount = 8
        thisform.list1.rowsource = "select * from 图书信息 into cursor tt"
endcase
```

④ 保存表单并运行,运行结果如图 13-16 所示。

图 13-16 "显示表"表单运行结果

四、能力测试

1. 创建一个名为"图书信息查询.scx"的表单,该表单用于查询"图书信息"中的数据,表单的运行界面如图 13-17 所示。读者可按"图书编号"和"图书名称"两种方式进行图书信息查询。当选择"按图书编号查询"选项按钮时,查询提示信息显示"请输入图书编号:"。当读者输入图书编号后,单击"查询"按钮,在表单中会显示该编号的图书基本信息,如图 13-17 所示。当选择"按图书名称查询"选项按钮时,查询提示信息显示"请输入图书名称:"。读者输入图书名称之后,单击"查询"按钮,则在表单中显示该名称的图书基本信息,如图 13-18 所示。

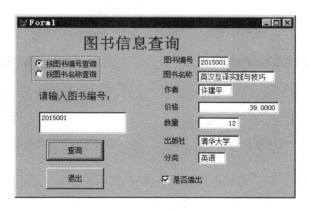

图 13-17 按图书编号查询

2. 根据"订单管理"数据库中的"订单"数据表,设计图 13-19 所示的表单,表单文件名为"公司订货统计.scx"。表单的标题为"公司订货统计"。表单中有两个标签、一个组合框、

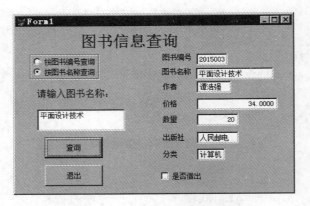

图 13-18　按图书名称查询

一个文本框和两个命令按钮。运行表单时,组合框中有"订单"表中的"客户号"(组合框中的客户号不重复)供选择。在组合框中选择"客户号"后,如果单击"查询"命令按钮,则文本框中显示出该公司的订货次数。单击"退出"按钮则关闭表单。

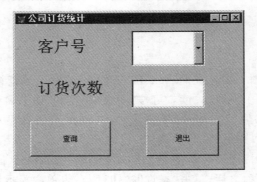

图 13-19　"公司订货统计"的表单

　　3. 创建图 13-20 所示的表单,在表单中设置一个选项按钮组。选项按钮组中有两个按钮,如图 13-20 所示。在选项组中增加一个单选按钮,如图 13-21 所示。

图 13-20　选项按钮组修改前

图 13-21　选项按钮组修改后

　　注意:不能改变原先的名称、位置及属性值。

　　4. 创建图 13-22 所示的表单,表单文件名为 one.scx。通过表单设计器中的"属性"窗口设置组合框的 RowSource 和 RowSourceType 属性,使组合框 Combo1 的显示条目为"上海"、"北京"(不要使用命令指定这两个属性),显示情况如图 13-22 所示。

　　5. 创建图 13-23 所示的表单,并完成下列操作。

　　(1) 设置表单表单文件名为"计算器.scx",保存表单。

图 13-22　one 表单

图 13-23　"计算器"表单

（2）设置表单内文本控件 Text2 的输入掩码，使其具有如下功能：仅允许输入数字、正负号和空格，宽度为 10（直接使用相关掩码字符设置）。保存表单。

（3）设置表单内文本控件 Text3 为只读控件。保存表单。

（4）为其增加一组图 13-23 所示的选项按钮组（Optiongroup1），4 个按钮依次为"＋"、"－"、"＊"、"/"，保存表单。对控件进行代码设置。任意输入操作数 1 和操作数 2，选择运算符后计算结果会在 text3 文本框中自动显示。

注意：所涉及的数字和字母均为半角字符。

实验十四　表单常用控件（三）

一、实验目的

（1）掌握利用表单设计器建立、修改、运行表单的方法。

（2）掌握表格控件的常用属性设置及常用事件和方法的使用。

（3）掌握页框控件的常用属性设置及常用事件和方法的使用。

（4）掌握计时器等控件的常用属性设置及常用事件和方法的使用。

二、实验预备知识

（一）表格控件

表格是将数据以表格形式表示出来的一种容器控件。表格提供了一个全屏幕输入、输出数据表记录的方式，它也是一个以行、列的方式显示数据的容器控件。一个表格控件包含一些列控件（在默认的情况下为文本框控件），每个列控件能容纳一个列标题和列控件。表格控件能在表单或页面中显示并操作行和列中的数据。表格、列、标头和控件都有自己的属性、事件和方法。

1. 常用的表格属性

（1）RecordSourceType：指明表格数据源的类型，默认值为"1-别名"。

① 0：表。数据来源于由 RecordSource 属性指定的表，该表能被自动打开。

② 1：别名（默认值）。数据来源于已打开的表，由 RecordSource 属性指定该表的别名。

③ 2：提示。运行时，由用户根据提示选择表格数据源。如果某个数据库已打开，那么用户可以选择其中一个表作为数据源。

④ 3：查询。数据来源于查询，由 RecordSource 属性指定一个查询文件（.qpr 文件）。

⑤ 4：SQL 语句。数据来源于 SQL 语句，由 RecordSource 属性指定一条 SQL 语句。

（2）RecordSource：指定与表格绑定的数据源。设计时可用，运行时只读。

（3）ColumnCount：指定表格中要显示的列的数目。默认值为 -1，表明自动创建足够的列，以容纳数据源中所有的字段。最大列数是 255。

（4）LinkMaster：用于指定表格控件中所显示的子表的父表名称。

（5）ChildOrader：指定子表的索引。

（6）RelationalExpr：确定基于主表字段的关联表达式。

（7）AllowAddNew：若为真，则运行时允许添加新记录，否则不能添加新记录。

（8）AllowRowSizing：为真，运行时用户可改变行高。

（9）AllowHeaderSizing：为真，运行时用户可改变列宽。

2. 常用的列属性

（1）ControlSource：指定要在列中显示的数据源，常见的是表中的一个字段。

（2）CurrentControl：指定列对象中的一个控件，该控件用来显示和接收列中活动单元格的数据。

（3）Sparse：用来确定 CurrentControl 属性是影响列中的所有单元格还是只影响活动单元格。

3. 常用的标头属性

（1）Caption：指定标头对象的标题文本，显示于列顶部。

（2）Alignment：指定标题文本在对象中显示的对齐方式。

（二）页框控件

页框控件是包含页面的容器对象。在表单中，一个页框可以有两个以上的页面，它们共同占有表单中的一块区域。在某一时刻只有一个活动页面，而只有活动页面中的控件才是可见的，可以用鼠标单击需要的页面来激活它。表单中的页框是一个容器控件，它可以容纳多个页面，在每个页面中又可以包含容器控件或其他控件。若想要编辑每一个页面，应该右击页框，在弹出的快捷菜单中选择"编辑"命令。页框控件的主要属性如下。

（1）PageCount：用于指明一个页框对象所包含的页对象的数量。最小值为 0，最大值为 99。

（2）Pages：Pages 属性是一个数组，用于存取页框中的某个页对象。

（3）Tabs：指定页框中是否显示页面标签栏。

（4）TabStretch：当页面标题（标签）文本太长时，可通过设置该属性进行多行显示。如果选项卡的标题太长，应设置为 0（堆积），其默认值为 1（裁剪）。

（5）ActivePage：返回页框中活动页的页号，或使页框中指定页成为活动页。

（三）计时器控件

计时器是 Visual FoxPro 提供的用于定时的特殊控件。它可以指定时间间隔，在后台控制系统时钟。当到达计时器预订时间间隔时，系统会自动触发其 Timer 事件，以便完成其中指定的操作。使用此控件可以周期性地执行某些重复的操作，最短可以每毫秒执行一次，最长大约可以每 596.5 小时执行一次。计时器控件在设计时显示为一个时钟图标，而在运行时则是不可见的。

计时器控件的属性和事件很少，常用的属性和事件有下面两个。

（1）Interval 属性：用于定义两次计时器事件触发的时间间隔（毫秒级）。范围为 0～2 147 483 647（596.5 小时）毫秒。

（2）Timer 事件：计时器每到达一次 Interval 属性所规定的时间间隔，就会触发一次该事件，运行其中的用户自定义代码。

三、实验内容

【实验 14-1】 表格控件的使用

（1）创建如图 14-1 所示的表单（男女读者信息查询.scx），要求该表单上有 3 个命令按钮和 1 个表格控件。运行表单时，单击"女生读者"按钮，表格控件将显示"读者信息"表中的全部女生信息；单击"男生读者"按钮，表格控件将显示"读者信息"表中的全部男生信息；单击"退出"按钮，则释放表单。

具体实验步骤如下。

① 新建一个表单，向表单中添加图 14-1 所示的控件，并设置控件的相应属性。控件的主要属性如表 14-1 所示。

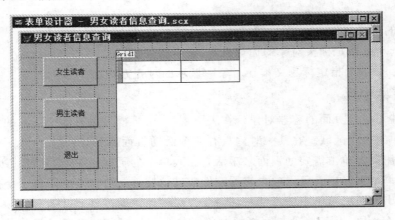

图 14-1 "男女读者信息查询"表单

表 14-1 "男女读者信息查询"表单和各控件主要属性设置

对象名	属性名	属性值	对象名	属性名	属性值
Form1	Caption	男女读者信息查询	Command2	Caption	男生读者
	AutoCenter	. T.		AutoSize	. T.
	AlwaysOnTop	. T.	Command3	Caption	退出
Command1	Caption	女生读者		AutoSize	. T.
	AutoSize	. T.			

② 将 3 个命令按钮同时选定，如图 14-2 所示。设置 3 个命令按钮的 Height 属性为 50，Width 属性为 90。单击"表单"工具栏上的布局按钮 ▦，设置对齐方式为左边对齐。

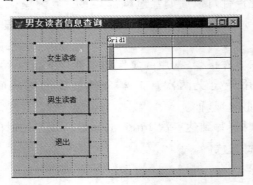

图 14-2 "男女读者信息查询"表单命令按钮选定

③ 双击"女生读者"命令按钮(Command1)，打开代码窗口，如图 14-3 所示。设置其 Click 事件代码如下：

```
thisform.grid1.recordsourcetype = 4
thisform.grid1.recordsource = "select * from 读者信息;
where 性别 = [女]  into cursor tt"
```

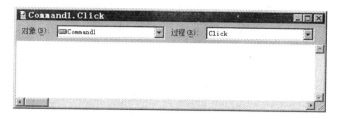

图 14-3　"女生读者"Click 事件代码

④ 双击"男生读者"命令按钮(Command2),设置其 Click 事件代码如下:

```
thisform.grid1.recordsourcetype = 4
thisform.grid1.recordsource = "select * from 读者信息;
where 性别 = [男]  into cursor tt"
```

⑤ 双击"退出"命令按钮(Command3),设置其 Click 事件代码如下:

```
thisform.release
```

⑥ 保存表单,表单文件名为"男女读者信息查询.scx",然后运行表单。表单的运行效果如图 14-4 所示。

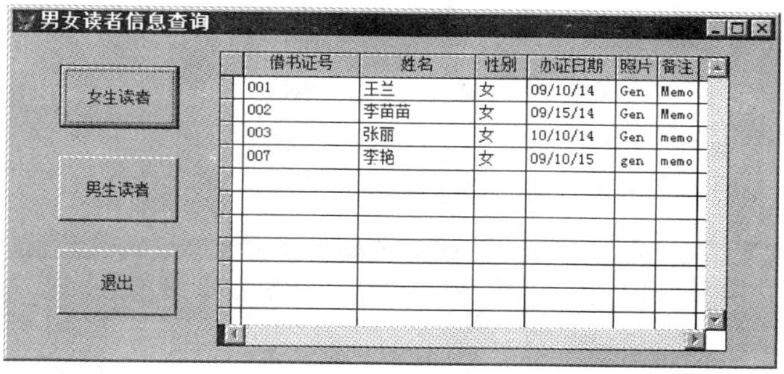

图 14-4　"男女读者信息查询"表单运行效果

(2) 创建一个图 14-5 所示的表单(按作者姓名查询图书.scx)。运行表单时,在组合框中选择一个作者姓名(注:组合框中的作者姓名不能重复),单击"查询"按钮,则在表格中显示该作者所著图书信息。

具体实验步骤如下。

① 新建一个表单,在数据环境设计器中添加"图书信息"表。

② 向表单中添加图 14-5 所示的控件,并设置相应属性,如表 14-2 所示。

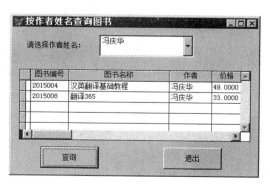

图 14-5　"按作者姓名查询图书"表单

表单常用控件(三)

表 14-2　"按作者姓名查询图书"表单和各控件主要属性设置

对　象　名	属　性　名	属　性　值
Form1	Caption	按作者姓名查询图书
	AutoCenter	. T.
	AlwaysOnTop	. T.
Label1	Caption	请选择作者姓名：
	AutoSize	. T.
Combo1	RowSourceType	3-SQL 语句
	RowSource	select distinct 作者 from；图书信息 into cursor nn
Grid1	RecordSourceType	4-SQL 说明
Command1	Caption	查询
Command2	Caption	退出

③ 双击"查询"命令按钮(Command1),设置其 Click 事件代码。代码内容如下：

```
thisform.grid1.recordsource = ;
"sele * from 图书信息 where 作者 = thisform.combo1.value into cursor w"
```

④ 双击"退出"命令按钮(Command2),设置其 Click 事件代码。代码内容如下：

```
thisform.release
```

⑤ 将表单以"按作者姓名查询图书.scx"为名保存在默认路径下,并运行表单。运行效果如图 14-5 所示。

(3) 根据"图书管理"数据库,建立一个图 14-6 所示的表单。表单文件名和表单名均为"图书管理综合浏览",表单的标题为"图书管理综合浏览"。表单中有一个表格控件,用于显示用户的信息;一个选项按钮组,含有 4 个按钮,即"图书信息"、"借阅信息"、"读者信息"和"综合"选项按钮;表单上还有两个命令按钮,标题分别为"浏览"和"退出"。

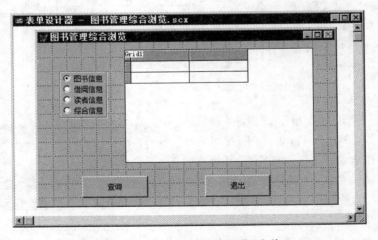

图 14-6　"图书管理综合浏览"表单

① 选择"图书信息"选项按钮并单击"浏览"按钮时,表格中显示"图书信息"表字段"图书编号"、"图书名称""作者"和"出版社",并按"出版社"降序排序。

② 选择"借阅信息"选项按钮并单击"浏览"按钮时，表格中显示"借阅信息"表的全部字段，并按"借书证号"升序排序。

③ 选择"读者信息"选项按钮并单击"浏览"按钮时，表格中显示"读者信息"表的"借书证号"、"姓名"和"性别"字段。

④ 选择"综合信息"选项按钮并单击"浏览"按钮时，表格中显示字段"姓名"、"图书名称"和"罚金"，并按"罚金"降序排序。

⑤ 单击"退出"按钮则退出表单。

具体实验步骤如下。

① 新建表单，向表单中添加图 14-6 所示的控件，并设置相应属性，如表 14-3 所示。

表 14-3 "图书管理综合浏览"表单和各控件主要属性设置

对 象 名	属 性 名	属 性 值
Form1	Caption	图书管理综合浏览
	AutoCenter	. T.
	AlwaysOnTop	. T.
OptionGroup1	ButtonCount	4
Grid1	RecordSourceType	4-SQL 说明
Command1	Caption	查询
Command2	Caption	退出

② 右击选项按钮组（OptionGroup1），在弹出的快捷菜单中选择"生成器"命令。在打开的选项组生成器中做图 14-7 所示的修改。将第 1 个选项按钮的标题更改为"图书信息"，第 2 个选项按钮的标题更改为"借阅信息"，第 3 个选项按钮的标题更改为"读者信息"，第 4 个选项按钮的标题更改为"综合信息"。

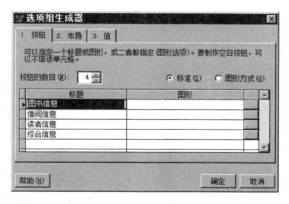

图 14-7 选项组生成器

③ 双击"查询"命令按钮（Command1），打开代码编辑窗口，设置其 Click 事件代码。代码内容如下：

```
do case
    case thisform.optiongroup1.value = 1
    thisform.grid1.recordsource = "select 图书编号,图书名称,作者,出版社;
    from 图书信息 order by 出版社 descending into cursor tt"
```

```
case thisform.optiongroup1.value = 2
thisform.grid1.recordsource = "select * from 借阅信息;
order by 借书证号 into cursor tt"
case thisform.optiongroup1.value = 3
thisform.grid1.recordsource = "select 借书证号,姓名,性别;
from 读者信息 into cursor tt"
case thisform.optiongroup1.value = 4
thisform.grid1.recordsource = "select 姓名,图书名称,罚金;
from 图书信息,借阅信息,读者信息 where 图书信息.图书编号 =;
借阅信息.图书编号 and 借阅信息.借书证号 = 读者信息.借书证号;
order by 罚金 descending into cursor tt"
endcase
```

④ 双击"退出"命令按钮(Command2),设置其 Click 事件代码。代码内容如下:

```
thisform.release
```

⑤ 将表单以"图书管理综合浏览.scx"为名保存在默认路径下,并运行表单。运行效果如图 14-8 所示。

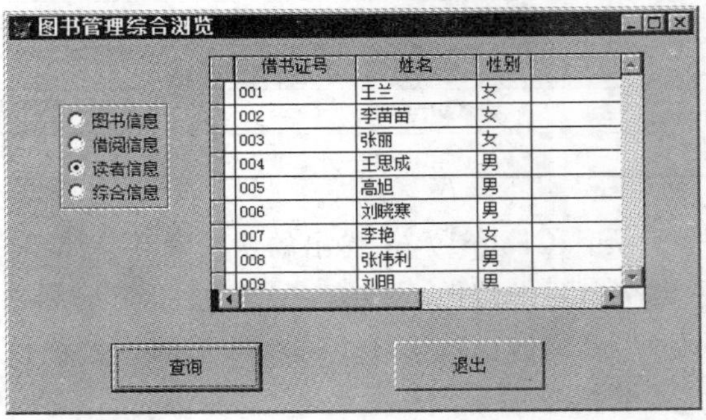

图 14-8 "图书管理综合浏览"运行效果

【实验 14-2】 页框控件的使用

(1) 创建一个表单(读者借阅信息查询.scx)。表单中包含一个页框控件和一个命令按钮(退出)。页框控件由两个页面组成,标题分别为"读者信息"和"借阅信息"。"读者信息"页面运行结果如图 14-9 所示,"借阅信息"运行结果图 14-10 所示。在每个页面上分别显示对应数据表的相关内容。"退出"按钮用于关闭表单。

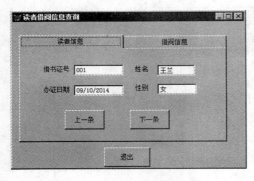

图 14-9 "读者信息"页面

图 14-10 "借阅信息"页面

具体实验步骤如下。

① 创建一个表单,打开数据环境设计器,添加"读者信息"表和"借阅信息"表,如图14-11所示。

② 向表单中添加一个页框控件和一个命令按钮控件,设置表单和相关控件的属性,如表14-4所示。

③ 在页框控件上右击,在弹出的快捷菜单中选择"编辑"命令,则页框控件处于编辑状态。选择Page1页面,将其Caption属性设置为"读者信息",并将数据环境设计器中的"读者信息"表的"借书证号"、"姓名"、"办证日期"和"性别"字段拖曳到Page1页面的适当位置上,然后在"读者信息"页面中添加两个命令按钮,分别设置标题分别

图 14-11 "读者借阅信息"表单数据
环境设计器

为"上一条"和"下一条",如图14-12所示。选择Page2页面,将其Caption属性设置为"借阅信息",并将数据环境设计器中的"借阅信息"表拖曳到"借阅信息"页面上,如图14-13所示。

表 14-4 "读者借阅信息查询"表单和各控件主要属性设置

对 象 名	属 性 名	属 性 值
Form1	Caption	读者借阅信息查询
	AutoCenter	. T.
	AlwaysOnTop	. T.
PageFrame1	PageCount	2
Command1	Caption	退出

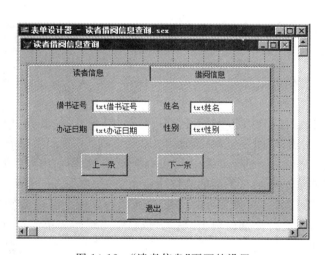

图 14-12 "读者信息"页面的设置

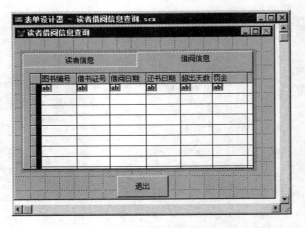

图 14-13　"借阅信息"页面的设置

④ 选择"读者信息"页面，分别编写"上一条"和"下一条"按钮的 Click 事件代码。

a. "上一条"按钮的 Click 事件代码：

```
skip - 1
if bof()
  go bottom
endif
thisform. refresh
```

b. "下一条"按钮的 Chick 事件代码：

```
skip
if eof()
  go top
endif
thisform. refresh
```

⑤ 最后编写"退出"按钮的 Click 事件代码。代码内容如下：

```
thisform. release
```

⑥ 将表单以"读者借阅信息查询.scx"为名保存在默认路径下，并运行表单，运行效果如图 14-9 和图 14-10 所示。

（2）创建一个名为"图书管理系统信息查询.scx"的表单，要求表单上有一个页框，页框中包含两个页面，分别用作"图书查询"页面和"读者查询"页面。运行表单时，选择"图书查询"页面标签，则显示图 14-14 所示的界面。可以分别按照"图书编号"和"图书名称"对图书信息进行查询。查询结果显示在下面的表格中。单击"清空"按钮可清空两个文本框中的信息。选择"读者查询"页面标签，则显示图 14-15 所示的界面。可以分别按照"借书证号"和"读者姓名"对读者信息进行查询。单击"退出"按钮则可退出表单的运行。

具体实验步骤如下。

① 创建图 14-14 所示的表单，为表单添加一个标签控件、一个页框控件和一个命令按钮控件。设置表单和相关控件的属性，如表 14-5 所示。

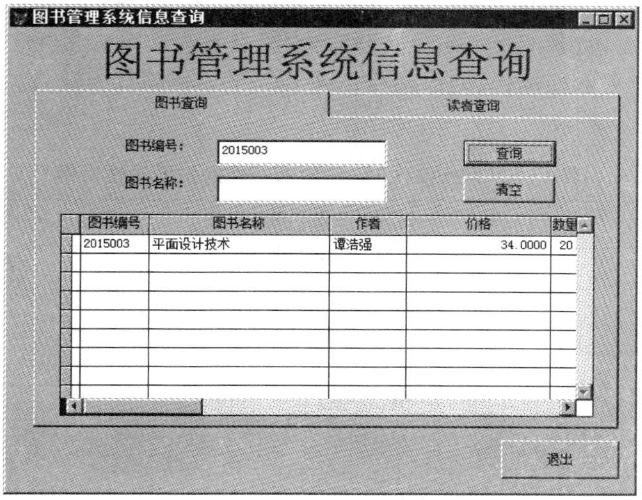

图 14-14 "图书查询"页面

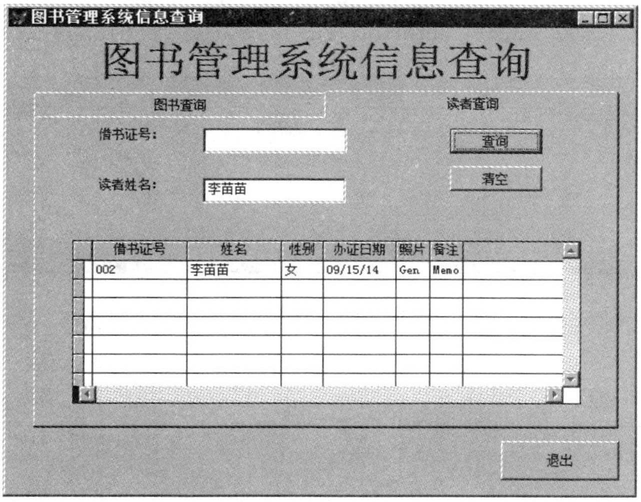

图 14-15 "读者查询"页面

表 14-5 "图书管理系统信息查询"表单和各控件主要属性设置

对 象 名	属 性 名	属 性 值
Form1	Caption	图书管理系统信息查询
	AutoCenter	.T.
	AlwaysOnTop	.T.
Label1	Caption	图书管理系统信息查询
	FontSize	30
	AutoSize	.T.
PageFrame1	PageCount	2
Command1	Caption	退出

② 在页框控件上右击,在弹出的快捷菜单中选择"编辑"命令,则页框控件处于编辑状态。选择 Page1 页面,将其 Caption 属性设置为"图书查询",然后在"图书查询"页面中添加两个标签控件、两个文本框控件、两个命令按钮和一个表格控件。页框控件 Page1 中各控件的主要属性如表 14-6 所示。

表 14-6　页框控件 Page1 中各控件的主要属性设置

对 象 名	属 性 名	属 性 值
Page1	Caption	图书查询
Label1	Caption	图书编号:
	AutoSize	. T.
Label2	Caption	图书名称:
	AutoSize	. T.
Command1	Caption	查询
Command2	Caption	清空
Grid1	RecordSourceType	4

③ 页框控件处于编辑状态时,双击 Page1 中的"查询"按钮(Command1),在代码窗口(见图 14-16)中编辑"查询"按钮(Command1)的 Click 事件代码。

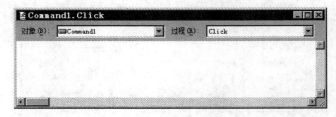

图 14-16　代码窗口

代码内容如下:

```
x = alltrim(thisform.pageframe1.page1.text1.value)
y = alltrim(thisform.pageframe1.page1.text2.value)
if len(x)!= 0
  thisform.pageframe1.page1.grid1.recordsource = "select * from 图书信息;
  where 图书编号 = x into cursor tt"
  thisform.refresh
else
  thisform.pageframe1.page1.grid1.recordsource = "select * from 图书信息;
  where 图书名称 = y into cursor tt"
  thisform.refresh
endif
```

④ 页框控件处于编辑状态时,双击 Page1 中的"清空"按钮(Command2),在代码窗口中编辑"清空"按钮(Command2)的 Click 事件代码。代码内容如下:

```
thisform.pageframe1.page1.text1.value = ""
thisform.pageframe1.page1.text2.value = ""
```

⑤ 选择 Page2 页面,将其 Caption 属性设置为"读者查询",然后在"读者查询"页面中添

加两个标签控件、两个文本框控件、两个命令按钮和一个表格控件。页框控件 Page2 中各控件的主要属性如表 14-7 所示。

表 14-7　页框控件 **Page2** 中各控件的主要属性设置

对　象　名	属　性　名	属　性　值
Page2	Caption	读者查询
Label1	Caption	借书证号：
	AutoSize	. T.
Label2	Caption	读者姓名：
	AutoSize	. T.
Command1	Caption	查询
Command2	Caption	清空
Grid1	RecordSourceType	4

⑥ 页框控件处于编辑状态时，双击 Page2 中的"查询"按钮（Command1），在代码窗口中编辑"查询"按钮（Command1）的 Click 事件代码。代码内容如下：

```
x = alltrim(thisform.pageframe1.page2.text1.value)
y = alltrim(thisform.pageframe1.page2.text2.value)
if len(x)!= 0
    thisform.pageframe1.page2.grid1.recordsource = "select * from 读者信息;
    where 借书证号 = x into cursor tt"
    thisform.refresh
else
    thisform.pageframe1.page2.grid1.recordsource = "select * from 读者信息;
    where 姓名 = y into cursor tt"
    thisform.refresh
endif
```

⑦ 页框控件处于编辑状态时，双击 Page1 中的"清空"按钮（Command2），在代码窗口中编辑"清空"按钮（Command2）的 Click 事件代码。代码内容如下：

```
thisform.pageframe1.page2.text1.value = ""
thisform.pageframe1.page2.text2.value = ""
```

⑧ 双击 Form1 中的"退出"按钮（Command1），在代码窗口中编辑"退出"按钮（Command1）的 Click 事件代码。代码内容如下：

```
thisform.release
```

⑨ 将表单以"图书管理系统信息查询.scx"为名保存在默认路径下，并运行表单，运行效果如图 14-14 和图 14-15 所示。

【实验 14-3】　计时器控件的使用

设计一个图 14-17 所示的表单（动态标签.scx）。要求运行表单时，单击"移动"按钮，"图书管理系统"标签在表单中水平向右循环移动；单击"停止"按钮，标签停止移动。

具体实验步骤如下。

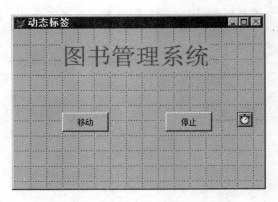

图 14-17 "动态标签"表单的设计界面

(1) 创建一个表单,向表单中添加图 14-17 所示的控件,设置表单和相关控件的属性,如表 14-8 所示。

表 14-8 "动态标签"表单和各控件主要属性设置

对象名	属性名	属性值	对象名	属性名	属性值
Form1	Caption	动态标签	Command1	Caption	移动
	AutoCenter	. T.	Command2	Caption	停止
	AlwaysOnTop	. T.	Timer1	Enabled	. F.
Label1	Caption	图书管理系统		Interval	1000
	AutoSize	. T.			
	FontSize	28			
	ForeColor	255,0,0			

(2) 双击计时器控件,打开计时器控件的 Timer 事件代码窗口,如图 14-18 所示,编写该控件的 Timer 事件代码。

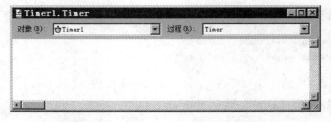

图 14-18 时钟控件的 Timer 事件代码窗口

代码内容如下:

```
if thisform.label1.left >= thisform.width
    thisform.label1.left = - thisform.label1.width
else
    thisform.label1.left = thisform.label1.left + 10
endif
```

（3）编写两个命令按钮的 Click 事件代码。

① "移动"按钮（Command1）的 Chick 事件代码：

```
thisform.timer1.enabled = .T.
```

② "停止"按钮（Command2）的 Chick 事件代码：

```
thisform.timer1.enabled = .F.
```

（4）将表单以"动态标签.scx"为名保存在默认路径下，并运行表单，运行效果如图 14-19 所示。

图 14-19　"动态标签"运行结果

四、能力测试

1. 根据图书管理系统中的"图书信息"表、"读者信息"表和"借阅信息"表，设计一个图 14-20 所示的表单 Myform1（表单文件名为 Myform1.scx），用于对"图书管理"数据库中的数据进行查询。表单的标题为"读者图书借阅查询"。表单左侧标签控件标题为"输入姓名（名称为 Label1 的标签）"，然后是用于输入读者的姓名的文本框（名称为 Text1）、"查询"（名称为 Command1）和"退出"（名称为 Command2）两个命令按钮以及一个表格控件（名称为 Grid1）。表单运行时，首先在文本框中输入读者姓名，然后单击"查询"按钮。如果输入姓名正确，则在表单右侧以表格形式显示该学生所借图书的"图书名称"和"出版社"信息，否则提示"该读者不存在，请重新输入姓名"。单击"退出"按钮，关闭表单。表单运行结果如图 14-21 和 14-22 所示。

图 14-20　Myform1 表单

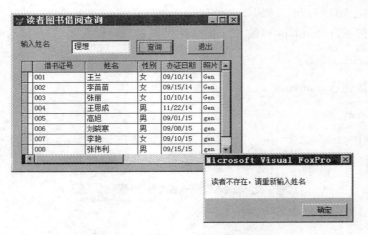

图 14-21　Myform1 表单运行效果 1

2. 建立一个文件名和表单名均为 Myform2 的表单，要求其中包含一个标签 Label1（标题显示为："日　期"）、一个文本框 Text1 以及两个命令按钮 Command1（"查询"）和 Commad2（"退出"）。表单如图 14-23 所示。请完成如下综合应用（所有控件的属性必须在表单设计器的属性窗口中设置）。

图 14-22　Myform1 表单运行效果 2

图 14-23　Myform2 表单

（1）将表单的标题改为"综合应用"。

（2）将文本框的初始值设置为表达式 date()。

（3）编写"查询"命令按钮的 Click 事件代码，实现功能为：根据文本框 Text1 中输入的日期，查询各客户在指定日期后（大于等于指定日期）签订的商品金额。查询结果的字段包括"客户名"（取自"客户"表）和"金额"（取自"订单"表）两项。查询结果的各记录按金额升序排序。查询结果存储在表 dbfa 中。

（4）编写"退出"令按钮的 Click 事件代码，实现功能为：关闭并释放表单。

最后运行表单，在文本框中输入 2000/01/01，并单击"查询"命令按钮。

3. 根据订单管理系统建立一个表单，表单文件名为 Myform3.scx，如图 14-24 所示。所有控件的属性必须在表单设计器的"属性"窗口中设置。

（1）表单标题为"订单管理"。

（2）表单中含有一个页框控件（PageFrame1）和一个"退出"命令按钮（Command1）。

图 14-24　Myform3 表单的运行效果

　　(3) 页框控件(PageFrame1)中含有 3 个页面,每个页面都通过一个表格控件显示相关信息。

　　① 第 1 个页面 Page1 上的标题为"客户信息",上面的表格控件名为 grd_kh,记录源的类型(RecordSourceType)为"表",显示"客户"表中的内容。

　　② 第 2 个页面 Page2 上的标题为"订单信息",上面的表格控件名为 grd_dd,记录源的类型(RecordSourceType)为"表",显示"订单"表中的内容。

　　③ 第 3 个页面 Page3 上的标题为"职员信息",上面的表格控件名为 Grid1,记录源的类型(RecordSourceType)为"表",显示"职员"表中的内容。

　　(4) 单击"退出"命令按钮(Command1)关闭表单。

　　注意: 完成表单设计后要运行表单的所有功能。

表单常用控件(三)

实验十五　　报表和标签的设计

一、实验目的

(1) 掌握使用报表向导设计报表的方法。

(2) 掌握报表设计器的使用方法。

(3) 掌握使用快速报表设计报表的方法。

(4) 掌握设计标签的方法。

二、实验预备知识

(一) 报表概述

1. 报表布局的类型

创建报表之前,首先应确定报表的基本布局。表 15-1 给出了报表的常规布局说明。

表 15-1　报表的常规布局说明

常规布局	说　　明	示　　例
列报表	每行一记录,每列一字段	分组/总计报表、财政报表、存货清单、销售总结
行报表	每行一个字段,在一侧竖放	列表
一对多报表	一对多关系	发票、会计报表
多栏报表	页面多栏,记录分栏依次排放	电话号码簿、名片

2. 报表设计的步骤

(1) 决定要创建的报表类型。

(2) 选择报表的数据来源。

(3) 创建和定制报表布局。

(4) 预览和打印报表。

3. 创建报表文件

报表文件用于存储报表的详细说明,记录了报表中的数据源以及各元素在页面上的位置等信息。报表文件的扩展名是 frx,同时会生成一个扩展名为 frt 的相关文件。

Visual FoxPro 提供了以下 3 种方法来创建报表。

(1) 用报表向导创建简单的单表或两表报表。

(2) 用快速报表从单表中创建一个简单报表。

(3) 用报表设计器修改已有的报表或创建新报表。

（二）报表向导

1. 用报表向导创建单一报表

启动报表向导，然后按照以下步骤进行操作。

（1）选取字段。

（2）对记录进行分组。

（3）选择报表样式。

（4）定义报表布局。

（5）排序记录。

（6）定义报表标题并完成报表向导的操作。

2. 用报表向导创建一对多报表

（1）确定父表，并从中选定希望建立报表的字段。

（2）确定子表，并从中选取字段。

（3）在父表与子表之间确立关系。

（4）确定父表的排序方式。

（5）选择报表样式。

（6）定义报表标题。用户可以单击"预览"按钮来查看报表输出效果。

（三）快速报表

在"文件"菜单中选择"新建"命令，在弹出的"新建"对话框中选择"报表"单选按钮，单击"新建文件"按钮，打开"报表设计器"窗口，在"报表"菜单中选择"快速报表"命令。

（四）用报表设计器建立报表

1. 菜单方式

选择"文件"菜单中的"新建"命令，在弹出的"新建"对话框中选择"报表"单选按钮，然后单击"新建文件"按钮。

2. 命令方式

CREATE REPORT <报表文件名>

（五）报表带区

一个完整的报表设计器分为 9 个带。表 15-2 列出了各个带区的主要作用。

表 15-2　报表设计器中的带区说明

带　　区	打　　印	典　型　内　容
页标头	每个报表一次	包括报表标题、栏标题和当前日期
细节	每个报表一次	包含来自表中的一行或多行记录
页注脚	每个报表一次	包含出现在页面底部的一些信息，如页码、节等
列标头	每列一次	列标题
列注脚	每列一次	总结、总计
组标头	每组一次	数据前面的文本
组注脚	每组一次	组数据的计算结果值
标题	每报表一次	标题、日期或页码、公司、徽标、标题周围的框
总结	每个报表一次	总结文本

1．添加带区

（1）设置"标题/总结"带区。

从"报表"菜单中选择"标题/总结"命令，系统将显示"标题/总结"对话框。

（2）设置"列标头/列注脚"带区。

设置"列标头"和"列注脚"带区是为了创建多栏报表。从"文件"菜单中选择"页面设置"命令，系统将显示"页面设置"对话框。把"列数"的值调整为大于 1，报表将添加一个"列标头"带区和"列注脚"带区。

（3）设置"组标头/组注脚"带区。

从"报表"菜单中选择"数据分组"命令，或单击"报表设计器"工具栏中的"数据分组"按钮，系统将显示出"数据分组"对话框。

2．调整带区

（1）选中需要调整高度的带区标识栏，上下拖动该带区，直至到达需要的高度。

（2）双击带区的标识栏，在出现的对话框中直接输入高度值。

（六）报表工具栏

1．"报表设计器"工具栏

工具栏上各按钮的含义如表 15-3 所示。

表 15-3　报表设计器按钮含义

按　　钮	含　　义
数据分组	打开"数据分组"对话框
数据环境	打开"数据环境设计器"窗口
报表控件工具栏	打开"报表控件"工具栏
调色板工具栏	打开"调色板"工具栏
布局工具栏	打开"布局"工具栏

2．"报表控"件工具栏

工具栏的按钮功能如表 15-4 所示。

表 15-4　"报表控件"工具栏按钮

按　　钮	命　　令	按　　钮	命　　令
↖	选定对象	▢	矩形
A	标签	▢	圆角矩形
abl	域控件	OLE	图片或者 ActiveX 绑定控件
┼	线条	🔒	按钮锁定

（七）报表的数据环境

打开"报表设计器"窗口，选择"显示"菜单中的"数据环境"命令，或者单击"报表设计器"工具栏上的"数据环境"按钮，也可以右击报表设计器窗口，从快捷菜单中选择"数据环境"命令。

（八）数据分组

1. 设置报表的记录顺序

（1）打开数据环境,右击设置索引的表,在弹出的快捷菜单中选择"属性"命令,打开"属性"窗口。

（2）在"属性"窗口中选择 Order 属性,从索引列表中选择一个索引。

2. 建立一级数据分组

（1）从"报表"菜单中选择"数据分组"命令。

（2）在"分组表达式"列表框中创建表达式,也可以通过单击旁边的"▨"按钮,并在弹出的表达式生成器中创建分组表达式。

（3）在"组属性"选项组中,选定需要设置的属性。然后单击"确定"按钮。

3. 建立多级数据分组

（1）从"报表"菜单中选择"数据分组"命令。

（2）在"分组表达式"列表框中创建多个表达式,也可以通过单击右侧的"插入"按钮,并用表达式生成器创建分组表达式。

（3）在"组属性"选项组中,选定需要设置的属性。然后单击"确定"按钮。

4. 更改组带区及分组顺序

从"报表"菜单中选择"数据分组"命令,选择"分组表达式"列表中的表达式。用鼠标左键按住分组表达式左边的按钮,并上下拖动,可以将该分组表达式移动到新的位置上。

（九）设计多栏报表

选择"文件"菜单中的"页面设置"命令,弹出"页面设置"对话框。在"列"选项组中,使用"列数"文本框来指定页面上要打印的列数。

（十）报表输出

1. 预览结果

从"显示"菜单中选择"预览"命令,也可以单击"常用"工具栏中的"打印预览"按钮,或者执行命令"REPORT FORM <报表文件名> PRIVIEW"都可以预览结果。

2. 打印报表

从"文件"菜单中选择"打印"命令,以打印报表。

（十一）创建标签

1. 标签向导

如果要使用标签向导,可以从"工具"菜单的"向导"子菜单中选择"标签"命令进入标签向导,或选择"文件"菜单中的"新建"命令,在打开的"新建"对话框中,选择"标签"单选按钮,然后单击"向导"按钮,即可打开标签向导。

2. 标签设计器

标签设计器的使用方法和前面所讲的报表设计器的使用方法相同,这里不再赘述。

三、实验内容

【实验 15-1】 使用报表向导创建报表

1. 使用报表向导建立报表

使用报表向导建立一个名为 report1 的报表,要求如下。

报表和标签的设计

① 要求选择"图书信息"表中的"图书编号"、"图书名称"、"作者"、"价格"、"数量"、"出版社"字段。报表样式为"简报式",报表标题为"图书信息表"。

② 按"出版社"字段分组。

③ 求所有记录及分组记录数量的最大值、最小值和平均值。

④ 报表布局:列报表,列数为 1,方向为"纵向"。

⑤ 排序字段为:作者(升序排序)。

具体实验步骤如下。

(1) 选择"文件"菜单中的"新建"命令,在"文件类型"选项组选择"报表"单选按钮,单击"向导"按钮,在弹出的"向导选取"对话框中选择"报表向导",然后单击"确定"按钮。

(2) 字段选取。在"数据库和表"列表框中选择需要创建报表的表或者视图,然后选取相应字段,如图 15-1 所示。

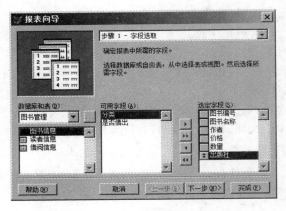

图 15-1 字段选取

(3) 单击"下一步"按钮,对记录进行分组。本例中,按"出版社"字段进行分组,如图 15-2 所示。

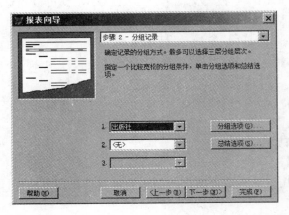

图 15-2 分组选取

单击"总结选项"可以进入"总结选项"对话框,如图 15-3 所示。可以对其中某一字段取相应的特定值,如平均值、进行总计,并将结果添加到输出报表中去。本例中将求数量的最大值、最小值和平均值。

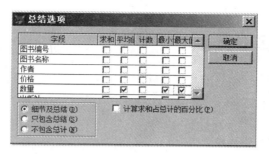

图 15-3 "总结选项"对话框

(4) 单击"下一步"按钮,选择报表样式。共有 5 种标准的报表风格供用户选择。单击任何一种模式时,向导都会在左上角的放大镜中更新成该样式的示例图片。本例报表样式为"简报式",如图 15-4 所示。

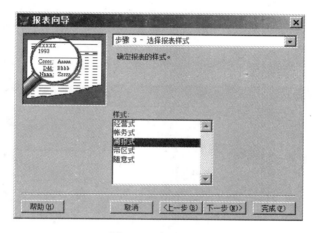

图 15-4 报表样式

(5) 单击"下一步"按钮,定义报表布局,如图 15-5 所示。

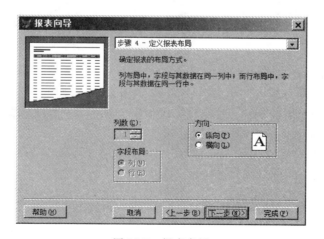

图 15-5 报表布局

实
验
十
五

报表和标签的设计

（6）单击"下一步"按钮，从"可用字段或索引标志"列表中选择用来排序的字段，并确定升、降序规则。本例中按"作者"升序排序，如图 15-6 所示。

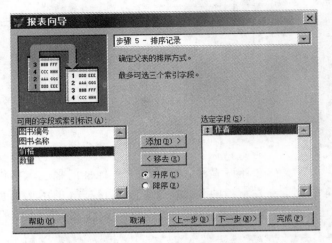

图 15-6　排序记录

（7）单击"下一步"按钮，定义报表标题，并完成报表向导的操作内容，如图 15-7 所示。

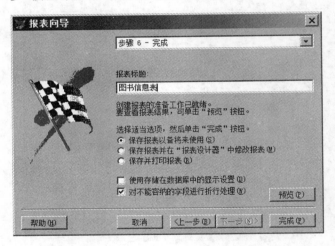

图 15-7　完成

2. 使用一对多报表向导建立报表

使用一对多报表向导建立一个名为 report2 的报表，要求如下。

① 选择父表"读者信息"中的"借书证号"和"姓名"，子表"借阅信息"中的"图书编号"、"借阅日期"，报表样式为"经营式"。

② 报表布局：方向为"纵向"。

③ 排序字段为：借书证号(升序排序)。

④ 报表标题为：读者借阅信息。

具体实验步骤如下。

（1）选择"文件"菜单中的"新建"命令，在"文件类型"选项组中选择"报表"单选按钮，单击"向导"按钮,在弹出的"向导选取"对话框中选择"一对多报表向导",然后单击"确定"按钮。

（2）确定父表,并从中选定希望建立报表的字段,如图15-8所示。这些字段将组成"一对多报表"关系中最主要的一方,并将显示在报表的上半部。

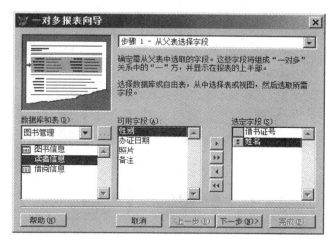

图15-8 从父表中选定字段

（3）确定子表,并从中选取字段,如图15-9所示。子表的记录将显示在报表的下半部分。

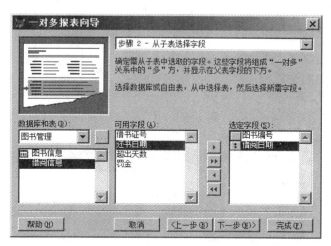

图15-9 从子表中选定字段

（4）在父表与子表之间确立关系,从中确定两个表之间的相关字段,如图15-10所示。

（5）确定父表的排序方式,从"可用字段或索引标识"列表框中选择用于排序的字段并确定升、降序规则。本例中,按"借书证号"升序排序,如图15-11所示。

（6）选择报表样式,如图15-12所示。

（7）定义报表标题并完成"一对多报表"向导操作内容。用户可以单击"预览"按钮以查看报表输出效果,并随时可以按"上一步"按钮更改设置,如图15-13所示。

实验十五

报表和标签的设计

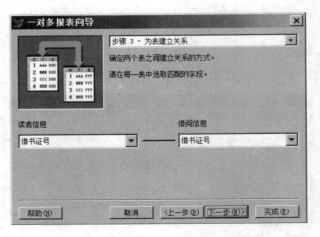

图 15-10　建立父表与子表之间的关系

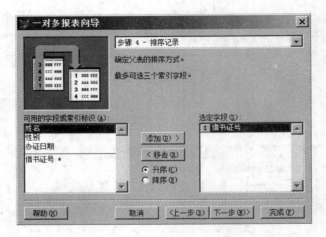

图 15-11　排序记录

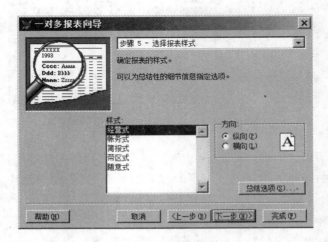

图 15-12　选择报表样式

图 15-13 完成

【实验 15-2】 创建快速报表

为"图书信息"表创建一个快速报表"图书信息报表.frx"。

具体实验步骤如下。

（1）从"文件"菜单中选择"新建"命令。

（2）在弹出的"新建"对话框中选择"报表"单选按钮，然后单击"新建文件"按钮，打开"报表设计器"窗口。

（3）从"报表"菜单中选择"快速报表"命令。如果没有打开的数据源（表），系统将弹出"打开"对话框，需要从中选定要使用的表。本例中，选定"图书信息"表，然后单击"确定"按钮，出现图 15-14 所示的"快速报表"对话框。在对话框中可以为报表选择所需要的字段，字段布局以及标题和别名选项。对话框的上方有两个大按钮，左边的按钮实现的是按列布局，右面的按钮实现的是按行布局。

图 15-14 "快速报表"对话框

（4）选择按列布局方式。单击"确定"按钮，用户在"快速报表"中选中的选项会反映在"报表设计器"的报表布局中，如图 15-15 所示。

（5）右击，从弹出的快捷菜单中选择"预览"命令，在预览窗口中可以看到快速报表的显示结果，如图 15-16 所示。

（6）选择"文件"菜单中的"保存"命令，保存报表，将其文件名设置为"图书信息报表.frx"。

报表和标签的设计

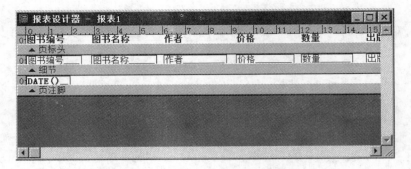

图 15-15　快速报表设计的报表

图书编号	图书名称	作者	价格	数量	出版社	分类	是
2015001	英汉互译实践与技巧	许建平	39.0000	12	清华大学	英语	Y
2015002	中国传统文化	张建	33.0000	5	高等教育	人文	N
2015003	平面设计技术	谭浩强	34.0000	20	人民邮电	计算机	N
2015004	汉英翻译基础教程	冯庆华	49.0000	10	高等教育	英语	Y
2015005	中国旅游文化	刘秀峰	26.0000	6	人民邮电	人文	Y
2015006	考研英语	刘香玲	29.0000	20	水利水电	英语	Y
2015007	C语言程序设计	谭浩强	30.0000	30	清华大学	计算机	N
2015008	翻译365	冯庆华	33.0000	9	人民教育	英语	Y
2015009	一级MS Office教程	谭浩强	24.0000	5	清华大学	计算机	Y
2015010	大学计算机基础	孙艳	28.0000	20	中国铁道	计算机	N

图 15-16　预览报表

【实验 15-3】　使用报表设计器创建报表

以"图书信息"表为数据源,使用报表设计器设计报表,报表预览效果如图 15-17 所示。

								08/05/15
出版社	图书编号	图书名称	作者	价格	数量	分类	是否借出	
高等教育								
	2015002	中国传统文化	张建		33.0000	5	人文	.F.
	2015004	汉英翻译基础教程	冯庆华		49.0000	10	英语	.T.
平均价格		41.0000						
清华大学								
	2015001	英汉互译实践与技巧	许建平		39.0000	12	英语	.T.
	2015007	C语言程序设计	谭浩强		30.0000	30	计算机	.F.
	2015009	一级MS Office教程	谭浩强		24.0000	5	计算机	.T.
平均价格		31.0000						
人民教育								
	2015008	翻译365	冯庆华		33.0000	9	英语	.F.
平均价格		33.0000						

图 15-17　预览效果

具体实验步骤如下。

（1）从"文件"菜单中选择"新建"命令，在"文件类型"选项组中选择"报表"单选按钮，然后单击"新建文件"按钮。

（2）设置数据环境。在"报表设计器"中右击，选择"数据环境设计器"命令，再在数据环境设计器里右击，在弹出的快捷菜单中选择"添加"命令，弹出"添加表或视图"对话框，如图 15-18 所示。选中"图书信息"表，双击，将其添加到数据环境中。然后单击"关闭"按钮，返回到数据环境设计器中。

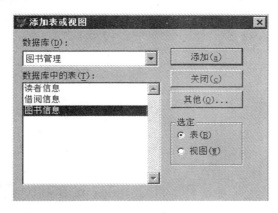

图 15-18　"添加表或视图"对话框

（3）在报表设计器的数据环境设计器中，右击已添加的表，从弹出的快捷菜单中选择"属性"命令，在打开的"属性"窗口中，选定 Order 属性，将其设置为索引标识"出版社"，如图 15-19 所示。若无法设置，需为"图书信息"表按"出版社"建立索引。

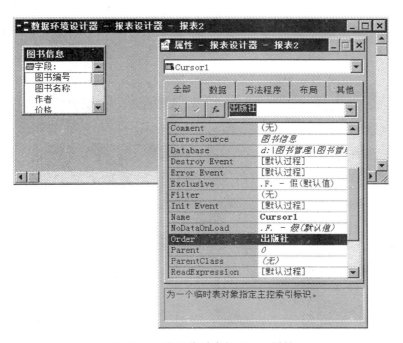

图 15-19　设置临时表的 Order 属性

223

实
验
十
五

报表和标签的设计

224

（4）显示标题带区和分组带区。执行"报表"菜单中的"标题/总结"命令，弹出"标题/总结"对话框，选择"标题带区"复选框后单击"确定"按钮，报表设计器中会显示"标题"带区。

（5）执行"报表"菜单中的"数据分组"命令，弹出"数据分组"对话框。在"分组表达式"文本框中输入"图书信息.出版社"也可通过单击"表达式生成器"生成此字段，如图 15-20 所示。单击"确定"按钮，报表设计器中会弹出"出版社"的组标头和组注脚。

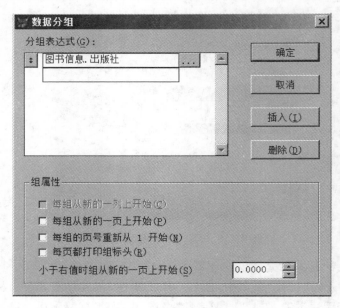

图 15-20　数据分组

（6）设置显示的字段。选中"组标头 1：出版社"，拖动鼠标，调整组标头带区的大小。打开报表数据环境，选择"图书信息"表，将表中的"出版社"字段拖动到报表设计器的"组标头"带区，如图 15-21 所示。

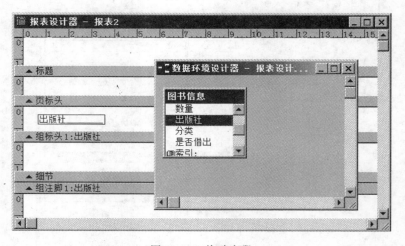

图 15-21　拖动字段

采取同样的方法,将"图书信息"表的其他字段拖动到细节带中去,如图 15-22 所示。

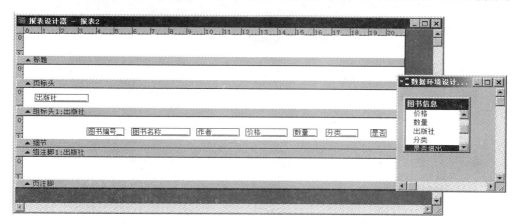

图 15-22　设置细节带区显示的字段

（7）为报表中的字段名添加标签。与表单不同,从数据环境中拖动到报表中的字段不能自动添加标签,所以要手工为这些字段添加标签,以说明这些字段的含义。将相应报表字段的说明标签加入页标头中,使用报表控件中的"线条"工具,在"组标头"和"细节"之间画一条水平线,如图 15-23 所示。

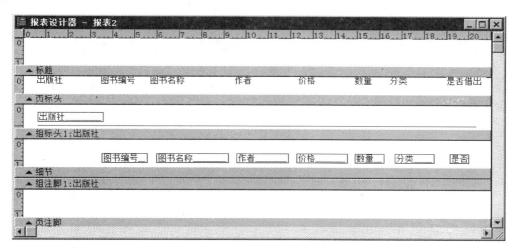

图 15-23　为报表中的字段名加上标签和水平线

（8）分组小计。要计算平均价格,可在组注脚中加入一个域控件,并在弹出的"报表表达式"对话框中,将表达式设置为图书信息.价格。然后,在对话框中单击"计算"按钮,弹出"计算字段"对话框,如图 15-24 所示。选中"平均值"单选按钮,单击"确定"按钮,返回"报表表达式"对话框。单击"确定"按钮,关闭"报表表达式"对话框。在新建立的域控件前边加上标签,输入"平均价格"。

（9）在报表中加入打印日期和报表页数。在标题带区增加一个域控件,在出现的对话框中输入"DATE（）"函数,单击"确定"按钮,完成日期的添加。在页注脚增加一个域控件,在出现的对话框中输入 Visual FoxPro 系统变量_PageNo,然后单击"确定"按钮,完成页码

226

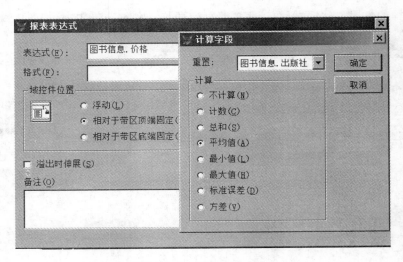

图 15-24　设置分组小计

添加。

【实验 15-4】　标签设计

（1）使用标签向导建立一个名为"图书信息.lbx"的标签文件，用来打印图书信息表中的信息，如图 15-25 所示。

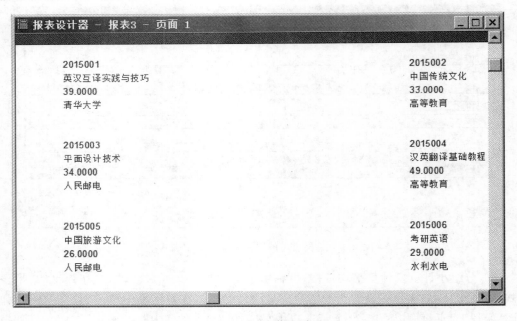

图 15-25　"图书信息"标签

具体实验步骤如下。

① 如果要使用标签向导，可以从"工具"菜单的"向导"子菜单中选择"标签"命令进入标签向导，也可以通过"文件"菜单的"新建"命令来打开标签向导。

② 选择建立标签需要的"图书信息"表。

③ 所需的标签样式如图 15-26 所示。向导列出了 Visual FoxPro 安装的标准标签类型。用户可以选择一种标准标签类型,也可以通过单击"新建标签"按钮,建立用户自定义标签布局。在"自定义标签"对话框中单击"新建"按钮,Visual FoxPro 将弹出图 15-27 所示的"新标签定义"对话框。

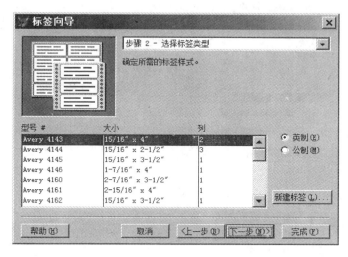

图 15-26　确定标签类型

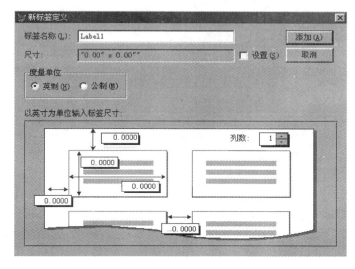

图 15-27　"新标签定义"对话框

在"新标签定义"对话框的"标签名称"框中,用户可以为新的标签定义输入一个名字。创建完一个新标签后,该名字就会显示在"自定义标签"对话框中。在"新标签定义"对话框中,可以输入标签的高度、宽度和边距,也可以在"列数"微调按钮中指定在一行中打印多少标签。

④ 定义布局,如图 15-28 所示。

⑤ 选择排序记录方式,系统将按照选定字段的顺序对记录进行排序,如图 15-29 所示。

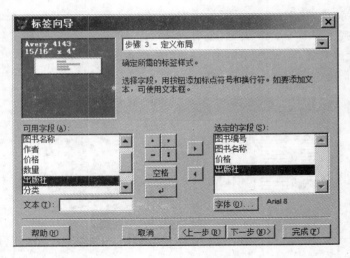

图 15-28　设置标签布局

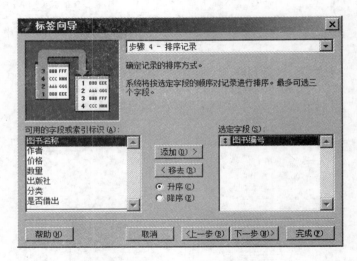

图 15-29　排序记录

⑥ 单击"预览"按钮，以查看标签设置的效果。用户可以单击"上一步"按钮，来修改预览后认为不合适的设置。确认标签设置并输入标签文件名后，保存标签，完成标签的新建。

（2）使用标签设计器对上面建立的"图书信息.1bx"标签文件进行修改，利用"报表控件"工具栏中的标签控件为其添加一个文本"图书信息"，然后再添加一个圆角矩形控件，以达到美观的效果。其预览效果如图 15-30 所示。

具体实验步骤如下。

① 打开"图书信息"标签文件，如图 15-31 所示。

② 在列标头区域添加标签控件，并命名为"图书信息"，如图 15-32 所示。

③ 添加一个圆角矩形控件，如图 15-33 所示。

④ 单击工具栏中"打印预览"按钮，查看标签设置的效果。

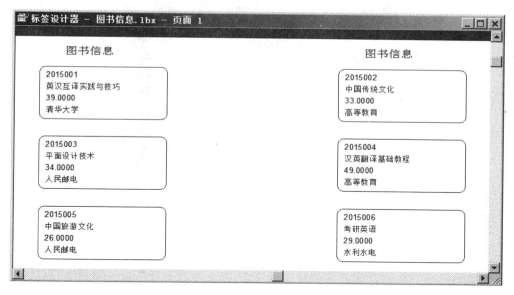

图 15-30 预览效果

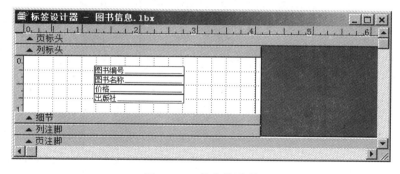

图 15-31 报表设计器

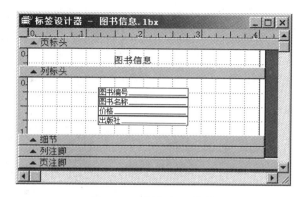

图 15-32 添加标签控件

实验十五

报表和标签的设计

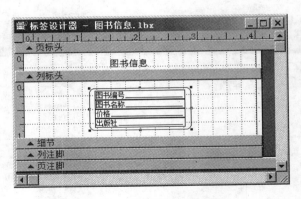

图 15-33　添加圆角矩形控件

四、能力测试

1. 使用报表向导制作一个名为 bf1 的报表。要求选择"职员"表中"职员号"、"姓名"和"性别"字段,报表式样为"随意式",排序字段选择"职员号"(升序),报表标题为"职员情况"。

2. 使用一对多报表向导制作一个名为 bf2 的报表。要求选择父表"职员"表中"职员号"和"姓名"字段,从子表"订单"表中选择"客户号"和"金额"字段,排序字段选择"金额"(升序),报表式样为"简报式",方向为"纵向",报表标题为"订单情况"。

菜 单 设 计

一、实验目的

(1) 学习使用菜单设计器。

(2) 掌握使用设计器设计菜单的方法。

(3) 掌握使用设计器设计快捷菜单的方法。

(4) 熟悉指定菜单所要执行的任务。

(5) 掌握菜单的基本操作方法。

二、实验预备知识

(一) 菜单系统

1. 下拉菜单

Visual FoxPro 的下拉菜单是一个树形结构。菜单由菜单栏(主菜单)、子菜单(下拉菜单)及菜单项组成。

2. 快捷菜单

快捷菜单一般属于某个界面对象,如表单。当右击该对象时,就会在单击处弹出快捷菜单。

(二) 菜单系统的设计步骤

(1) 规划菜单系统。

(2) 利用菜单设计器创建菜单及子菜单,菜单文件扩展名为 mnx。

(3) 指定菜单所要执行的任务,例如显示表单或对话框等。

(4) 单击"预览"按钮,预览整个菜单系统。

(5) 从"菜单"菜单中选择"生成"命令,生成扩展名为 mpr 的菜单程序。

(6) 从"程序"菜单中选择"执行"命令,然后执行已生成的 mpr 程序。也可以使用命令"DO <文件名>",但文件的扩展名 mpr 不能省略。

(三) 菜单的建立

1. 打开菜单设计器

1) 菜单方式

选择"文件"菜单中的"新建"命令。在"新建"对话框中选择"菜单"单选按钮,并单击"新建文件"按钮。

2) 项目管理器方式

在项目管理器中选择"其他"选项卡,然后选择"菜单"选项,单击"新建"按钮。

3）命令方式

CREATE MENU <菜单文件名>

2．菜单设计器的组成

1）"菜单名称"列

"菜单名称"列用来输入菜单项的名称。定义访问键的方法是在要定义的字符前加上"\<"两个字符。如果在"菜单名称"列中输入"\-"，则在此处插入一条水平分组线。

2）"结果"列

"结果"用来指定在选择菜单项时发生的动作。

3）"选项"列

每个菜单行的"选项"列中都有一个没有标题的按钮。单击该按钮后，显示"提示选项"对话框，用于定义菜单项的附加属性。如果为该菜单项定义过属性，则该按钮显示符号"√"。

"提示选项"对话框中的主要选项如下。

（1）键标签：将光标移动到该文本框中，按下要定义的快捷键"Ctrl＋字母"，相应的字符串就会自动填充到文本框中。要取消已经定义的快捷键，只要将光标置于该文本框中，按下空格键即可。

（2）跳过：用于设置菜单或菜单项的跳过条件，用户可以在其中输入一个表达式来表示条件。

（3）信息："信息"文本框用于设置菜单项的说明信息，该说明信息显示在状态栏中。

3．菜单的保存与修改

保存菜单的方法有如下两种。

（1）选择菜单"文件"中的"保存"命令。

（2）单击"常用"工具栏中的"保存"按钮。

若想修改已经关闭的菜单文件，可以使用以下两种方法。

（1）选择菜单"文件"中的"打开"命令，在弹出的"打开"对话框中选择"菜单"类型，然后选定需要的文件，单击"确定"按钮。

（2）MODIFY MENU <菜单文件名>。

（四）菜单程序的生成及运行

1．生成菜单程序文件

（1）在菜单文件设计结束后，必须生成菜单程序文件才可加以使用，此时文件的扩展名为 mpr。选择"菜单"菜单中的"生成"命令，弹出询问用户是否保存菜单的对话框后，单击"是"按钮。

（2）在弹出的对话框中设置该.mpr 文件的名字和位置，最后单击"生成"按钮，将生成相应的.mpr 文件。

注意：每当修改.mnx 菜单文件时，必须重新生成.mpr 菜单程序文件。

2．运行菜单程序文件

1）菜单方式

选择"程序"菜单中的"运行"命令。

2）命令方式

DO 菜单文件名.MPR

（五）显示菜单的常规选项和菜单选项

1. 常规选项

菜单设计器打开时，Visual FoxPro 的"显示"菜单中会出现"常规选项"命令。

1）过程

如果某些菜单栏级的命令没有规定具体动作，则可以在编辑框内为这些命令写入公共过程。

2）位置

按照这种方法建立的菜单，在运行后将被放置在 Visual FoxPro 的菜单栏上。默认情况下该菜单会替换 Visual FoxPro 的系统菜单。

用户可以将主菜单命令添加到其他指定位置。通过选择菜单设计器中的"显示"菜单的"常规选项"命令可以完成这样的任务。

还原 Visual FoxPro 的菜单时可单击"退出"命令或在"命令"窗口中输入命令"SET SYSMENU TO DEFAULT"。

3）菜单代码

"菜单代码"选项组中有两个复选框：设置和清理。

4）顶层表单

如果"顶层表单"复选框被选中，则表示当前编辑的菜单将在一个顶层表单中运行。

2. 菜单选项

选择"显示"菜单中的"菜单选项"命令，将打开"菜单选项"对话框。

（六）为顶层表单添加菜单

（1）选择"显示"菜单的"常规选项"命令。

（2）在"常规选项"对话框中选择"顶层表单"复选框。

（3）单击"确定"按钮完成设置。

在表单中，需要完成以下操作。

将表单的 ShowWindow 属性设置为 2，使其成为顶层表单。在表单的 Init 事件中，执行命令"DO 菜单文件名.mpr with this,.T."。

设置完的用户菜单系统将可以在用户定义的顶层表单中使用。

（七）快捷菜单

（1）选择"文件"菜单中的"新建"命令，在弹出的"新建"对话框中选择"菜单"单选按钮，单击"新建文件"按钮，然后在弹出的"新建菜单"对话框中单击"快捷菜单"按钮。

（2）在快捷菜单设计器里完成菜单设计。

（3）保存快捷菜单，并生成菜单程序文件。

（4）在表单设计器环境下，选择需要建立快捷菜单的对象，在对象的 RightClick 事件代码窗口中添加如下调用快捷菜单程序的命令：

DO 快捷菜单名.MPR

快捷菜单是单击鼠标右键才会出现的菜单。菜单设计器只提供生成快捷菜单的结构。快捷菜单的运行需要从属于某个界面对象(如表单),并需要编程来实现。

三、实验内容

【实验 16-1】 创建菜单

使用"快速菜单"方式创建图 16-1 所示的菜单。

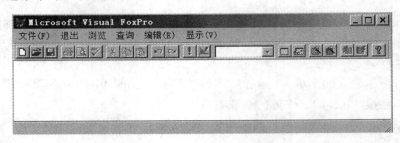

图 16-1 运行菜单

具体实验步骤如下。

(1) 选择"文件"菜单中的"新建"命令,在弹出的"新建"对话框中选择"菜单"单选按钮,单击"新建文件"按钮。

(2) 出现"新建菜单"对话框,单击"菜单"按钮,出现"菜单设计器"窗口,如图 16-2(a)所示。

(3) 选择"菜单"菜单中的"快速菜单"命令,"菜单设计器"窗口变为图 16-2(b)所示的样式,此时的菜单设计器中包含了 Visual FoxPro 主菜单系统。

(4) 选择"帮助"选项,单击"删除"按钮,在弹出的提示框中单击"是"按钮,即可删除"帮助"菜单。用同样的方式删除"窗口"、"程序"和"工具"菜单。

(5) 选择"编辑"选项,单击"插入"按钮,就在"编辑"菜单的前面插入了新菜单。将菜单名称改为"查询"。用同样的方式插入"浏览"和"退出"菜单。

① 在"查询"菜单的"结果"中选择"子菜单",单击后面的"创建"按钮,按图 16-2(c)设置子菜单。子菜单包括"女读者"和"英语类图书"两项,"结果"都选择"过程"。单击"女读者"后的"创建"按钮,输入图 16-3(a)所示的内容,然后关闭该界面。用同样的方式在"英语类图书"菜单的"过程"中输入图 16-3(b)所示的内容,然后关闭该界面。在"菜单级"下拉列表框中选择"菜单栏",返回上一级菜单。

② 在"浏览"菜单的"结果"中选择"过程",单击"创建"按钮,输入图 16-3(c)所示的内容。

③ 在"退出"菜单的"结果"中选择"命令",在后面的文本框中输入"SET SYSMENU TO DEFAULT"。

(6) 选择"菜单"菜单中的"生成"命令,在出现的提示框中单击"是"按钮,出现"另存为"对话框。在"保存菜单为"文本框中输入 a,单击"保存"按钮。

(7) 出现"生成菜单"对话框,如图 16-4 所示。单击"生成"按钮,关闭菜单设计器,在出现的提示框中单击"是"按钮。

(8) 选择"程序"菜单中的"运行"命令,选择 a. mpr 文件。运行菜单结果如图 16-1 所示。

(9) 执行并体会各菜单及子菜单命令功能。

(a) "菜单设计器"窗口

(b) 选择"快速菜单"命令后的菜单设计器

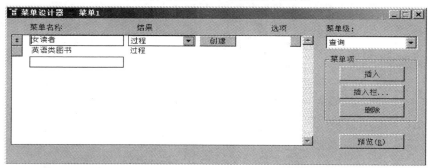

(c) 创建子菜单

图 16-2 菜单设计器

(a) "女读者"过程

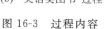

(b) "英语类图书"过程

(c) "浏览"过程

图 16-3 过程内容

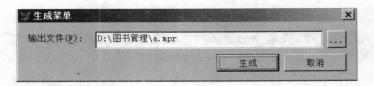

图 16-4 "生成菜单"对话框

【实验 16-2】 为顶层表单添加菜单

利用菜单设计器创建菜单,菜单结构如表 16-1 所示,将菜单添加到顶层表单"图书管理系统欢迎界面"上。

表 16-1 图书管理系统主菜单结构

借阅情况(A)	信息查询(F)	报表打印(P)	退出(Q)
读者借阅情况(Ctrl+R)	图书信息		退出系统
借阅信息(Ctrl+T)	读者信息		退出 Visual FoxPro

具体实验步骤如下。

(1) 在"命令"窗口中输入命令 CREATE MENU MAIN,并按 Enter 键执行,出现"新建菜单"对话框。单击"菜单"按钮,出现"菜单设计器"窗口。

(2) 按图 16-5 设置所有菜单项。"借阅情况"菜单名后面的(\<A)表示为该菜单添加访问键。运行菜单时,访问键会显示在菜单栏中,使用 Alt+A 就可以访问"借阅情况"菜单。

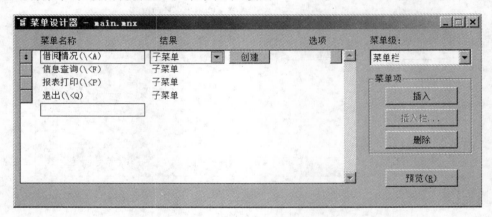

图 16-5 设置主菜单

(3) 选择"借阅情况"菜单,在"结果"列中选择"子菜单",单击"创建"按钮,进入子菜单设计界面,按图 16-6 设置子菜单。

① 选择"读者借阅情况"菜单的"结果""命令",在后面文本框中输入"DO FORM 读者借阅情况"。下面为"读者借阅情况"菜单设置快捷键。单击"选项"下的按钮,出现图 16-7 所示的"提示选项"对话框。将光标移至"键标签"文本框中,同时按下 Ctrl 键和 R 键,文本框中将出现 Ctrl+R。单击"确定"按钮,"选项"按钮出现"√"。

② 用同样的方式设置"借阅信息"菜单命令为"DO FORM 读者借阅信息查询",快捷键为 Ctrl+T。

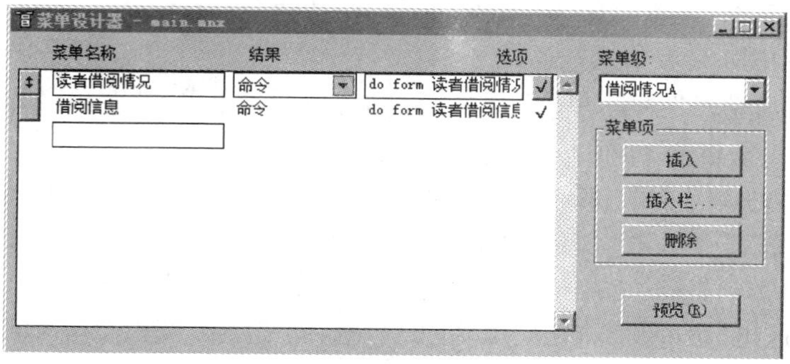

图 16-6 设置子菜单

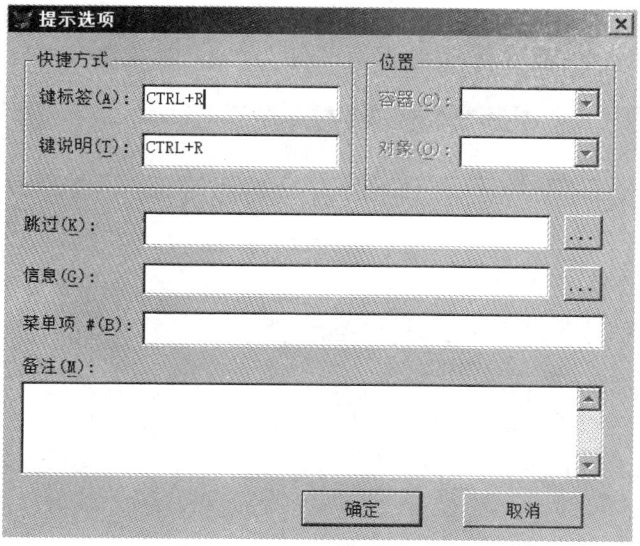

图 16-7 设置快捷键

（4）选择"菜单级"中的"菜单栏"，返回上一级菜单。设置"信息查询"菜单及访问键，结果也选择"子菜单"，进入子菜单编辑界面，按图 16-8 所示设置子菜单。

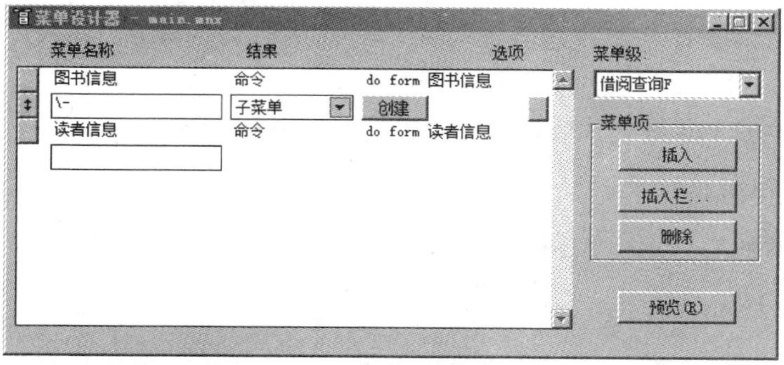

图 16-8 子菜单内容

实验十六

菜单设计

① "图书信息"、"读者信息"的"结果"都设置为"命令"，且命令分别为"DO FORM 图书信息"和"DO FORM 读者信息"。

② 选择"读者信息"菜单，单击"插入"按钮，将新插入菜单的"菜单名称"改为"\-"，即在"读者信息"和"图书信息"间插入一条水平分组线。

（5）选择"菜单级"中的"菜单栏"，返回上一级菜单。设置"报表打印"菜单及访问键，在"结果"中选择"过程"，单击"创建"按钮，在过程中输入命令"REPORT FORM report1"。report1 为【实验 15-1】所建立的报表。关闭该窗口，返回菜单设计器。

（6）设置"退出"菜单及访问键，其"结果"也选择"子菜单"，进入子菜单编辑界面。子菜单"退出系统"和"退出 VFP"的"结果"都设置为"命令"，且命令分别为"图书管理系统欢迎界面.RELEASE"和"QUIT"。设置完毕，返回上一级菜单。

（7）选择"显示"菜单中的"常规选项"命令，出现"常规选项"对话框，如图 16-9 所示。选择右下角的"顶层表单"复选框，复选框中出现"√"，单击"确定"按钮。

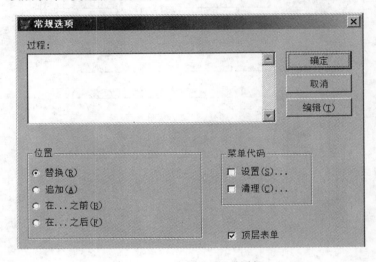

图 16-9　"常规选项"对话框

（8）选择"菜单"菜单中的"生成"命令，在出现的提示框中单击"是"按钮，然后单击"生成菜单"对话框中的"生成"按钮，完成菜单的设计及生成操作。最后关闭菜单设计器。

（9）打开"图书管理系统欢迎界面"的表单设计器，将表单的 ShowWindow 属性值设为 2。

（10）在表单的 Init 事件代码窗口中输入如下代码，用于调用菜单。

```
DO MAIN.MPR WITH THIS,"Z"
```

（11）在表单的 Destroy 事件代码窗口中输入如下代码，用于清除菜单。

```
RELEASE MENU Z EXTENDED
```

（12）单击工具栏上的"运行"按钮运行表单。表单的运行效果如图 16-10 所示。分别执行菜单及子菜单命令。

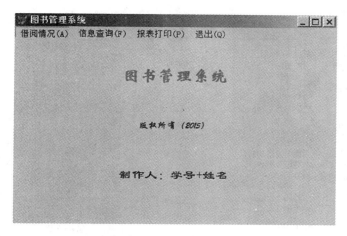

图 16-10　表单运行效果

【实验 16-3】　快捷菜单

创建一个快捷菜单,要求其主要功能包括"剪切"、"复制"和"粘贴",并将其添加到"图书信息查询"表单。

具体实验步骤如下。

(1)选择"文件"菜单中的"新建"命令,在弹出的"新建"对话框中选择"菜单"单选按钮,单击"新建文件"按钮。在弹出的"新建菜单"对话框中单击"快捷菜单"按钮,出现"快捷菜单设计器"窗口,如图 16-11 所示。

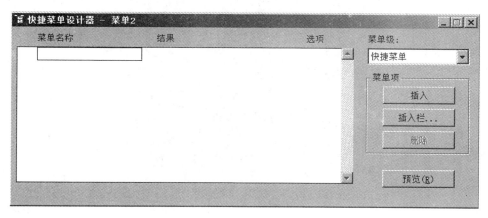

图 16-11　"快捷菜单设计器"窗口

(2)单击"插入栏"按钮,出现图 16-12 所示的"插入系统菜单栏"对话框。拖动滚动条,选择"剪切"后,单击"插入"按钮,则"剪切"菜单将出现在"快捷菜单设计器"窗口。用同样的方法添加"复制"和"粘贴"菜单后,单击"关闭"按钮。

(3)选择"菜单"菜单中的"生成"命令,在弹出的提示框中单击"是"按钮,然后在出现的"另存为"对话框中的"保存菜单为"文本框中输入 kj,单击"保存"按钮,接着选择"生成菜单"对话框中的"生成"按钮,完成菜单的设计及生成操作。

修改表单,把菜单添加到表单并运行,最后查看结果。具体步骤如下。

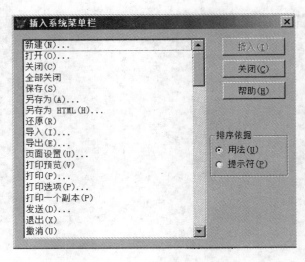

图 16-12 "插入系统菜单栏"对话框

(1) 打开"图书信息查询"的表单设计器。

(2) 在表单的 RightClick 事件代码窗口中输入如下代码,用于调用菜单。

```
DO KJ.MPR
```

(3) 保存并运行表单,在表单空白区域右击,弹出快捷菜单,如图 16-13 所示。

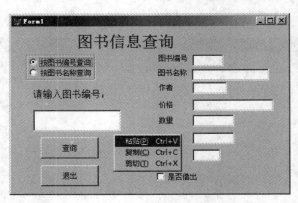

图 16-13 表单运行效果

四、能力测试

1. 建立一个菜单 mymenu1,要求其包括两个菜单项"文件"和"帮助"。其中,"文件"菜单将激活子菜单,其子菜单包括"打开"、"存为"和"关闭"3 个菜单项;"关闭"子菜单项用 SET SYSMENU TO DEFAULT 命令返回到系统菜单,其他菜单项的功能不做要求。

2. 设计一个名为 mymenu2 的菜单,菜单中有两个菜单项"计算"和"退出"。程序运行时,单击"计算"菜单项应完成下列操作:将不同组别所完成订单金额的总和按照由高到低的顺序填到业绩表文件 yj.dbf 中(事前须将文件中原有数据清空)。单击"退出"菜单项,程序终止运行。

实验十七　图书管理系统开发

一、实验目的

(1) 学会利用项目管理器管理开发过程中所设计和创建的各种文件。

(2) 掌握系统主文件的设置方法。

(3) 掌握项目文件的连编方法。

二、实验预备知识

(一) 系统开发的几个阶段

(1) 分析阶段。首先必须明确用户的各项要求,并通过对开发项目信息的收集,确定系统目标和软件开发的总体构思。

(2) 设计阶段。通过第一阶段的分析,明确了系统要"做什么",接下来就要考虑"怎么做",即如何实现软件开发。

(3) 实施阶段。经过理论上的分析和规划设计后,就要用 Visual FoxPro 实现上述方案,通常包括菜单设计、表单设计、程序设计等几个方面。

(4) 测试阶段。验证程序是否正确,检验程序是否满足用户的需求。

(5) 运行维护阶段。应用经过测试后即可正式运行。当然,还要在运行中不断进行修改、调整和完善。

(二) 应用程序的生成

在 Visual FoxPro 中,使用项目管理器管理数据库应用系统涉及的文件并生成可以运行的可执行文件。一般应完成如下工作。

(1) 将数据库应用系统所涉及的文件添加到项目中。

把数据库应用系统所涉及的数据库与表或视图、查询、程序、表单、菜单、报表等文件都添加到项目管理器中。

(2) 设置文件的"排除"与"包含"。

"排除"与"包含"相对。在项目中设置为"包含"的文件在连编成应用程序后将成为"只读"文件。若用户以后还要修改该文件,则必须将该文件标为"排除"。一般情况下,表单、报表、查询、菜单和程序等文件应该设置为"包含",而数据库、数据表等文件则应设置为"排除"。若要设置"排除"与"包含",可以右击选定的文件,从弹出的快捷菜单中选择"包含"或"排除"命令即可。

(3) 设置主文件。

主文件是应用程序的执行起始点。菜单、表单、查询或源程序等文件均可设置为应用程序的主文件。每一个项目必须有一个主文件，且只能有一个主文件。

若要使用"项目管理器"设置主文件，应按下列步骤操作。

① 选择要设置为主文件的文件。

② 单击鼠标右键，从弹出的快捷菜单中选择"设置主文件"命令，或者从"项目"菜单中选择"设置主文件"命令。

③ 主文件在项目管理器中以黑体显示。

（4）连编。

连编项目主要是对项目进行测试。在项目管理器中单击"连编"按钮，系统将打开"连编选项"对话框，在"连编选项"对话框中选择"重新连编项目"选项。也可以在"命令"窗口中输入"BUILD PROJECT ＜项目名＞"，并按 Enter 键执行。

在 Visual FoxPro 中，可以将所有文件连编成一个应用程序文件。应用程序连编结果有两种文件：应用程序文件（扩展名为 app，需要在 Visual FoxPro 中运行）和可执行文件（扩展名为 exe，既可以在 Visual FoxPro 中运行，也可以在 Windows 下运行）。

连编应用程序的操作步骤如下。

① 打开指定项目的项目管理器。

② 在项目管理器中单击"连编"按钮，系统打开"连编选项"对话框。

③ 如果在"连编选项"对话框中选择"连编应用程序"选项，则生成.app 应用程序文件；若选择"连编可执行文件"选项，则生成一个.exe 文件。

④ 单击"确定"按钮，系统弹出"另存为"对话框。

⑤ 在"另存为"对话框中指定可执行文件的存放路径并输入文件名。

⑥ 单击"保存"按钮，系统立即将数据库应用系统所涉及的文件打包，并生成可在操作系统环境下直接运行的可执行文件。

连编应用程序的命令是：BUILD APP 或 BUILD EXE。

（5）运行应用程序。

为项目建立应用程序文件之后，就可以运行该文件。

① 运行.app 应用程序。

运行.app 应用程序需要首先启动 Visual FoxPro，然后选择"程序"菜单中的"运行"命令，选择要执行的应用程序；也可以在"命令"窗口中输入"DO ＜应用程序文件名＞"，并按 Enter 键执行。

② 运行.exe 文件。

生成的.exe 应用程序文件既可以像步骤①一样在 Visual FoxPro 中运行，也可以在 Windows 中通过双击该.exe 文件的图标运行。

（三）"图书管理系统"的开发

1. 系统功能分析

"图书管理系统"所实现的功能如下。

（1）对与图书管理有关的各类数据进行输入、修改、删除与计算。

（2）能根据需要查询图书管理所需要的各类数据。

（3）打印图书信息、读者信息及借阅信息等。

2. 系统功能模块设计

（1）数据资源主要使用前面实验中创建的数据库、表、查询、表单及报表等文件。

（2）系统主程序用于启动系统登录表单。

（3）系统登录表单必须输入正确的用户名和密码，才可以使用本系统。

（4）系统菜单可以使用户方便、快捷地控制整个系统，主要包括"借阅情况浏览"、"基本信息查询"、"报表打印"及"退出"等子菜单。

三、实验内容

【实验 17-1】 向项目中添加系统所需文件

向【实验 3-1】中已建好的项目文件"图书管理系统.pjx"中添加该应用程序所需的各种文件。

具体实验步骤如下。

（1）在 Visual FoxPro 主窗口中，选择"文件"菜单中的"打开"命令，选定项目文件"图书管理系统"，再单击"确定"按钮，打开该项目文件，同时也将打开"项目管理器"对话框，如图 17-1 所示。

（2）打开"项目管理器"对话框中的"数据"选项卡，然后选择"数据库"选项，展开"数据库"选项，可看到实验三中建立的"图书管理"数据库文件。单击"＋"按钮展开"图书管理"数据库，然后展开"表"选项，可看到数据库中的"读者信息"、"借阅信息"和"图书信息"3 个表，如图 17-2 所示。

图 17-1 "图书管理系统"项目文件

（3）打开"文档"选项卡，选择"表单"选项，将实验十一所创建的"读者信息.scx"、"读者借阅情况.scx"、实验十二创建的"图书管理系统欢迎界面.scx"、"图书信息.scx"、实验十三创建的"读者情况查询.scx"及实验十四创建的"读者借阅信息查询.scx"等表单添加到"表单"选项中，如图 17-3 所示。

图 17-2 添加"图书管理"数据库后的项目管理器

图 17-3 添加了表单文件后的项目管理器

实验十七

图书管理系统开发

注意：由于"图书管理系统欢迎界面"是"图书管理系统"运行的主界面，所以应该将该表单的WindowState属性设置为"2-最大化"。另外，该系统在菜单main.mpr中调用了以上一些表单，所以应该将除了"图书管理系统欢迎界面"表单之外的所有表单的ShowWindow属性均设置为"1-在顶层表单中"，使这些表单都能在"图书管理系统欢迎界面"这个顶层表单中运行。

（4）在"文档"选项卡中，选择"报表"选项，将实验十五创建的"图书信息报表.frx"报表文件添加到"报表"选项中，如图17-4所示。

（5）打开"其他"选项卡，选择"菜单"选项，将实验十六创建的main.mpr添加到"菜单"选项中，如图17-5所示。

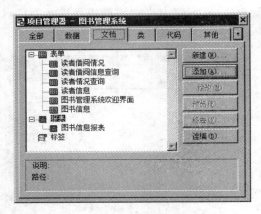

图17-4　添加了报表文件后的项目管理器　　图17-5　添加了菜单文件后的项目管理器

【实验17-2】　修改"图书管理系统欢迎界面.scx"表单文件

由于"图书管理系统欢迎界面"是"图书管理系统"运行的主界面，所以需要对该表单文件进行修改，要求表单作为顶层表单运行时最大化显示；在运行表单的同时能够在表单上运行菜单程序main.mpr，在关闭表单时则释放当前的菜单。

具体实验步骤如下。

（1）在"图书管理系统"项目管理器中，打开"文档"选项卡，展开其中的"表单"选项，选择"图书管理系统欢迎界面"表单，单击"修改"按钮，打开"图书管理系统欢迎界面"的表单设计器。

（2）将表单的WindowState属性设置为"2-最大化"，ShowWindow属性设置为"2-作为顶层表单"。

（3）按如下内容编写表单Form1的Init事件代码。

```
do main.mpr with this,"z"
```

（4）按如下内容编写表单Form1的Destroy事件代码。

```
release menu z extended
```

（5）保存并运行表单，运行结果如图17-6所示。

注意：系统在菜单main.mpr中调用了一些表单，所以应该将除了"图书管理系统欢迎界面"表单之外的所有表单的ShowWindow属性均设置为"1-在顶层表单中"，使这些表单

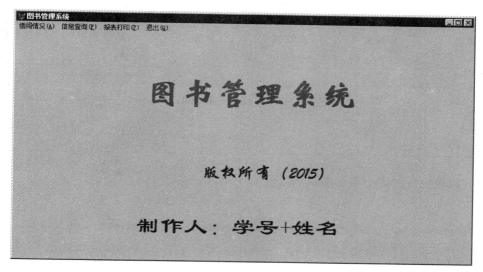

图 17-6　修改后的"图书管理系统欢迎界面.scx"

都在"图书管理系统欢迎界面"这个顶层表单中运行。

【实验 17-3】　创建"图书管理系统登录.scx"表单文件

在"图书管理系统"项目中创建一个名为"图书管理系统登录.scx"的表单文件,该表单文件用于登录"图书管理系统"。表单运行结果如图 17-7 所示。要求当用户输入用户名和密码并单击"确认"按钮后,检验其输入的用户名和密码是否匹配,(假定用户名为 admin,密码为123456)。如用户名和密码正确,则运行"图书管理系统欢迎界面.scx"表单;若不正确,则显示"用户名或密码错误,请重新输入"字样;如果连续 3 次输入不正确,则显示"用户名与密码不正确,登录失败"字样并关闭表单。单击"退出"按钮则退出表单的运行状态。

具体实验步骤如下。

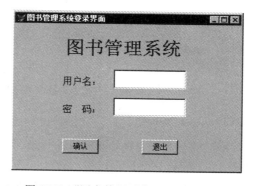

图 17-7　"图书管理系统登录.scx"表单

(1) 在"图书管理系统"项目管理器中,选择"文档"选项卡中的"表单"选项,然后单击"新建"按钮,创建一个空白表单。

(2) 向表单中添加图 17-7 所示的控件,并设置相应属性,如表 17-1 所示。

表 17-1　"图书管理系统登录"表单和各控件主要属性设置

对象名	属性名	属性值	对象名	属性名	属性值
Form1	Caption	图书管理系统登录界面	Label1	Caption	图书管理系统
				FontSize	24
	AutoCenter	.T.		AutoSize	.T.
	AlwaysOnTop	.T.	Label2	Caption	用户名:

图书管理系统开发

对象名	属性名	属性值	对象名	属性名	属性值
Label2	FontSize	12	Text2	FontSize	12
	AutoSize	. T.		PasswordChar	*
Label3	Caption	密码：	Command1	Caption	确认
	FontSize	12		FontSize	10
	AutoSize	. T.	Command2	Caption	退出
Text1	FontSize	12		FontSize	10

（3）调整控件的大小和位置。

（4）按如下内容编写"确认"命令按钮的 Click 事件代码。

```
IF Thisform.Text1.Value = "admin" AND Thisform.Text2.Value = "123456"
do form "图书管理系统欢迎界面"
Thisform.Release
ELSE
Thisform.num = Thisform.num + 1
  IF Thisform.num = 3
    messagebox("用户名与密码不正确,登录失败!")
    Thisform.Release
  ELSE
    messagebox("用户名或密码错误,请重新输入!")
    thisform.text1.value = ""
    thisform.text2.value = ""
    thisform.text1.setfocus
  ENDIF
ENDIF
```

（5）按如下内容编写"退出"命令按钮的 Click 事件代码。

```
ThisForm.Release
```

（6）将表单以"图书管理系统登录.scx"为名保存到默认路径下,并运行表单,运行效果如图 17-7 所示。

【实验 17-4】　创建"主程序.prg"程序文件

在"图书管理系统"项目中创建一个名为"主程序.prg"的程序文件。该程序文件用于调用"图书管理系统登录表单.scx",建立系统的初始用户界面,并执行 READ EVENTS 命令来建立事件循环。

具体实验步骤如下。

（1）打开"代码"选项卡,选择"程序"选项,单击"新键"按钮,打开程序编辑窗口。在程序编辑窗口中输入如下代码:

```
SET TALK OFF
CLEAR ALL
OPEN DATABASE 图书管理 EXCLUSIVE
DO FORM 图书管理系统登录.SCX
READ EVENTS
```

（2）将程序以"主程序.prg"为名保存到默认路径下。

（3）关闭程序编辑窗口,返回到"项目管理器"对话框。可以看到"程序"选项中已经添加了一个程序文件,即"主程序",如图 17-8 所示。

【实验 17-5】 创建"退出系统"程序文件

在"图书管理系统"项目中创建一个名为"退出系统.prg"的程序文件。该程序用于恢复系统环境设置,结束事件循环。

具体实验步骤如下。

（1）打开"代码"选项卡,选择"程序"选项,单击"新键"按钮,打开程序编辑窗口。在程序编辑窗口中输入如下代码:

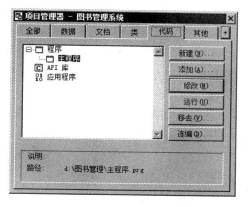

图 17-8　创建了"主程序"文件后的
项目管理器

```
SET TALK ON
CLOSE ALL
CLEAR ALL
CANCEL
CLEAR EVENTS
```

（2）将程序以"退出系统.prg"为名保存到默认路径下。

（3）关闭程序编辑窗口,返回到"项目管理器"对话框。可以看到"退出系统"已经被添加到"程序"选项中。

（4）由于该程序用于结束事件循环,所以应在 main 菜单中的"退出"菜单的"退出系统"子菜单中调用该程序。选择"其他"选项卡中"菜单"选项下的 main,然后单击"修改"按钮,打开菜单设计器,将"退出系统"子菜单的"命令"改为"do 退出系统.prg",如图 17-9 所示。保存此修改,并选择"菜单"中的"生成"命令生成菜单程序 main.mpr。关闭"菜单设计器"窗口,返回"项目管理器"对话框。

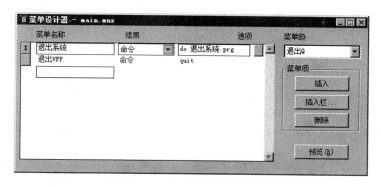

图 17-9　修改"退出系统"子菜单

【实验 17-6】 设置项目的主文件

将"主程序.prg"设置为项目的主文件。

具体实验步骤如下。

（1）右击"主程序"选项,弹出快捷菜单。

（2）在快捷菜单中选择"设置主文件"命令,则在"设置主文件"前出现"√"标记,表示已将"主程序"设置为项目的主文件。此时"主程序"文件名为粗体显示（应用程序的主文件显示为粗体），如图 17-10 所示。

【实验 17-7】　连编项目文件，生成可执行文件

将"图书管理系统"项目文件连编生成可执行文件"图书管理系统.exe"。

具体实验步骤如下。

（1）在连编项目之前，先确定以下问题。

① 在项目管理器中添加所有参加连编的文件，如程序、表单、菜单、数据库、报表以及其他文本文件。

② 指定主文件。

③ 确定程序（包括表单、菜单、程序和报表）之间的调用关系。

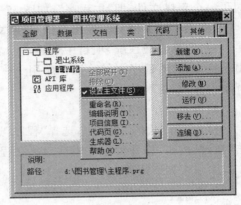

图 17-10　设置主文件

④ 确定程序在连编完成之后的执行路径和文件名。

（2）上述问题都确定之后，便可在项目管理器中单击"连编"按钮，打开"连编选项"对话框，如图 17-11 所示。

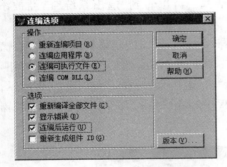

图 17-11　"连编选项"对话框

（3）在"连编选项"对话框中的"操作"选项组中，可选择"连编应用程序"单选按钮，生成.app 应用程序文件，也可选择"连编可执行文件"单选按钮，建立一个.exe 可执行文件。这里选择"连编可执行文件"单选按钮。在"选项"选项组中，同时选中"重新编译全部文件"、"显示错误"和"连编后运行"复选框。

（4）单击"确定"按钮，弹出"另存为"对话框，在"应用程序名"文本框中输入可执行文件名"图书管理系统"，如图 17-12 所示。

（5）单击"保存"按钮，保存连编生成的"图书管理系统.exe"可执行文件。保存文件的同时运行此程序，运行结果如图 17-13 所示，即运行"主程序"中调用的"图书管理系统登录表单.scx"表单。

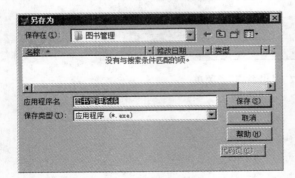

图 17-12　保存连编生成的"图书管理系统.exe"文件

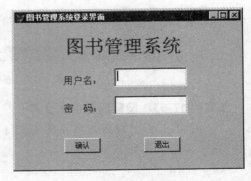

图 17-13　"图书管理系统登录表单"运行结果

（6）在"用户名："文本框中输入 admin，在"密码："文本框中输入 123456，单击"确认"按钮，即进入了"图书管理系统"应用程序的主界面，如图 17-14 所示。

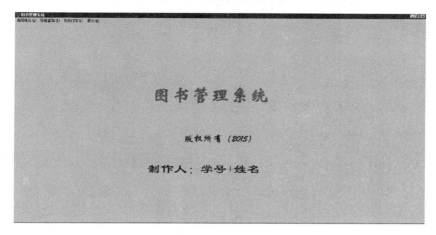

图 17-14　"图书管理系统欢迎界面"运行结果

四、能力测试

开发一个简单的"订单管理系统"，要求在"订单管理系统.jpx"项目中添加或建立系统中所需要的查询、表单、程序、报表和菜单等文件，最后连编生成可执行文件"订单管理系统.exe"。

图书管理系统开发

同 步 练 习

第1章　数据库设计基础

1. 数据库系统由（　　）组成。

　A. 计算机软件系统、数据、数据库管理系统、相关软件、数据库管理员

　B. 计算机软件系统、数据库、数据库管理系统、相关软件、数据库管理员

　C. 计算机硬件系统、数据、数据库管理系统、相关软件、数据库管理员

　D. 计算机硬件系统、数据库、数据库管理系统、相关软件、数据库管理员

2. 数据库（DB）、数据库系统（DBS）、数据库管理系统（DBMS）之间的关系是（　　）。

　A. DB 包括 DBS 和 DBMS　　　　　B. DBS 包括 DB 和 DBMS

　C. DBMS 包括 DBS 和 DB　　　　　D. 三者等级，没有包含关系

3. 数据库系统的核心是（　　）。

　A. 数据库　　　　　　　　　　　　B. 操作系统

　C. 数据库管理系统　　　　　　　　D. 文件

4. 数据处理的中心问题是（　　）。

　A. 数据计算　　　　　　　　　　　B. 数据存储

　C. 数据管理　　　　　　　　　　　D. 数据传输

5. 存放在计算机存储设备上的结构化的相关数据集合是指（　　）。

　A. 数据库　　　　　　　　　　　　B. 数据库系统

　C. 数据库管理系统　　　　　　　　D. 数据模型

6. 下列关于数据库系统的叙述中，正确的是（　　）。

　A. 数据库系统比文件系统出现的冗余多

　B. 文件系统中数据和程序完全独立

　C. 数据库系统没有数据冗余

　D. 数据库系统实现了数据共享、减少了数据冗余

7. 计算机数据管理依次经历了（　　）几个阶段。

　A. 人工系统、文件系统、数据系统、分布式数据库系统和面向对象数据库系统

　B. 文件系统、人工系统、数据系统、分布式数据库系统和面向对象数据库系统

　C. 数据系统、文件系统、人工系统、分布式数据系统面向对象数据库系统

　D. 文件管理、数据系统、人工系统、分布式数据库系统和面对象数据库系统

8. 用树形结构来表示实体之间联系的模型是（　　）。

　A. 网状模型　　　　B. 层次模型　　　　C. 关系模型　　　　D. 数据模型

9. Visual FoxPro 支持的数据模型是（　　）。

　A. 层次模型　　　　B. 网状模型　　　　C. 关系模型　　　　D. 联系模型

10. Visual FoxPro 是一种关系数据库管理系统,所谓"关系"是指( )。
    A. 表中各记录间的关系　　　　　　B. 表中各字段间的关系
    C. 数据模型符合满足一定条件的二维表　D. 一个表与另一个表间的关系

11. 在下列关于关系模型的叙述中,正确的是( )。
    A. 用二维表的形式表示实体和实体间联系的数据模型即为关系模型
    B. 数据管理系统用来表示实体及实体间联系的方法即为关系模型
    C. 用一维表的形式表示实体间联系的数据模型即为关系模型
    D. 用三维表的形式表示实体和实体间联系的数据模型即为关系模型

12. 在 Visual FoxPro 中,专门的关系运算不包括( )。
    A. 选择　　　　　　B. 投影　　　　　　C. 联接　　　　　　D. 更新

13. 在 Visual FoxPro 中,一个( )就是一个关系。
    A. 表　　　　　　B. 数据库　　　　　　C. 记录　　　　　　D. 库

14. 从表中取出满足条件的记录的操作是( )。
    A. 选择　　　　　　B. 投影　　　　　　C. 连接　　　　　　D. 排序

15. 设有关系 R1 和 R2,经过关系运算得到结果 S,则 S 是( )。
    A. 一个关系　　　B. 一个表单　　　C. 一个数据库　　　D. 一个数组

16. 设有参加美术小组的学生关系 R 和参加书法小组的学生关系 S,既参加美术又参加书法的学生用( )运算。
    A. 交　　　　　　B. 差　　　　　　C. 并　　　　　　D. 笛卡儿积

17. 设有参加美术小组的学生关系 R 和参加书法小组的学生关系 S,只参加美术没参加书法的学生用( )运算。
    A. 交　　　　　　B. 差　　　　　　C. 并　　　　　　D. 笛卡儿积

18. 从表中取出指定的属性的操作是( )。
    A. 选择　　　　　　B. 投影　　　　　　C. 连接　　　　　　D. 排序

19. 下列关于数据的说法,不正确的是( )。
    A. 数据(Data)是存储在某一媒体上能够识别的物理符号
    B. 歌曲是数据
    C. 1、2、3、4 是数据
    D. 文字、图片等非数字都不属于数据

20. 下列说法中,不正确的是( )。
    A. 二维表中的每一列均有唯一的字段名
    B. 二维表中不允许出现完全相同的两行
    C. 二维表中行的顺序、列的顺序均可以任意交换
    D. 二维表中行的顺序、列的顺序不可以任意交换

第 2 章 　 Visual FoxPro 概述

1. 不能退出 Visual FoxPro 的操作是（　　　）。
   A. "文件"菜单中的"关闭"命令　　　　　　B. Alt＋F4 键
   C. 窗口标题栏右端的"关闭"按钮　　　　　D. "文件"菜单中的"退出"命令

2. 要配置 Visual FoxPro 的系统环境,应执行（　　）菜单中的"选项"命令。
   A. 格式　　　　　　B. 编辑　　　　　　C. 工具　　　　　　D. 文件

3. 在 Visual FoxPro 中,显示"命令"窗口的操作正确的是（　　　）。
   A. 单击"常用"工具栏中的"命令窗口"按钮
   B. 按 Ctrl＋F2 键
   C. 选择"窗口"菜单中的"命令窗口"命令
   D. 以上方法均可以

4. 在 Visual FoxPro 中,隐藏"命令"窗口的操作正确的是（　　　）。
   A. 单击"常用"工具栏中的"命令窗口"按钮
   B. 按 Ctrl＋F4 键
   C. 选择"窗口"菜单中的"命令窗口"命令
   D. 以上方法均可以

5. 下面关于工具栏的叙述,错误的是（　　　）。
   A. 可以创建自己的工具栏　　　　　　　B. 可以修改系统提供的工具栏
   C. 可以删除用户创建的工具栏　　　　　D. 可以删除系统提供工具栏

6. 如果要设置日期和时间的格式,应选择"选项"对话框中的（　　　）选项卡。
   A. 显示　　　　　　B. 区域　　　　　　C. 数据　　　　　　D. 常规

第 3 章 数据与数据运算

1. 在下列关于常量的叙述中,不正确的一项是( )。

A. 常量用来表示一个具体的、不变的值　　B. 常量是指固定不变的值

C. 不同类型的常量的书写格式不同　　　　D. 不同类型的常量的书写格式相同

2. 货币型常量与数值型常量的书写格式类似,但也有不同,表现在( )。

A. 货币型常量前面要加一个"＄"符号

B. 数值型常量可以使用科学计数法,货币型常量不可以使用科学计数法

C. 货币数据在存储和计算时采用 4 位小数,数值型常量在此方面无限制

D. 以上答案均正确

3. 字符型常量的定界符不包括( )。

A. 单引号　　　　B. 双引号　　　　C. 花括号　　　　D. 方括号

4. 下列关于字符型常量的定界符书写格式,不正确的是( )。

A. '我爱中国'　　　　　　　　　　B. ['20387']

C. '朗朗乾坤'　　　　　　　　　　D. ["Visual ForPro6.0"]

5. 在"命令"窗口中输入下列命令:

```
?"Visual FoxPro"
??'好方法'
```

主屏幕上显示的结果是( )。

A. Visual FoxPro　　　　　　　　　B. Visual FoxPro　好方法
　　好方法

C. A 和 B 都对　　　　　　　　　　D. Visual FoxPro 好方法

6. 下列符号中,( )能作为 Visual FoxPro 中的变量名。

A. ! abc　　　　B. XYZ　　　　C. 5you　　　　D. good luck

7. 日期型常量的定界符是( )。

A. 单引号　　　　B. 花括号　　　　C. 方括号　　　　D. 双引号

8. 下列符号中,不能作为日期型常量的分隔符的是( )。

A. 斜杠(/)　　　　B. 连字符(-)　　　　C. 句点(.)　　　　D. 脱字符(^)

9. 以下货币型常量表示正确的一项是( )。

A. ＄666.666　　　B. 1323.4228＄　　　C. ＄123.45321　　　D. ＄123.45E4

10. Visual FoxPro 系统默认工作环境下,在"命令"窗口中输入下列命令:

```
SET  MARK  TO [-]
```

```
?{^2002-06-27}
```

主屏幕上显示的结果是(　　　)。

    A. 06/27/02   B. 06-27-02   C. 2002-06-27   D. 2002/06/27

11. 在"命令"窗口中输入下列命令：

```
SET CENTURY ON
SET MARK TO "."
?{^2002-06-27}
```

主屏幕上显示的结果是(　　　)。

    A. 06.27.2002   B. 06.27.02   C. 06/27/2002   D. 06/27/02

12. 下列常量中，只占用1个字节内存空间的是(　　　)。

    A. 数值型常量   B. 字符型常量   C. 日期型常量   D. 逻辑型常量

13. 将2005年3月17日存入日期变量X的正确方法是(　　　)。

    A. STORE　DTOC("03/17/2005") TO X

    B. STORE　CTOD(03/17/2005) TO X

    C. STORE　CTOD("03/17/2005") TO X

    D. STORE　DTOC(03/17/2005) TO X

14. 在下列关于变量的叙述中，不正确的一项是(　　　)。

    A. 变量值可以随时更改

    B. 变量值不可以随时更改

    C. Visual FoxPro 的变量分为字段变量和内存变量

    D. 在 Visual FoxPro 中，可以将不同类型的数据赋给同一个变量

15. 在 Visual FoxPro 中，T 表示(　　　)内存变量。

    A. 字符型   B. 数值型   C. 日期   D. 日期时间型

16. 在下列内存变量的书写中，格式不正确的是(　　　)。

    A. .com   B. Flash_8   C. MUMU   D. 天天

17. 下列关于内存变量和字段变量的叙述中错误的是(　　　)。

    A. 内存变量和字段变量统称为变量

    B. 当内存变量和字段变量名称相同时，系统优先引用字段变量

    C. 当内存变量和字段变量名称相同时，系统优先引用内存变量

    D. 当内存变量和字段变量名称相同时，如果要使用内存变量，可以在内存变量名
之前加前辍 M

18. 在"命令"窗口中输入下列命令：

```
STORE  4*5  TO  X
?X
```

主屏幕上显示的结果是(　　　)。

    A. 4   B. 5   C. X   D. 20

19. 在"命令"窗口中输入下列命令：

```
X=1
STORE  X+1  TO a,b,c
```

?a,b,c

主屏幕上显示的结果是(　　　)。

　　A. X+1　　　　　　　B. 2　　　　　　　　C. 2 2 2　　　　　　D. 1 1 1

20. 在 Visual FoxPro 中,求余运算和(　　　)函数作用相同。

　　A. MOD()　　　　　　B. ROUND()　　　　C. PI()　　　　　　D. SQRT()

21. 在"命令"窗口中输入下列命令(□表示空格):

```
m = "发展□□□"
n = "生产力"
? m - n
```

主屏幕上显示的结果是(　　　)。

　　A. 发展□□□生产力　　　　　　　　B. 发展生产力□□□

　　C. m,n　　　　　　　　　　　　　　D. n,m

22. 表达式 3 * 4 ^ 2 - 5/10 + 2 ^ 3 的值为(　　　)。

　　A. 55　　　　　　　　B. 55.50　　　　　C. 65.50　　　　　　D. 0

23. 清除第 2 个字符是 A 的内存变量使用的命令是(　　　)。

　　A. RELEASE　ALL LIKE　? A?　　　B. RELEASE　ALL LIKE　? A *

　　C. RELEASE　ALL LIKE　* A *　　　D. RELEASE　ALL LIKE　? A

24. 打开"职工"表,其中包括 5 个字段:职工号、姓名、性别、基本工资和基本情况。将当前记录的"职工号"字段、"姓名"字段、"基本工资"字段复制到数组 ZHG 中,所用命令为(　　　)。

　　A. SCATTER　TO ZHG

　　B. GATHER　FROM ZHG

　　C. SCATTER　FIELDS 职工号,姓名,基本工资　TO　ZHG

　　D. SCATTER　FIELDS 职工号　姓名　基本工资　TO　ZHG

25. 执行如下命令

```
STORE .NULL. TO A
?A, ISNULL(A)
```

结果是(　　　)。

　　A. .NULL. .T.　　　　　　　　　B. .NULL. .NULL.

　　C. .T. .NULL.　　　　　　　　　D. .NULL. .F.

26. 关系型表达式的运算结果总是(　　　)。

　　A. 数值型数据　　　B. 逻辑型数据　　　C. 字符型数据　　　D. 日期型数据

27. 假设当前系统时间是 2003 年 6 月 25 日,则表达式"VAL(SUBSTR("2002",2)+RIGHT(STR(YEAR(DATE())),2))"的值是(　　　)。

　　A. 300　　　　　　　B. 2003　　　　　C. 2000　　　　　　D. 203

28. ?["ABC"]命令执行结果是(　　　)。

　　A. ABC　　　　　　B. "ABC"　　　　　C. [ABC]　　　　　　D. ["ABC"]

29. 在 Visual FoxPro 中,ABS()函数的作用是(　　　)。

A. 求数值表达式的绝对值　　　　　　　B. 求数值表达式的整数部分

C. 求数值表达式的平方根　　　　　　　D. 求两个数值表达式中较大的一个

30. 在 Visual FoxPro 中,? ABS(-7 * 6)命令的执行结果(　　　)。

    A. -42　　　　　　B. 42　　　　　　C. 13　　　　　　D. -13

31. 函数? INT(53.76362)的运算结果是(　　　)。

    A. 53.77　　　　B. 53.7　　　　　C. 53　　　　　　D. 53.76362

32. 函数? SQRT(9)的运算结果是(　　　)。

    A. 3　　　　　　B. 9　　　　　　C. 0　　　　　　D. -3

33. 函数? SIGN(4-7)的运算结果是(　　　)。

    A. 3　　　　　　B. -3　　　　　C. 1　　　　　　D. -1

34. 函数? ROUND(552.30727,4)的运算结果是(　　　)。

    A. 552　　　　　B. 552.307　　　C. 552.3073　　D. 552.3072

35. 用 DIMENSION ARR(3,3)命令声明了一个二维数组后,再执行"ARR=3"命令,则(　　　)。

    A. 命令"ARR=3"创建了一个新的内存变量,它与数组无关

    B. 数组的第 1 个元素被赋值为 3

    C. 所有的数值元素均被赋值为 3

    D. 当存在数组 ARR 时,不可用"ARR=3"命令创建与数组同名的内存变量

36. 下列函数中,其值不为数值型的是(　　　)。

    A. LEN()　　　　B. DATE()　　　C. SQRT()　　　D. SIGN()

37. 在 Visual FoxPro 中,有下面几个内存变量的赋值语句:

M = {^2007-01-28}

N = .T.

X = "3.1415926"

Y = 3.5234

Z = $ 12345

执行以上赋值语句后,变量的数据类型分别是(　　　)。

    A. T、L、C、N、N　　　　　　　　　B. T、M、N、C、N

    C. D、L、Y、C、Y　　　　　　　　　D. D、L、C、N、Y

38. 下列 4 个表达式中,运算结果为数值的是(　　　)。

    A. ? CTOD(【07\21\02】)-20　　　B. ? 500+200=400

    C. ? "100"-"50"　　　　　　　　　D. ? LEN(SPACE(4))+1

39. 函数 INT(数值表达式)的功能是(　　　)。

    A. 返回指定数值表达式的整数部分

    B. 返回指定数值表达式的绝对值

    C. 返回指定数值表达式的符号

    D. 返回指定数值表达式在指定位置四舍五入后的结果

40. 函数? AT("万般皆下品","唯有读书高")的执行结果是(　　　)。

A. 万般皆下品   B. 唯有读书高

C. 万般皆下品 唯有读书高   D. 0

41. 连续执行以下命令之后,最后一条命令的输出结果是(   )。

```
X = "A  "
?IIF("A" = X, X - "BCD", X + "BCD")
```

  A. A   B. BCD   C. A BCD   D. ABCD

42. 使用命令 DECLARE MM（2,3）定义的数组包含的数组元素下标变量的个数为(   )。

  A. 2 个   B. 3 个   C. 5 个   D. 6 个

43. 在下面的 Visual FoxPro 表达式中,不正确的是(   )。

  A. {^2002-05-01 10:10:10 AM}－10   B. {^2002-05-01}－DATE()

  C. {^2002-05-01}＋DATE()   D. {^2002-05-01}＋1000

44. 下面关于 Visual FoxPro 数组的叙述中,错误的是(   )。

  A. 用 DIMENSION 和 DECLARE 都可以定义数组

  B. Visual FoxPro 只支持一维数组和二维数组

  C. 一个数组中各个数组元素必须是同一种数据类型

  D. 新定义数组的各个数组元素初值为.F.

45. 在下列函数中,函数值为数值的是(   )。

  A. AT("人民","中华人民共和国")   B. CTOD("01/01/96")

  C. BOF()   D. SUBSTR(DTOC(DATE()),7)

46. 内存变量一旦定义后,它的(   )可以改变。

  A. 类型和值   B. 值   C. 类型   D. 宽度

47. 要求表文件中某数值型字段的整数部位是 4 位、小数部分是 2 位,其值可能为负数,则该字段的宽度应定义为(   )。

  A. 8 位   B. 7 位   C. 6 位   D. 4 位

48. 设 M＝"30",执行命令"? &M＋20"后,其结果是(   )。

  A. 3020   B. 50   C. 20   D. 出错信息

49. 设 M＝"15",N＝"M",执行命令"? &N＋"05""后的值是(   )。

  A. 1505   B. 20   C. M05   D. 出错信息

50. 下列表达式中,运算值为日期型的是(   )。

  A. YEAR(DATE())   B. DATE()－{12/15/99}

  C. DATE()－100   D. DTOC(DATE())－"12/15/99"

1. 在 Visual FoxPro 中,打开一个数据库文件 GRADE 的命令是(　　)。

　　A. CREATE DATABASE GRADE　　　　B. OPEN DATABASE GRADE

　　C. CREATE GRADE　　　　　　　　　D. OPEN GRADE

2. Visual FoxPro 在建立数据库时,同时建立了扩展名为(　　)的文件。

　　A. dbc　　　　　　B. dct　　　　　　C. dcx　　　　　　D. A、B、C 均正确

3. 在下列创建数据库的方法中正确的是(　　)。

　　A. 在项目管理器中选定"数据"选项卡,选择"数据库",单击"新建"按钮

　　B. 在"新建"对话框上选择"数据库",单击"新建文件"按钮

　　C. 在"命令"窗口中输入"CREATE DATABASE 数据库文件名"

　　D. 以上方法都可以

4. 在 Visual FoxPro 中,创建数据库的命令是"CREATE DATABASE[数据库文件名|?]",如不指定数据库名称或不使用问号,产生的结果是(　　)。

　　A. 系统会自动指定默认的名称

　　B. 弹出"保存"对话框,提示用户输入数据库名称并保存

　　C. 弹出"创建"对话框,请用户输入数据库名称

　　D. 弹出提示对话框,提示用户不可以创建数据库

5. 下列打开数据库文件的操作方法中,正确的是(　　)。

　　A. 单击"文件"菜单中的"打开"命令,在"打开"对话框的"文件类型"下拉列表框中选择"数据库",选择要打开的数据库,单击"确定"按钮

　　B. 利用 OPEN DATABASE 命令

　　C. 在项目管理器中选择相对应的数据库时,数据库将自动打开

　　D. 以上方法均正确

6. 在 Visual FoxPro 中,以只读方式打开数据库文件的命令是(　　)。

　　A. EXCLUSIVE　　B. SHARED　　　C. NOUPDATE　　D. VALIDATE

7. 当数据库打开时,包含在数据库中的所有表都可以使用,但这些表不会自动打开,使用时需要执行(　　)命令。

　　A. CREATE　　　　B. USE　　　　　C. OPEN　　　　　D. LIST

8. 在 Visual FoxPro 中,打开数据库设计器的命令是(　　)。

　　A. OPEN DATABASE　　　　　　　　B. USE DATABASE

　　C. CREAT DATABASE　　　　　　　　D. MODIFY DATABASE

9. 使用 MODIFY DATABASE 命令打开数据库设计器时,如果指定了 NOEDIT 选

项,则表示(　　)。

  A. 只是打开数据库设计器,禁止对数据库进行修改

  B. 打开数据库设计器,并且可以在数据库进行修改

  C. 在数据库设计器打开后程序继续执行

  D. 打开数据设计器后,应用程序会暂停

10. 在 Visual FoxPro 中,删除数据库的命令是(　　)。

  A. QUIT DATASE   B. CREATE DATABASE

  C. DELETE　DATABASE   D. CLEAR　DATABASE

11. 利用命令删除数据库文件时,指定 RECYCLE 选项命令后,将会把数据库文件(　　)。

  A. 放入回收站中,需要时可以还原   B. 放入回收站中,且不可以还原

  C. 彻底删除   D. 重命名

12. 表文件的扩展名为(　　)。

  A. dbf   B. pjx   C. dbc   D. doc

13. 一个表由(　　)个字段组成。

  A. 1   B. 2   C. 3   D. 若干

14. 在 Visual FoxPro 中自由表字段名最长为(　　)个字符。

  A. 1   B. 2   C. 10   D. 若干

15. 在 Visual FoxPro 中,数据库表字段名最长(　　)个字符。

  A. 10   B. 128   C. 130   D. 156

16. 下列关于字段命名中的命令规则,不正确的是(　　)。

  A. 字段名必须以字母或汉字开头

  B. 字段名可以由字母、汉字、下划线、数字组成

  C. 字段名中可以包含空格

  D. 字段可以是汉字或合法的西文标识符

17. 下列字段名中不合法的是(　　)。

  A. 姓名   B. 3 的倍数   C. ads 7   D. UF1

18. 下列字段名中合法的是(　　)。

  A.！编口号   B. 1U   C. 产品号   D. 生产　日期

19. 表 STUDENT 中 10 条记录都为女生,执行下列命令后,记录指针定位的记录号为(　　)。

```
USE    STUDENT
GO 3
LOCATE FOR    性别 = "男"
```

  A. 文件尾   B. 9   C. 7   D. 5

20. 将在 1 区的父表按主关键字“学号”和 3 区的子表建立临时关联,以下正确的是(　　)。

  A. SET RELATION TO 学号 INTO 3   B. SET RELATION TO 3 INTO 学号

  C. SET RELATION TO 学号 TO 3   D. SET RELATION TO 3 INTO 3

21. 在 Visual FoxPro 中,修改当前表的结构的命令是( )。

    A. MODIFY STRUCTURE   B. MODIFY DATABASE

    C. OPEN STRUCURE   D. OPEN DATABASE

22. 在 Visual FoxPro 中,要浏览表记录,首先用( )命令打开要操作的表。

    A. USE   B. OPEN STRUCTURE

    C. CLOSE   D. LIST

23. 在 Visual FoxPro 中,浏览表记录的命令是( )。

    A. USE   B. BROWSE   C. MODIFY   D. OPEN

24. 在 Visual FoxPro 中删除记录有( )两种。

    A. 逻辑删除和物理删除   B. 逻辑删除和彻底删除

    C. 物理删除和彻底删除   D. 物理删除和移去删除

25. 在 Visual FoxPro 中逻辑删除是指( )。

    A. 真正从磁盘上删除表及记录

    B. 逻辑删除是在记录旁作删除标记,可以恢复记录

    C. 真正从表中删除记录

    D. 逻辑删除只是在记录旁作删除标记,不可以恢复记录

26. 在 Visual FoxPro 中,APPEND 命令的作用是( )。

    A. 在表的任意位置添加记录   B. 在当前记录位置之前插入新记录

    C. 在表的尾部添加记录   D. 在表的首部添加记录

27. 在 Visual FoxPro 中,恢复逻辑删除的记录的命令是( )。

    A. RECDEVER   B. RECALL   C. DELETE   D. PACK

28. 物理删除表中所有记录的命令是( )。

    A. DELETE   B. PACK   C. ZAP   D. RECALL

29. 在 Visual FoxPro 中,逻辑删除表中性别为女的命令是( )。

    A. DELETE FOR 性别='女'   B. DELETE 性别='女'

    C. PACK 性别='女'   D. ZAP 性别=女

30. 定位记录时,可以用( )命令向前或向后移动若干条记录位置。

    A. SKIP   B. GOTO   C. GO   D. LOCATE

31. 在当前表中查找班级为 1 的每一个记录,应输入命令( )。

    A. LOCATE FOR 班级="1"

    B. LOCATE FOR 班级="1" CONTINUE

    C. LOCATE FOR 班级="1" next 1

    D. DELE FOR 班级="1"

32. Visual FoxPro 中的索引有( )。

    A. 主索引、候选索引、普通索引、视图索引

    B. 主索引、候选索引、唯一索引、普通索引

    C. 主索引、次索引、候选索引、普通索引

    D. 主索引、候选索引、普通索引

数据库及其相关操作

33. 在 Visual FoxPro 中,一个表可以创建(　　)个主索引。
    A. 1　　　　　　　　B. 2　　　　　　　　C. 3　　　　　　　　D. 若干

34. 主索引可以确保字段中输入值的(　　)性。
    A. 唯一　　　　　　　B. 重复　　　　　　　C. 多样　　　　　　　D. 兼容

35. 唯一索引中的"唯一性"是指(　　)的唯一。
    A. 字段值　　　　　　B. 字符值　　　　　　C. 索引项　　　　　　D. 视图项

36. 在 Visual FoxPro 中的 4 个索引中,一个表可以建立多个(　　)。
    A. 主选引、候选索引、唯一索引、普通索引
    B. 候选索引、唯一索引、普通索引
    C. 主索引、候选索引、唯一索引
    D. 主索引、唯一索引、普通索引

37. 在 Visual FoxPro 中,表设计器中的选项卡依次为(　　)。
    A. 字段、索引、表　　　　　　　　　　B. 表、字段、索引
    C. 字段、索引、类型　　　　　　　　　D. 字段、表、索引

38. 如果要更改表中数据的类型,应在表设计器的(　　)选项卡中进行。
    A. 字段　　　　　　　B. 表　　　　　　　　C. 索引　　　　　　　D. 数据类型

39. 下列更改索引类型的操作方法正确的是(　　)。
    A. 打开表设计器,选定"字段"选项卡,从"索引"下拉列表框中选择
    B. 打开表设计器,选定"索引"选项卡,在"索引名"下拉列表框中选择
    C. 打开表设计器,选定"表"选项卡,在"索引名"下拉列表框中选择
    D. 打开表设计器,选定"索引"选项卡,在"类型"下拉表框中选择

40. 在 Visual FoxPro 中,结构复合索引文件的特点是(　　)。
    A. 在打开表时自动打开
    B. 在同一索引文件中能包含多个索引方案或索引关键字
    C. 在添加、更改或删除记录时自动维护索引
    D. 以上答案均正确

41. 以下关于自由表的叙述,正确的是(　　)。
    A. 自由表可以添加到数据库中,但数据库中的表不可以从数据库中移出成自由表
    B. 自由表不能添加到数据库中
    C. 自由表可以添加到数据库中,数据库中的表也可以从数据中称出成为自由表
    D. 自由表是用以前的 Visual FoxPro 版本建立的表

42. Visual FoxPro 中的 SEEK 命令用于(　　)。
    A. 索引　　　　　　　B. 定位　　　　　　　C. 搜索　　　　　　　D. 查找

43. 在 Visual FoxPro 中,删除全部索引的命令是(　　)。
    A. SEEK ALL　　　　　　　　　　　　B. DELETE TAG TagName
    C. DELETE TAG ALL　　　　　　　　　D. SET ORDER

44. Visual FoxPro 中的参照完整性规则包括(　　)。
    A. 更新规则　　　　　　　　　　　　B. 删除规则
    C. 插入规则　　　　　　　　　　　　D. 以上答案均正确

45. 已知当前表中有 15 条记录,当前记录为第 12 条记录,执行 SKIP-2 命令后,当前记录变为第( )条记录。

    A. 2   B. 10   C. 12   D. 15

46. 下列命令中,不能对记录进行编辑修改是( )。

    A. MODI STRU   B. EDIT   C. CHANGE   D. BROWSE

47. 假设目前已打开表和索引文件,要确保记录指针定位在记录号为 1 的记录上,应使用( )命令。

    A. GO TOP   B. GO 1   C. LOCATE 1   D. SKIP 1

48. 在 Visual FoxPro 中,数据库表与自由表不同,下列不属于数据表特点的是( )。

    A. 数据库表可以使用长表名   B. 在表中不可以使用长字段名

    C. 指定默认值和输入掩码   D. 数据库表支持主索引、参照完整性

49. 将表从数据库中移出,使之成为自由表的命令是( )。

    A. REMOVE   B. DELETE

    C. RECYCLE   D. REMOVE TABLE

50. 执行下列命令序列后,VF1 的指针向第( )记录,VF2 指向第( )条记录。

```
SELECT 2
USE VF1
SELECT 3
USE VF2
SELECT 2
SKIP 2
```

    A. 1,2   B. 1,1   C. 3,1   D. 2,1

51. 在 Visual FoxPro 中,逻辑删除表中年龄等于 65 的命令是( )。

    A. DELE   FOR   年龄＝65   B. PACK   年龄＝65

    C. DELE   年龄＝65   D. ZAP   年龄＝65

52. 当前工作区是 1 区,执行下列命令

```
CLOSE   ALL
USE   STUDENT   IN 1
USE   COURSE   IN 2
```

之后,当前工作区是( )。

    A. 1 区   B. 2 区   C. 3 区   D. 4 区

53. 以下关于空值(NULL)的说法正确的是( )。

    A. 空值等同于空字符串   B. 表示字段或变量还没确定值

    C. Visual FoxPro 不支持空值   D. 等同于数值 0

54. 在表中有 50 条记录,当前记录号为 18,执行命令 LIST 后,记录指针指向( )。

    A. 第 1 条记录   B. 第 19 条记录

    C. 第 50 条记录   D. 文件结束标识位置

55. 按工资升序排序,工资相同者按参加工作日期早晚顺序建立索引文件,使用的命令是( )。

A. SET　INDEX ON　工资　工作日期 TO GE

B. INDEX　ON工资/A,工作日期/D TO GE

C. INDEX　ON　STR(工资,6,2)+DTOC(工作日期) TO　GE

D. INDEX　ON　STR(工资)+YEAR(工作日期) TO　GE

56. 执行下列命令后,记录指针定位在(　　　)。

```
USE EGGE
INDEX  ON工资  TO TEMP
GO  TOP
```

A. 指针定位第 1 条记录

B. 指针定位于索引文件中的第 1 条记录

C. 指针定位第 1 条记录之前

D. 指针定位于索引文件中的第 1 条记录之前

57. 若要在执行"LOCATE FOR 工资=600"之后,将指针定位在下一个工资是 600 的记录上,应使用的命令是(　　　)。

　　A. CONTINUE　　　B. SKIP 600　　　C. SEEK 600　　　D. FIND 600

58. 建立唯一索引,出现重复字段值时,只出现记录的(　　　)。

　　A. 第一个　　　　　B. 最后一个　　　C. 全部　　　　D. 若干个

59. "职工"表已经打开,若要打开索引文件"职称",可用命令(　　　)。

　　A. USE 职称　　　　　　　　　　B. INDEX WITH 职称

　　C. SET INDEX TO 职称　　　　　　D. INDEX ON 职称

60. 不允许记录中出现重复值的索引是(　　　)。

　　A. 主索引　　　　　　　　　　B. 主索引、候选索引和普遍索引

　　C. 主索引和候选索引　　　　　　D. 主索引、候选索引和唯一索引

61. 要控制两个表中数据的完整性和一致性,可以设置"参照完整性",要求这两个表(　　　)。

　　A. 是同一个数据库中的两个表　　B. 不同数据库中的两个表

　　C. 两个自由表　　　　　　　　　D. 一个是数据库表,另一个是自由表

62. 在 Visual FoxPro 中,可以对字段设置默认值的表(　　　)。

　　A. 必须是数据库表　　　　　　B. 必须是自由表

　　C. 自由表或数据库表　　　　　D. 不能设置字段的默认值

63. 在 Visual FoxPro 中进行参照完整性设置时,要想设置成当更改父表中的主关键字段或候选关键字段时,自动更改所有相关子表记录中的对应值,应选择(　　　)。

　　A. 限制　　　　　B. 忽略　　　　　C. 级联　　　　D. 级联或限制

64. 在 Visual FoxPro 的"数据工作期"窗口中,使用 SET RELATION 命令可以建立两个表之间的关联,这种关联是(　　　)。

　　A. 永久性关联　　　　　　　　B. 永久性关联或临时性关联

　　C. 临时性关联　　　　　　　　D. 永久性关联和临时性关联

65. 在 Visual FoxPro 中,通用型字段 G、备注型字段 M、逻辑型字段和日期型字段在表中的宽度分别是(　　　)。

A. 4、4、8、6   B. 1、8、4、6   C. 4、4、1、8   D. 4、4、2、8

66. 不论索引是否生效,定位到相同记录上的命令是( )。

  A. GO TOP   B. GO BOTTOM C. GO 6   D. SKIP

67. 可以伴随着表的打开而自动打开的索引是( )。

  A. 单一索引文件(IDX)   B. 复合索引文件(CDX)

  C. 结构化复合索引文件   D. 非结构化复合索引文件

68. 要为当前表所有职工增加 100 元工资,应该使用命令( )。

  A. CHANGE 工资 WITH 工资＋100

  B. REPLACE 工资 WITH 工资＋100

  C. CHANGE ALL 工资 WITH 工资＋100

  D. REPLACE ALL 工资 WITH 工资＋100

69. Visual FoxPro 参照完整性规则不包括( )。

  A. 更新规则   B. 查询规则   C. 删除规则   D. 插入规则

70. 在数据库设计器中,建立两个表之间的一对多联系是通过以下( )索引实现的。

  A. "一"方表主索引或候选索引、"多"方表普通索引

  B. "一"方表主索引、"多"方表的普通索引或候选索引

  C. "一"方表普通索引、"多"方表主索引或候选索引

  D. "一"方表普通索引、"多"方表候选索引或普通索引

71. 一个表文件中多个备注型(MEMO)字段的内容存放在( )。

  A. 这个表文件中   B. 一个备注文件中

  C. 多个备注文件中   D. 一个文本文件中

72. 执行下列命令后,HH1 和 HH2 指针分别指向( )。

```
SELE 1
USE HH1
SELE 2
USE HH2
SKIP
SELE 1
SKIP 3
```

  A. 1、4   B. 4、1   C. 4、2   D. 2、4

73. 在 Visual FoxPro 中,关于自由表叙述正确的是( )。

  A. 自由表和数据库表是完全相同的 B. 自由表不能建立字段级规则和约束

  C. 自由表不能建立候选索引   D. 自由表不可以加入到数据库中

74. 在 Visual FoxPro 中,建立数据库表时,将年龄字段值限制在 12～14 之间的这种约束属于( )。

  A. 实体完整性约束   B. 域完整性约束

  C. 参照完整性约束   D. 视图完整性约束

75. 要从表中物理删除一条记录,应使用的命令是( )。

  A. 首先用 DELE,然后用 ZAP   B. 首先用 DELE,然后用 PACK

  C. 直接用 PACK   D. 直接用 DELE

76. 在 Visual FoxPro 中,建立索引的作用之一是( )。

    A. 节省存储空间   B. 便于管理

    C. 提高查询速度   D. 提高查询和更新速度

77. 在 Visual FoxPro 中,相当于主关键字的索引是( )。

    A. 主索引   B. 普通索引   C. 唯一索引   D. 排序索引

78. 在 Visual FoxPro 中,创建一个名为 SDB. dbc 的数据库文件,使用的命令是( )。

    A. CREATE   B. CREATE SDB

    C. CREATE TABLE SDB   D. CREATE DATABASE SDB

79. 在 Visual FoxPro 中,可以链接或嵌入 OLE 对象(如图像)的字段类型应该是( )。

    A. 备注型   B. 通用型   C. 字符型   D. 双精度型

80. 实体完整性保证了表中记录的唯一性,即在一个表中不能出现( )。

    A. 重复记录   B. 重复字段   C. 重复属性   D. 重复索引

81. 下列关于结构复合索引文件,描述正确的是( )。

    A. 不能随表打开而打开

    B. 在同一索引文件中只能包含一个索引项

    C. 一个表只能建立一个结构复合索引文件

    D. 在添加、更改或删除记录时需要手动维护索引

82. 要在两张相关的表之间建立永久关系,这两张表应该是( )。

    A. 同一个数据库内的两张表   B. 两张自由表

    C. 一张自由表、一张数据库表   D. 任意两张数据库表或自由表

83. 创建数据库后,系统自动生成的 3 个文件的扩展名是( )。

    A. pjx、pjt、rpg   B. sct、scx、spx   C. fpt、frx、fxp   D. dbc、dct、dcx

84. 要显示工资超过 2000 元或工资未达到 800 元的全部未婚男性的记录,正确的是( )。

    A. LIST FOR 性别＝"男"AND NOT 婚否 AND 工资＞2000 AND 工资＜800

    B. LIST FOR 性别＝"男"AND 婚否 AND 工资＞2000 OR 工资＜800

    C. LIST FOR 性别＝"男"AND NOT 婚否 AND 工资＞2000 AND 工资＜800

    D. LIST FOR 性别＝"男"AND NOT 婚否 AND(工资＞2000 OR 工资＜800)

85. 打开一张表后,执行下列命令:

```
GO 6
SKIP-5
GO 5
```

则关于记录指针的位置说法正确的是( )。

    A. 记录指针停在当前记录不动   B. 记录指针指向第 11 条记录

    C. 记录指针指向第 5 条记录   D. 记录指针指向第 1 条记录

86. 如已在"学生"表和"成绩"表之间按学号建立永久关系,现要设置参照完整性,即,当在成绩表中添加记录时,凡是"学生"表中不存在的学号均不允许添加,则该参照完整性应设置为( )。

    A. 更新级联   B. 更新限制   C. 插入级联   D. 插入限制

87. 将结构索引文件中的"职工号"设置为当前索引,使用的命令是( )。

    A. SET ORDER TO TAG　职工号　　　　B. CREATE ORDER TO 职工号

    C. SET INDEX TO 职工号　　　　　　　D. ORDER TO TAG 职工号

88. 建立索引时,( )字段不能作为索引字段。

    A. 字符型　　　　　B. 数值型　　　　　C. 备注型　　　　　D. 日期型

89. 一个表的主关键字被包含到另一个表中时,在另一个表中称这些字段为( )。

    A. 外关键字　　　　B. 主关键字　　　　C. 超关键字　　　　D. 候选关键字

90. 在向数据库中添加表的操作时,下列说法中不正确的是( )。

    A. 可以将自由表添加到数据库中

    B. 可以将数据库表添加到另一个数据库中

    C. 可以在项目管理器中将自由表拖放到数据库中

    D. 先将数据库表移出数据库成为自由表,而后将其添加到另一个数锯库中

91. 对于自由表而言,不允许有重复值的索引是( )。

    A. 主索引　　　　　B. 候选索引　　　　C. 普通索引　　　　D. 唯一索引

92. 表之间的临时性关系是在两个打开的表之间建立的关系。如果两个表中有一个关闭,则该临时性关系( )。

    A. 转化为永久关系　B. 永久保留　　　　C. 临时保留　　　　D. 消失

93. 下列关于数据库的描述中,不正确的是( )。

    A. 数据库是一个包容器,它提供了存储数据的一种体系结构

    B. 数据库表和自由表的扩展名都是 dbf

    C. 数据库表的表设计器和自由表的表设计器是不相同的

    D. 数据库表的记录保存在数据库中

94. 在当前表的第 10 条记录之前插入一条空记录的命令是( )。

    A. GO 10　　　　　　　　　　　　　　B. GO 10

       INSERT BEFORE BLANK　　　　　　　　INSERT　BLANK

    C. GO 10　　　　　　　　　　　　　　D. GO 10

       APPEND　　　　　　　　　　　　　　APPEND BLANK

95. BROWSE 命令中没有的功能是( )。

    A. 修改记录　　　　B. 添加记录　　　　C. 删除记录　　　　D. 插入记录

96. 用命令"INDEX ON 姓名 TAG NAME UNIQUE"建立的索引类型是( )。

    A. 主索引　　　　　B. 普通索引　　　　C. 候选索引　　　　D. 唯一索引

97. 在参照完整性的设置中,如果要求在主表中删除记录后,删除子表中的相关记录,则应将"删除"规则设置为( )。

    A. 限制　　　　　　B. 级联　　　　　　C. 忽略　　　　　　D. 任意

98. 在定义表结构时,以下( )数据类型的字段宽度都是定长的。

    A. 字符型、货币型、数值型　　　　　　B. 字符型、货币型、整型

    C. 备注型、逻辑型、数值　　　　　　　D. 日期型、备注型、逻辑型

99. 执行 SELECT 0 选择工作区的结果是( )。

    A. 选择了 0 号工作区　　　　　　　　B. 选择了空闲的最小号工作区

数据库及其相关操作

C. 选择已打开的工作区　　　　　　D. 关闭选择的工作区

100. 两表之间的临时性联系称为关联。以下叙述中正确的是(　　)。

A. 建立关联的两个表一定在同一个数据库中

B. 两表之间临时性联系是建立在两表之间永久性联系基础之上的

C. 当父表记录指针移动时,子表记录指针按一定的规则跟随移动

D. 当关闭父表时,子表自动被关闭

第 5 章

查询与视图

1. 下列关于查询描述正确的是( )。
   A. 可以使用 CREATE VIEW 打开查询设计器
   B. 使用查询设计器可以生成所有的 SQL 查询语句
   C. 使用查询设计器生成的 SQL 语句存盘后将存放在扩展名为 qpr 的文件中
   D. 使用 DO 语句执行查询时,可以不带扩展名

2. 如果要在屏幕上直接看到查询结果,"查询去向"应该选择( )。
   A. 屏幕　　　　　　B. 浏览　　　　　　C. 临时表或屏幕　　D. 浏览或屏幕

3. 使用菜单操作方法打开一个在当前目录下已经存在的查询文件 zgjk. qpr 后,在"命令"窗口生成的命令是( )。
   A. OPEN QUERY zgjk. qpr　　　　　　B. MODIFY QUERY zgjk. qpr
   C. DO QUERY zgik. qpr　　　　　　　D. CREATE QUERY zgik. qpr

4. 在 Visual FoxPro 系统中,使用查询设计器生成的查询文件中所保存的是( )。
   A. 查询的命令　　　　　　　　　　　B. 与查询有关的基表
   C. 查询的结果　　　　　　　　　　　D. 查询的条件

5. 运行查询 xmcxl. qpr 的命令是( )。
   A. USE xmcxl　　　　　　　　　　　B. USE xmcxl. qpr
   C. DO xmcxl. qpr　　　　　　　　　D. DO xmcxl

6. 下面关于视图的描述正确的是( )。
   A. 可以使用 MODIFY STRUCTURE 命令修改视图的结构
   B. 视图不能删除,否则影响原来的数据文件
   C. 视图是对表进行复制后产生的
   D. 使用 SQL 对视图进行查询时必须事先打开该视图所在的数据库

7. 视图设计器中含有的但查询设计器中却没有的选项卡是( )。
   A. 筛选　　　　　　B. 排序依据　　　　　C. 分组依据　　　　D. 更新条件

8. 有如下 SQL 语句:
   CREATE VIEW stock-view AS SELECT 股票名称 AS 名称,单价 FROM stock 执行该语句后产生的视图含有的字段名是( )。
   A. 股票名称　　　　　　　　　　　　B. 名称、单价
   C. 名称、单价、交易所　　　　　　　D. 股票名称、单价、交易所

9. ( )不可以作为查询的输出类型。
   A. 自由表　　　　　　B. 表单　　　　　　C. 临时表　　　　　D. 数组

10. 查询设计器中"联接"选项卡对应的 SQL 短语是(　　　)。

    A. WHERE　　　　　B. JOIN ON　　　　　C. SET　　　　　　　D. ORDER BY

11. 在查询设计器中,"字段"选项卡对应 SQL 语句(　　　),用来指定要查询的数据。

    A. SELECT　　　　　B. FROM　　　　　　C. WHERE　　　　　D. ORDER BY

12. 查询设计器中的选项卡依次为(　　　)。

    A. 字段、联接、筛选、排序依据、分组依据

    B. 字段、联接、排序依据、分组依据、杂项

    C. 字段、联接、筛选、排序依据、分组依据、更新条件、杂项

    D. 字段、联接、筛选、排序依据、分组依据、杂项

13. 以下关于查询的描述正确的是(　　　)。

    A. 不能根据自由表建立查询　　　　　　B. 只能根据自由表建立查询

    C. 只能根据数据库表建立查询　　　　　D. 可以根据数据库表和自由表建立查询

14. 在 Visual FoxPro 中,查询设计器中的各选项卡与(　　　)语句各短语是相对应的。

    A. SQL SELECT　　　　　　　　　　B. SQL INSERT

    C. SQL UPDATE　　　　　　　　　　D. SQL DROP

15. 在查询设计器中,"筛选"选项卡对应(　　　)短语,用来指定查询的条件。

    A. SQL SELECT　　　B. FROM　　　　　　C. WHERE　　　　　D. ORDER BY

16. 在查询设计器中,选定"杂项"选项卡中的"无重复记录"复选框,与执行 SQL SELECT 语句中的(　　　)等效。

    A. WHERE　　　　　B. JOIN ON　　　　　C. ORDER BY　　　D. DISTINCT

17. 在查询设计器中,"排序依据"选项卡对应(　　　)短语,用于指定排序的字段和排序方式。

    A. SELECT　　　　　B. FROM　　　　　　C. WHERE　　　　　D. ORDER BY

18. 在 Visual FoxPro 中,当一个查询基于多个表时,要求表之间(　　　)。

    A. 不需要有联系　　　　　　　　　　B. 必须是有联系的

    C. 一定不要有联系　　　　　　　　　D. 可以有联系也可以没联系

19. SQL SELECT 语句中的 GROUP BY 和 HAVING 短语对应查询设计器上的(　　　)选项卡。

    A. 字段　　　　　　B. 联接　　　　　　C. 分组依据　　　D. 排序依据

20. 打开查询设计器的命令是(　　　)。

    A. OPEN QUERY　　　　　　　　　　B. MODI VIEW

    C. CREATE QUERY　　　　　　　　　D. CREATE VIEW

21. 在查询设计器的"字段"选项卡中设置字段时,如果将"可用字段"列表框中的所有字段一次性移到"选定字段"列表框中,可单击(　　　)按钮。

    A. 添加　　　　　　B. 全部添加　　　　C. 移去　　　　　D. 全部移去

22. 只有满足联接条件的记录才包括在查询结果中,这种联接称为(　　　)。

    A. 内部联接　　　　B. 左联接　　　　　C. 右联接　　　　　D. 外部联接

23. 在 Visual FoxPro 中,建立视图的命令是(　　　)。

    A. CREATE QUERY　　　　　　　　　B. CREATE VIEW

C. OPEN QUERY   D. OPEN VIEW

24. 下列操作能够在选项卡中完成而不能在视图中完成的是（   ）。

    A. 指定可更新的表   B. 指定可更新的字段

    C. 检查更新合法性   D. 删除和视图相关联的表

25. 在 Visual FoxPro 中，联接类型有（   ）。

    A. 内部联接、左联接、右联接

    B. 内部联接、左联接、右联接、外部联接

    C. 内部联接、完全联接、左联接、右联接

    D. 内部联接、左联接、外部联接

26. 在 Visual FoxPro 中用来创建联接的命令是（   ）。

    A. CREATE CONNECTION   B. CREATE VIEW

    C. CREATE QUERY   D. OPEN CONNECTION

27. 建立远程视图之前必须首先建立与远程数据库的（   ）。

    A. 联系   B. 关联   C. 数据源   D. 联接

28. 视图不能单独存在，它必须依赖于（   ）。

    A. 视图   B. 数据库   C. 数据表   D. 查询

29. 在视图设计器的"更新条件"选项卡中，如果出现钥匙标志，表示（   ）。

    A. 更新   B. 该字段为非关键字

    C. 该字段是关键字段   D. 该字段为关键字

30. 运行查询的快捷键为（   ）。

    A. Ctrl＋V   B. Ctrl＋P   C. Ctrl＋D   D. Ctrl＋Q

第6章 关系数据库标准语言 SQL

1. 在 Visual FoxPro 中,关于 SQL 语言的说法不正确的是( )。
   A. 支持数据定义功能
   B. 支持数据查询功能
   C. 支持数据操作功能
   D. 支持数据控制功能

2. 下面关于 HAVING 子句描述错误的是( )。
   A. HAVING 子句必须与 GROUP BY 子句同时使用,不能单独使用
   B. 使用 HAVING 子句的同时不能使用 WHERE 子句
   C. 使用 HAVING 子句的同时可以使用 WHERE 子句
   D. 使用 HAVING 子句的使用是限定分组的条件

3. 在 SQL SELECT 语句中,ORDER BY 子句根据列的数据对查询结果进行排序。以下关于排序依据的说法中不正确的是( )。
   A. 只要是 FROM 子句中表的字段即可
   B. 是 SELECT 主句(不在子查询中)的一个选项
   C. 一个数值表达式,表示查询结果中的列的位置(最左边列编号为 1)
   D. 默认是升序(ASC)排列,可在其后加 DESC 指定查询结果以降序排列

4. "学生"表结构为(学号 N(3),姓名 C(3),性别 C(1),年龄 N(2)),"学号"为主索引,若用 SQL 命令索引所有比"张换新"年龄大的同学,下列语句中正确的是( )。
   A. SELECT * FROM 学生 WHERE 年龄>(SELECT 年龄 FROM 学生 WHERE 姓名="张换新")
   B. SELECT * FROM 学生 WHERE 姓名="张换新"
   C. SELECT * FROM 学生 WHERE 年龄>(SELECT 年龄 WHERE 姓名="张换新")
   D. SELECT * FROM 学生 WHERE 姓名>"张换新"

5. 在 SQL 语句中,与表达式"仓库号 NOT IN("wh1","wh2")"功能相同的表达式是( )。
   A. 仓库号="wh1" AND 仓库号="wh2"
   B. 仓库号!="wh1" OR 仓库号♯="wh2"
   C. 仓库号<>"wh1" OR 仓库号!="wh2"
   D. 仓库号!="wh1" AND 仓库号!="wh2"

6. 在 SQL-SELECT 语句中,用于实现关系的选择运算的短语是( )。
   A. FOR
   B. WHILE
   C. WHERE
   D. CONDITION

7. 查询每门课程的最高分,要求得到的信息包括课程名称和分数,正确的命令是(   )。

   A. SELECT 课程名称 SUM(成绩) AS 分数 FROM 课程,学生成绩;

      WHERE 课程.课程编号＝学生成绩.课程编号;

      GROUP BY 课程名称

   B. SELECT 课程名称,MAX(成绩)分数 FROM 课程,学生成绩;

      WHERE 课程.课程编号＝学生成绩.课程编号;

      GROUP BY 课程名称

   C. SELECT 课程名称,SUM(成绩)分数 FROM 课程,学生成绩;

      WHERE 课程.课程编号＝学生成绩.课程编号;

      GROUP BY 课程.课程编号

   D. SELECT 课程名称,SUM(成绩) AS 分数 FROM 课程,学生成绩;

      WHERE 课程.课程编号＝学生成绩.课程编号;

      GROUP BY 课程编号

8. 一条没有指明去向的 SQL-SELECT 语句执行之后,会把查询结果显示在屏幕上,要退出这个查询窗口,应该按的键是(   )。

   A. Alt   B. Delete   C. Ese   D. Return

9. 在当前盘目录下删除表 stock 的命令是(   )。

   A. DROP stock   B. DELETE TABLE stock

   C. DROP TABLE stock   D. DELETE stock

10. 在 Visual FoxPro 中,使用 SQL 命令将学生表 STUDENT 中的学生年龄 AGE 字段的值增加1,应该使用的命令是(   )。

   A. REPLACE AGE WITH AGE+1

   B. UPDATE STUDENT AGE WITH AGE+1

   C. UPDATE SET AGE WITH AGE+1

   D. UPDATE STUDENT SET AGE＝AGE+1

11. 将 stock 表的"股票名称"字段的宽度由8改成10,应使用的 SQL 语句是(   )。

   A. ALTER TABLE stock 股票名称 WITH c(10)

   B. ALTER TABLE stock 股票名称 c(10)

   C. ALTER TABLE stock ALTER 股票名称 c(10)

   D. ALTER stock TABLE 股票名称 c(10)

12. 如果要创建一张仅含有一个字段的自由表 RY,其字段名为 XM,字段类型为字符型,字段宽度为8,则可以用下列的(   )命令创建。

   A. CREATE TABLE RY XM C(8)

   B. CREATE TABLE RY (XM C(8))

   C. CREATE TABLE RY FIELD XM C(8)

   D. CREATE TABLE RY FIELD (XM C(8))

13. 在 SQL 的查询语句中,(   )语句相当于实现关系的投影操作。

   A. WHERE   B. GROUP BY

   C. SELECT   D. FROM

14. SQL 除了具有数据查询的功能外,还有(　　)的功能。

    A. 数据定义　　　　　B. 数据操纵　　　　　C. 数据控制　　　　　D. 以上都正确

15. SQL 的核心是(　　)。

    A. 查询　　　　　　　B. 数据定义　　　　　C. 数据操纵　　　　　D. 数据控制

16. SQL 同其他数据操纵语言不同的关键在于(　　)。

    A. SQL 是一种过程性语言　　　　　　　B. SQL 是一种非过程性语言

    C. SQL 语言简练　　　　　　　　　　　D. SQL 的词汇有限

17. 联接查询是基于(　　)的查询。

    A. 一个表　　　　　　　　　　　　　　B. 两个表

    C. 多个关系　　　　　　　　　　　　　D. 有一个关联的表

18. 使用 SQL 语句可以将查询结果排序,排序的短语是(　　)。

    A. ORDER BY　　　B. ORDER　　　　　C. GROUP BY　　　D. COUNT

19. 关于 SQL 的短语,下列说法中正确的是(　　)。

    A. HAVING 必须与 ORDER BY 短语连用

    B. ASC 必须与短语 GROUP BY 短语连用

    C. ORDER BY 短语通常在 GROUP BY 短语之后

    D. ORDER BY 短语必须与 GROUP BY 短语连用

20. 在 SQL 中用来计算平均值的函数为(　　)。

    A. COUNT　　　　　B. SUM　　　　　　C. AVG　　　　　　D. MAX

21. 下列关于 SQL INSERT 作用的叙述中,正确的是(　　)。

    A. 在表尾插入一条记录　　　　　　　　B. 在表头插入一条记录

    C. 在表的任何位置插入一条记录　　　　D. 可以插入若干条记录

22. 在 ORDER BY 子句中,DESC 表示(　　);省略 DESC 表示(　　),正确答案为(　　)

    A. 升序,降序　　　B. 降序,升序　　　C. 升序,升序　　　D. 降序,降序

23. SQL 语句中的特殊运算符不包括(　　)。

    A. BETWEEN　　　B. AND　　　　　　C. OR　　　　　　　D. LIKE

24. 在 SQL 中既允许执行比较操作,又允许执行算术操作的数据类型是(　　)。

    A. 数值型　　　　　B. 字符型　　　　　C. 时间日期型　　　D. 时间型

25. 以下关于空值(NULL)的叙述中,正确的是(　　)。

    A. 空值等同于空字符串　　　　　　　　B. 空值表示字段或变量还没有确定值

    C. Visual FoxPro 不支持空值　　　　　D. 空值等同于数值 0

26. 在 SQL-SELECT 语句中,设置内部联接的命令是(　　)。

    A. INNER JOIN　　B. LEFT JOIN　　　C. RIGHT JOIN　　D. FULL JOIN

27. SQL 查询命令的基本形式由查询块(　　)组成。

    A. SELECT…WHERE…FROM　　　　　B. SELECT…WHERE…FROM

    C. SELECT…FROM…WHERE　　　　　D. SELECT…FROM…WHERE

28. 如果在 SQL-SELECT 语句的 ORDER BY 子句中指定了 DESC,则表示(　　)。

    A. 按降序排序　　　B. 按升序排序　　　C. 不排序　　　　　D. 无意义

29. 在查询类型中,不属于 SQL 查询的是(　　)。
　　A. 嵌套查询　　　　B. 联接查询　　　C. 简单查询　　　D. 视图查询
30. Visual FoxPro 支持 SQL 命令,要求(　　)。
　　A. 被操作的表一定要打开
　　B. 被操作的表一定不要打开
　　C. 被操作的表不一定要打开
　　D. 以上说法都不正确

第 7 章　Visual FoxPro 结构化程序设计

1. 在 Visual FoxPro 中,程序文件的扩展名为(　　)。
   A. .prg
   B. .qpr
   C. .app
   D. .scx
2. 在 Visual FoxPro 中,用来建立程序文件的命令是(　　)。
   A. OPEN COMMAND <文件名>
   B. CREATE COMMAND <文件名>
   C. MODIFY COMMAND <文件名>
   D. MODIFY FILE <文件名>
3. 下列关于修改程序的说法,正确的是(　　)。
   A. 打开项目管理器,选择要修改的程序文件,单击"修改"按钮
   B. 从"文件"菜单中选择"打开"命令,选择"程序"文件类型,然后选择要修改的程序
   C. "通过 MODIFY COMMAND <文件名>"来修改程序文件
   D. 以上说法均正确
4. 在下述操作中,不能够执行 Visual FoxPro 程序文件的是(　　)。
   A. 若程序包含在一个项目中,则在项目管理器中选定它并单击"运行"按钮
   B. 从"程序"菜单中选择"运行"命令,在弹出的对话框中选择要运行的程序名
   C. 在"命令"窗口中输入 DO 命令及要运行的程序文件名
   D. 在资源管理器中单击要运行的程序文件(.prg 文件)
5. 在 Visual FoxPro 中,结构化程序设计的 3 种基本逻辑结构是(　　)。
   A. 选择结构、嵌套结构、分支语句
   B. 选择结构、分支语句、循环结构
   C. 顺序结构、分支语句、选择结构
   D. 顺序结构、选择结构、循环结构
6. 在 DO WHILE…ENDDO 循环结构中,LOOP 命令的作用是(　　)。
   A. 退出过程,返回程序开始处
   B. 转移到 DO WHILE 语句行,开始下一个判断和循环
   C. 终止循环,将控制转移到本循环结构 ENDDO 后面的第 1 条语句继续执行
   D. 终止程序执行
7. 在 DO WHILE…ENDDO 循环结构中,EXIT 命令的作用是(　　)。
   A. 退出过程,返回程序开始处
   B. 转移到 DO WHILE 语句行,开始下一个判断和循环
   C. 终止循环,将控制转移到本循环结构 ENDDO 后面的第 1 条语句继续执行
   D. 终止程序执行
8. 设有以下程序段:

   A = 10

```
B = 20
C = 40
IF A > B
IF C > A
C = A + B
ELSE
C = A - B
ENDIF
INDIF
?C
```

执行该程序,显示结果为( )。

    A. 30   B. −10   C. 10   D. 40

9. 设成绩表当前记录中"计算机"字段的值为 85,执行下面程序段之后,输出的结果为( )。

```
DO CASE
CASE 计算机< 60
? "计算机等级是" + "不及格"
CASE 计算机> = 60
?"计算机等级是" + "及格"
CASE 计算机> = 75
?"计算机等级是" + "良好"
CASE 计算机> = 85
?"计算机等级是" + "优"
ENDCASE
```

    A. 不及格   B. 及格   C. 良好   D. 优

10. 执行以下程序:

```
CLEAR
LOCAL A, B
A = 100
DO CASE
    CASE A < 20
        B = A/B
    CASE A < 50
        B = A/B
    CASE A < 100
        B = A/B
    OTHERWISE
        B = B
ENDCASE
?B
```

运行程序后,变量 B 的值为( )。

    A. 5   B. 2   C. 1   D. .F.

11. 执行以下程序,如果输入 X 的值为 5,则最后 S 的显示值为( )。

```
SET TALK OFF
```

Visual FoxPro 结构化程序设计

```
S = 0
I = 1
INPUT "X = " TO X
DO WHILE S <= X
    S = S + X
    I = I + 1
ENDDO
?S
SET TALK ON
```

  A. 1   B. 3   C. 5   D. 6

12. 执行以下程序,最后 S 的显示值为( )。

```
SET TALK OFF
S = 0
I = 5
X = 11
DO WHILE S <= X
    S = S + I
    I = I + 1
ENDDO
?S
SET TALK ON
```

  A. 5   B. 11   C. 18   D. 26

13. 设有以下程序段:

```
SET TALK OFF
CLEAR
DIMENSION a(2,3)
i = 1
DO WHILE i <= 2
  j = 1
  DO WHILE j <= 3
    a(i,j) = i + j
    ?? a(i,j)
    j = j + 1
    ENDDO
  ?
  i = i + 1
ENDDO
SET TALK ON
RETURN
```

执行该程序,程序的运行结果为( )。

  A. 2 3 4 3 4 5   B. 1 2 3 4 5   C. 1 2 3 2 4 6   D. 2 3 4 4 5 6

14. 有如下程序:

```
SET TALK OFF
X = 15.68
Y1 = ROUND(X,1)
```

```
Y2 = INT(X)
Y = Y1 + Y2
?Y,Y1,Y2
```

执行该程序,程序的运行结果为(　　)。

      A. 31　16　15　　　　　　　　B. 30　15　15

      C. 31　15　15　　　　　　　　D. 30.7　15.7　15

15. 有如下程序:

```
A = 10
IF A = 10
S = 0
ENDIF
S = 1
?S
```

此程序执行结果是(　　)。

      A. 0　　　　　　B. 1　　　　　C. 程序出错　　　　D. 结果无法确定

16. 有下列程序:

```
FOR I = 1 TO 6
    ??I
ENDFOR
```

此程序的执行结果是(　　)。

      A. 1　　　　　B. 6　　　　C. 1 2 3 4 5 6　　　D. 6 5 4 3 2 1

17. 有如下程序:

```
SET TALK OFF
STORE 0 TO S
N = 20
DO WHILE N > S
S = S + N
N = N - 2
ENDDO
?S
RETURN
```

此程序的运行结果是(　　)

      A. 0　　　　　B. 2　　　　C. 20　　　　　D. 18

18. 在 Visual FoxPro 中,关于过程调用的叙述正确的是(　　)。

    A. 被传递的参数是变量参数,则为引用方式

    B. 被传递的参数为常量,则为传值方式

    C. 被传递的参数为表达式,则为传值方式

    D. 传值方式中形参变量值的改变不会影响实参变量的取值,引用方式则刚好相反

19. 将内存变量定义为全局变量的 Visual FoxPro 命令是(　　)。

    A. LOCAL　　　　B. PRIVATE　　　　C. PUBLIC　　　　D. GLOBAL

20. 在 Visual FoxPro 中,如果希望一个内存变量只限于在本过程中使用,那么用于说

明这个内存变量的命令是( )。

    A. PRIVATE

    B. PUBLIC

    C. LOCAL

    D. 在程序中直接使用的内存变量(不通过 A、B、C 说明)

21. 用于显示模块程序(程序、过程和方法程序)中的内存变量(简单变量、数组和对象)的名称、当前取值和类型的窗口是( )。

    A. "跟踪"窗口   B. "监视"窗口

    C. "局部"窗口   D. "调试输出"窗口

22. PUBLIC 命令的作用是( )。

    A. 删除内存变量文件中指定的内存变量

    B. 建立私有的内存变量

    C. 建立局部变量

    D. 建立公共的内存变量

23. 在调试器中,可以显示程序、过程和方法程序中的变量、数组和对象的名称以及当前取值和类型的窗口是( )。

    A. "监视"窗口   B. "局部"窗口

    C. "跟踪"窗口   D. "调用输出"窗口

24. 可以通过单击"工具"菜单中的"调试器"命令调用"调试器",也可以使用命令( )实现。

    A. DEBUG   B. DEBUG OUT

    C. OPEN   D. 以上都不对

25. 不需要事先建立就可以使用的变量是( )。

    A. 公共变量   B. 私有变量   C. 局部变量   D. 数组变量

26. 在某个程序模块中使用命令"PRIVATE XI"定义一个内存变量,则变量 XI( )。

    A. 可以在该程序的所有模块中使用

    B. 只能在定义该变量的模块中使用

    C. 只能在定义该变量的模块及其上层模块中使用

    D. 只能在定义该变量的模块及其下层模块中使用

27. 下列关于接收参数和发送参数的说法,正确的是( )。

    A. 接收参数语句 PARAMTERS 可以写在程序中的任意位置

    B. 通常发送参数语句 DO…WITH 和接收参数语句 PARAMTERS 不必搭配成对,可以单独使用

    C. 发送参数和接收参数排列顺序和数据类型必须一一对应

    D. 发送参数和接收参数的名字必须相同

28. 设有以下程序段:

```
SET TALK OFF
CLEAR
A = 2
```

```
    DO WHILE .T.
      IF A > = 100
        EXIT
      ENDIF
    A = A + 2
    ENDDO
    ?A
    SET TALK ON
    RETURN
```

执行该程序后,语句"A＝A＋2"的执行次数与 A 的值分别是(   )。

    A. 98、98   B. 49、100   C. 98、102   D. 100、100

29. 设有如下程序:

```
    SET TALK OFF
    STORE 2 TO M , N
    DO WHILE M < 14
      M = M + N
      N = N + 2
    ENDDO
    ?M , N
    SET TALK ON
    RETURN
```

执行该程序的输出结果是(   )。

    A. 22　10   B. 22　8   C. 14　8   D. 14　10

30. 下列程序段的输出结果是(   )。

```
    CLEAR
    STORE 10 TO A
    STORE 20 TO B
    SET UDFPARMS TO REFERENCE
    DO SWAP WITH A,(B)
    ?A,B
    PROCEDURE SWAP
    PARAMETERS X1,X2
    TEMP = X1
    X1 = X2
    X2 = TEMP
    ENDPROC
```

    A. 10 20   B. 20 20   C. 20 10   D. 10 10

Visual FoxPro 结构化程序设计

第8章 表单设计

1. 对象是现实世界中一个实际存在的事物,它可以是有形的也可以是无形的。下面所列举的不是对象的是(　　)。

    A. 桌子　　　　　　　　B. 飞机　　　　　　　C. 狗　　　　　　　　D. 苹果的颜色

2. 下面对对象概念的描述不正确的是(　　)。

    A. 任何对象都必须有继承性　　　　　　B. 对象是属性和方法的封装体

    C. 对象间的通信靠消息传递　　　　　　D. 操作是对象的动态属性

3. 面向对象的开发方法中,类与对象的关系是(　　)。

    A. 具体与抽象　　　　　　　　　　　B. 抽象与具体

    C. 整体与部分　　　　　　　　　　　D. 部分与整体

4. 下面关于面向对象程序设计方法的说法中错误的是(　　)。

    A. 客观世界中的任何一个事物都可以看成是一个对象

    B. 面向对象方法的本质就是主张从客观世界固有的事物出发来构造系统,提倡用人类在显示生活中常用的思维方法来认识、理解和描述客观事物

    C. 面向对象程序设计方法主要采用顺序、选择、循环 3 种结构进行程序设计

    D. 对象就是一个包含数据以及这些数据有关的操作的集合

5. 下列不是面向对象程序设计的主要优点的是(　　)。

    A. 稳定性好　　　　　　　　　　　　B. 结构清晰

    C. 可重用性好　　　　　　　　　　　D. 可维护性好

6. 面向对象程序设计方法有许多优点,其中之一是可维护性好。下列叙述中不属于可维护性好的原因是(　　)。

    A. 用面向对象的方法开发的软件稳定性比较好

    B. 用面向对象的方法开发的软件可移植比较好

    C. 用面向对象的方法开发的软件比较容易修改

    D. 用面向对象的方法开发的软件比较容易理解

7. 下列关于对象的叙述错误的是(　　)。

    A. 具有属性(数据)和方法(行为方式)的实体叫对象

    B. 对象是现实世界中的一个实际存在的事物

    C. 桌子可以是一个对象

    D. 对象不可以是无形的

8. 下列关于属性的描述中错误的是(　　)。

    A. 属性是对象所包含的信息

B. 属性只能通过执行对象的操作来改变

C. 属性中包含方法

D. 属性在设计对象时确定

9. 对象的封装性是指（　　）。

    A. 从外面只能看到对象的外部特征，而不知道也无须知道数据的具体结构以及实现操作的算法

    B. 可以将具有相同属性和操作的对象抽象成类

    C. 同一个操作可以是不同对象的行为

    D. 对象内部各种元素彼此结合得很紧密，内聚性很强

10. 下列不属于继承的优点的是（　　）。

    A. 使程序的模块集成性更强

    B. 减少了程序中的冗余信息

    C. 可以提高软件的可重用性

    D. 使得在开发新的应用系统时不必完全从零开始

11. 在 Visual FoxPro 中，Unload 事件的触发时机是（　　）。

    A. 释放表单　　　　　B. 打开表单　　　　　C. 创建表单　　　　　D. 运行表单

12. 假设在表单设计器环境下，表单中有一个文本框且已经被选定为当前对象。现在从"属性"窗口中选择 Value 属性，然后在设置框中输入"＝{＾2001-9-10}－{＾2001-8-20}"。请问执行以上操作后，文本框 Value 属性值的数据类型为（　　）。

    A. 日期型　　　　　　B. 数值型　　　　　　C. 字符型　　　　　D. 以上操作出错

13. 在表单设计中，经常会用到一些特定的关键字、属性和事件。下列各项中属于属性的是（　　）。

    A. This　　　　　　B. ThisForm　　　　　C. Caption　　　　　D. Click

14. 能够将表单的 Visible 属性设置为 .T.，并使表单成为活动对象的方法是（　　）。

    A. Hide　　　　　　B. Show　　　　　　C. Release　　　　　D. SetFocus

15. 下面对编辑框（EditBox）控制属性的描述正确的是（　　）。

    A. SelLength 属性的设置可以小于 0

    B. 当 ScrollBars 的属性值为 0 时，编辑框内包含水平滚动条

    C. SelText 属性在做界面设计时不可用，在运行时可读写

    D. ReadOnly 属性值为 .T. 时，用户不能使用编辑框上的滚动条

16. 下面对控件的描述正确的是（　　）。

    A. 用户可以在组合框中进行多重选择

    B. 用户可以在列表框中进行多重选择

    C. 用户可以在一个选项按钮组中选中多个选项按钮

    D. 用户对一个表单内的一组复选框只能选中其中一个

17. 确定列表框内的某个条目是否被选定应使用的属性是（　　）。

    A. Value　　　　　　B. ColumnCount　　　　　C. ListCount　　　　　D. Selected

18. 在 Visual FoxPro 中，运行表单 T1.scx 的命令是（　　）。

    A. DO T1　　　　　　　　　　　　　　B. RUN FORM1 T1

C. DO FORM T1   D. DO FROM T1

19. 在 Visual FoxPro 中,为了将表单从内存中释放(清除),可将表单中的"退出"命令按钮的 Click 事件代码设置为(   )。

    A. ThisForm. Refresh   B. ThisForm. Delete

    C. ThisForm. Hide   D. ThisForm. Release

20. 假定一个表单里有一个文本框 Text1 和一个命令按钮组 CommandGroup1。命令按钮组是一个容器对象,其中包含 Command1 和 Command2 两个命令按钮。如果要在 Command1 命令按钮的某个方法中访问文本框的 Value 属性值,下面命令正确的是(   )。

    A. ThisForm. Text1. value   B. This. Parent. value

    C. Parent. Text1. value   D. this. Parent. Text1. value

21. 以下关于表单数据环境的叙述中错误的是(   )。

    A. 可以在数据环境中加入与表单操作有关的表

    B. 数据环境是表单的容器

    C. 可以在数据环境中建立表之间的联系

    D. 表单自动打开其数据环境中的表

22. 新创建的表单默认标题为 Form1,为了修改表单的标题,应设置表单的(   )。

    A. Name 属性   B. Caption 属性

    C. Closable 属性   D. AlwaysOnTop 属性

23. 有关控件对象的 Click 事件的叙述正确的是(   )。

    A. 双击对象时引发   B. 单击对象时引发

    C. 右击对象时引发   D. 右键双击对象时引发

24. 关闭当前表单的程序代码是 ThisForm. Release,其中的 Release 是表单对象的(   )。

    A. 标题   B. 属性   C. 事件   D. 方法

25. 以下叙述均与表单数据环境有关,其中正确的是(   )。

    A. 当表单运行时,数据环境中的表处于只读状态,只能显示不能修改

    B. 当表单关闭时,不能自动关闭数据环境中的表

    C. 当表单运行时,自动打开数据环境中的表

    D. 当表单运行时,与数据环境中的表无关

26. 在 Visual FoxPro 中释放和关闭表单的方法是(   )。

    A. RELEASE   B. CLOSE   C. DELETE   D. DROP

27. 在表单中为表格控件指定数据源的属性是(   )。

    A. DataSource   B. RecordSource

    C. DataFrom   D. RecordFrom

28. 以下关于表单数据环境叙述中错误的是(   )。

    A. 可以向表单数据环境设计器中添加表或视图

    B. 可以从表单数据环境设计器中移出表或视图

    C. 可以在表单数据环境设计器中设置表之间的关系

    D. 不可以在表单数据环境设计器中设置表之间的关系

第 29 题至第 31 题使用下图：

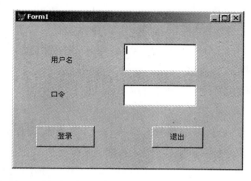

29. 如果在运行表单时，要使表单的标题显示"登录窗口"，则可以在 Form1 的 Load 事件中加入语句（   ）。

    A. THISFORM. CAPTION＝"登录窗口"

    B. FORM1. CAPTION＝"登录窗口"

    C. THISFORM. NAME＝"登录窗口"

    D. FORM1. NAME＝"登录窗口"

30. 如果想在运行表单时，向 Text2 中输入字符过程中，回显字符显示的是"＊"，则可以在 Form1 的 Init 事件中加入语句（   ）。

    A. FORM1. TEXT2. PASSWORDCHAR＝"＊"

    B. FORM1. TEXT2. PASSWORD＝"＊"

    C. THISFORM. TEXT2. PASSWORD＝"＊"

    D. THISFORM. TEXT2. PASSWORDCHAR＝"＊"

31. 假设用户名和口令存储在自由表"口令表"中，当用户输入用户名和口令并单击"登录"按钮时，若用户名输入错误，则提示"用户名错误"；若用户名输入正确，而口令输入错误，则提示"口令错误"。若命令按钮"登录"的 Click 事件中的代码如下：

```
USE 口令表
GO TOP
flag = 0
DO WHILE .not. EOF()
    IF Alltrim(用户名) == Alltrim(Thisform.Text1.value)
        IF Alltrim(口令) = = Alltrim(Thisform.Text2.value)
            WAIT"欢迎使用"WINDOW TIMEOUT2
            ELSE
            WAIT"口令错误"WINDOW TIMEOUT2
        ENDIF
        flag = 1
        EXIT
    ENDIF
    SKIP
ENDDO
IF
    _____
    WAIT"用户名错误"WINDOW TIMEOUT2
ENDIF
```

则在横线处应填写的代码是（　　　）。

    A. flag＝－1   B. flag＝0   C. flag＝1   D. flag＝2

32. 下面关于表单若干常用事件的描述中，正确的是（　　　）。

    A. 释放表单时，Unload 事件在 Destroy 事件之前引发

    B. 运行表单时，Init 事件在 Load 事件之前引发

    C. 单击表单的标题栏，引发表单的 Click 事件

    D. 上面的说法都不对

33. 假设某个表单中有一个命令按钮 cmdClose，为了实现用户单击此按钮时能够关闭该表单的功能，应在该按钮的 Click 事件中写入语句（　　　）。

    A. ThisForm. Close   B. ThisForm. Erase

    C. ThisForm. Release   D. ThisForm. Return

34. 假设表单上有一选项组⊙男○女。其中，第 1 个选项按钮"男"被选中。请问该选项组的 Value 属性值为（　　　）。

    A. . T.   B. "男"   C. 1   D. "男"或 1

35. 在 Visual FoxPro 中调用表单 mf1 的正确命令是（　　　）。

    A. DO mf1   B. DO FROM mf1

    C. DO FORM mf1   D. RUN mf1

第9章　报表设计与标签设计

1. 不可以作为报表数据来源的是（　　）。

    A. 自由表　　　　　　B. 数据库表　　　　　C. 视图　　　　　　D. 表结构

2. "分组/总计"报表的"总计"是指把数据源中所有记录中每个（　　）字段做总计。

    A. 字符型　　　　　　B. 数值型　　　　　　C. 逻辑型　　　　　D. 日期型

3. 报表的组注脚是为了表示（　　）。

    A. 总计或统计　　　　　　　　　　　B. 每页总计

    C. 总结　　　　　　　　　　　　　　D. 分组数据的计算结果

4. 创建一对多报表要求保证两个数据表（　　）。

    A. 可以是两个数据库的表

    B. 可以是两个自由表

    C. 可以是一个数据库中两个不相关的数据表

    D. 必须是一个数据库中的两个一对多表

5. 在使用 SET PRINT ON 命令接通打印机后，结果不能输出到打印机的命令组是（　　）。

    A. USE　SS　　　　　　　　　　　B. USE　SS

       LIST　　　　　　　　　　　　　　　　LIST TO PRINT

    C. USE SS　　　　　　　　　　　　　D. ？"VCD"

       @3,3 SAY 姓名

6. 在创建快速报表时，基本带区包括（　　）。

    A. 标题、细节和总结　　　　　　　　B. 组标头、细节和组注脚

    C. 页标头、细节和页注脚　　　　　　D. 报表标题、细节和页注脚

7. 在 Visual FoxPro 中添加域控件后，可以更改其数据类型和打印格式。域控件的数据类型包括（　　）。

    A. 字符型、数值型、通用型　　　　　B. 字符型、日期型、通用型

    C. 字符型、数值型、日期型　　　　　D. 日期型、字符型、逻辑型

8. 创建报表的命令是（　　）。

    A. CREATE VIEW　　　　　　　　　B. CREATE DATABASE

    C. CREATE REPORT　　　　　　　　D. CREATE QUERY

9. 在 Visual FoxPro 中设计报表时，需要在报表中添加控件，以设计所要打印内容的格式。用于打印数据表或视图中的字段、变量和表达式的计算结果的控件是（　　）。

    A. 域控件　　　　　　　　　　　　　B. 线条

    C. 图片/ActiveX 控件   D. 标签控件

10. 修改报表需要在( )环境下进行。

    A. 报表向导   B. 报表设计器和报表向导都可以

    C. 报表设计器   D. 报表设计器和报表向导都可以

11. 在 Visual FoxPro 6.0 系统中,利用系统提供的( )可以创建一个格式简单的报表,然后在此基础上进行修改,可以达到快速构造所需报表的目的。

    A. 报表设计器   B. "快速报表"功能

    C. 报表向导   D. 报表控件

12. 在 Visual FoxPro 6.0 系统中,一个报表可以设置多个数据分组,对报表进行数据分组后,报表中会自动出现两个带区( )。

    A. 页标头和页注脚   B. 组标头和组注脚

    C. 行标头和行注脚   D. 列标头和列注脚

13. 在 Visual FoxPro 6.0 系统中,设置报表为多栏报表必须在( )对话框中设置。

    A. 页面设置   B. 数据环境   C. 快速报表   D. 报表设计器

14. 在 Visual FoxPro 6.0 系统中,可以使用命令( )打印制定的报表。

    A. DO FORM <报表文件名>

    B. REPORT FORM <报表文件名> TO PRINT

    C. REPORT FORM <报表文件名> PREVIEW

    D. 以上命令都可以实现

15. 报表标题要通过( )控件定义。

    A. 域控件   B. 标签   C. 布局   D. 线条

第 10 章　　　　　菜 单 设 计

1. 关于菜单结构，错误的叙述是（　　　）。
    A. 典型的菜单系统一般是一个下拉菜单
    B. 下拉菜单由条形菜单和弹出式菜单组成
    C. 菜单项名称和内部名称是一样的
    D. 每选择一个菜单项，就会产生一个动作

2. 在"命令"窗口中，可以用 DO 命令运行菜单程序的扩展名为（　　　）。
    A. mpr　　　　　　　B. fmt　　　　　　　C. frm　　　　　　　D. mnx

3. 在 Visual FoxPro 6.0 系统中，可以在（　　　）中指定菜单的快捷键。
    A. 结果　　　　　　　B. 菜单级　　　　　　C. 菜单项　　　　　　D. 提示选项

4. 将一个预览成功的菜单存盘，在运行该菜单时却不能执行。这是因为（　　　）。
    A. 没有编入程序　　　　　　　　　　B. 没有生成程序
    C. 没有使用命令　　　　　　　　　　D. 没有放到项目中去

5. 在 Visual FoxPro 6.0 系统中，在代码中引用的是条形菜单的（　　　）。
    A. 内部名称　　　　　B. 名称　　　　　　　C. 标题　　　　　　　D. 选项序号

6. 在 Visual FoxPro 6.0 系统中设计快捷菜单时，快捷菜单一般从属于某个界面对象，一般在选定对象的（　　　）事件中添加调用快捷菜单程序的命令。
    A. Click　　　　　　B. Dblclick　　　　　C. Load　　　　　　　D. RightClick

7. 在 Visual FoxPro 6.0 系统中，为顶层表单添加下拉式菜单时，需要将表单的 ShowWindow 属性值定义为（　　　）。
    A. 2　　　　　　　　B. 3　　　　　　　　C. 4　　　　　　　　D. 5

8. 要使文件菜单项用 F 作为访问快捷键，可由（　　　）定义该菜单标题。
    A. 文件（F）　　　　B. 文件（>/F）　　　C. 文件（\<F）　　　D. 文件（/<F）

9. 在 Visual FoxPro 中，可以利用系统菜单中的"显示"菜单中的（　　　）命令来定义菜单系统的总体属性。
    A. 菜单选项　　　　　B. 提示选项　　　　　C. 常规选项　　　　　D. 其他选项

10. Visual FoxPro 支持的下拉式菜单由弹出式菜单和（　　　）组成。
    A. 主菜单　　　　　　B. 子菜单　　　　　　C. 快捷式菜单　　　　D. 条形菜单

第11章 | Visual FoxPro 系统开发案例

1. 在 Visual FoxPro 中,编译或连编生成的程序文件的扩展名不包括( )。
   A. app   B. exe   C. dbc   D. fxp

2. 在项目管理器中,将一程序设置为主程序的方法是( )。
   A. 将程序命名为 main
   B. 通过"属性"窗口设置
   C. 右击该程序,从弹出的快捷菜单中选择相关项
   D. 单击"修改"按钮设置

3. 在连编应用程序中,下列描述错误的是( )。
   A. 主程序文件不能被设置为"排除"
   B. 可以将应用程序文件(.app 文件)设置为"包含"
   C. 数据文件默认被设置为"排除"
   D. 在项目中标记为"包含"的文件是只读文件,不能被修改

4. 连编应用程序可以生成的文件类型包括( )。
   A. .app、.prg 和.exe   B. .app、.exe. 和.ddl
   C. .app 和.exe   D. .app 和.prg

5. 应用程序生成器包括( )。
   A. "常规"、"数据"、"表单"、"报表"和"高级"5 个选项卡
   B. "常规"、"数据"、"表单"、"报表"和"其他"5 个选项卡
   C. "常规"、"信息"、"数据"、"表单"、"报表"和"其他"6 个选项卡
   D. "常规"、"信息"、"数据"、"表单"、"报表"和"高级"6 个选项卡

6. Visual FoxPro 应用程序在显示初始界面后需要建立一个事件循环来等待用户的操作。控制事件循环的命令是( )。
   A. CONTROL EVENTS   B. WAIT EVENTS
   C. FOR EVENTS   D. READ EVENTS

7. 在连编生成的应用程序中,显示初始界面之后需要建立一个事件循环来等待用户的交互操作,相应的命令是( )。
   A. WAIT EVENTS   B. READ EVENTS
   C. CONTROL EVENTS   D. CIRCLE EVENTS

8. 连编生成的应用系统的主程序至少应具有以下功能（　　　）。
   A. 初始化环境
   B. 初始化环境、显示初始用户界面
   C. 初始化环境、显示初始用户界面、控制事件循环
   D. 初始化环境、显示初始的用户界面、控制事件循环、退出时恢复环境

同步练习参考答案

第1章　数据库设计基础

1. D	2. B	3. C	4. C	5. A	6. D	7. A	8. B
9. C	10. C	11. A	12. D	13. A	14. A	15. A	16. A
17. B	18. B	19. D	20. D				

第2章　Visual FoxPro 概述

1. A	2. C	3. D	4. D	5. D	6. B

第3章　数据与数据运算

1. D	2. D	3. C	4. C	5. D	6. B	7. B	8. D
9. A	10. B	11. A	12. D	13. C	14. B	15. D	16. A
17. C	18. D	19. C	20. A	21. B	22. B	23. B	24. C
25. A	26. B	27. D	28. B	29. A	30. B	31. C	32. A
33. D	34. C	35. C	36. B	37. D	38. D	39. A	40. D
41. C	42. D	43. C	44. C	45. A	46. A	47. A	48. B
49. A	50. C						

第4章　数据库及其相关操作

1. B	2. D	3. D	4. C	5. D	6. C	7. B	8. D
9. A	10. C	11. A	12. A	13. D	14. C	15. B	16. C
17. B	18. C	19. A	20. A	21. A	22. A	23. B	24. A
25. B	26. C	27. B	28. C	29. A	30. A	31. B	32. B
33. A	34. A	35. C	36. B	37. A	38. A	39. D	40. D
41. C	42. B	43. C	44. B	45. B	46. A	47. B	48. B
49. D	50. C	51. A	52. A	53. B	54. D	55. C	56. B
57. A	58. A	59. C	60. C	61. A	62. A	63. C	64. C
65. C	66. C	67. C	68. D	69. B	70. A	71. B	72. C
73. B	74. B	75. B	76. C	77. A	78. D	79. B	80. A
81. C	82. A	83. D	84. D	85. C	86. D	87. A	88. C
89. A	90. B	91. B	92. D	93. D	94. A	95. D	96. D
97. B	98. D	99. B	100. C				

第 5 章　查询与视图

1. C	2. D	3. B	4. A	5. C	6. D	7. D	8. B
9. B	10. B	11. A	12. D	13. D	14. A	15. C	16. D
17. D	18. B	19. C	20. C	21. B	22. A	23. B	24. D
25. C	26. A	27. D	28. B	29. D	30. D		

第 6 章　关系数据库标准语言 SQL

1. D	2. B	3. A	4. A	5. D	6. C	7. B	8. C
9. C	10. D	11. C	12. B	13. C	14. D	15. A	16. B
17. C	18. A	19. C	20. C	21. A	22. B	23. C	24. A
25. B	26. A	27. D	28. A	29. D	30. C		

第 7 章　Visual FoxPro 结构化程序设计

1. A	2. C	3. D	4. D	5. D	6. B	7. C	8. D
9. B	10. D	11. D	12. C	13. A	14. D	15. B	16. C
17. C	18. D	19. C	20. C	21. C	22. D	23. B	24. A
25. B	26. D	27. C	28. B	29. C	30. B		

第 8 章　表单设计

1. D	2. A	3. B	4. C	5. B	6. B	7. D	8. C
9. A	10. A	11. A	12. A	13. C	14. B	15. C	16. B
17. D	18. C	19. D	20. A	21. B	22. B	23. B	24. D
25. C	26. A	27. B	28. D	29. A	30. D	31. B	32. D
33. C	34. D	35. C					

第 9 章　报表设计与标签设计

1. D	2. B	3. D	4. D	5. C	6. C	7. C	8. C
9. A	10. C	11. B	12. B	13. A	14. B	15. B	

第 10 章　菜单设计

1. C	2. A	3. D	4. B	5. A	6. D	7. A	8. C
9. C	10. D						

第 11 章　Visual FoxPro 系统开发案例

1. C	2. C	3. B	4. B	5. D	6. D	7. B	8. D

第三部分

Visual FoxPro 二级考试 无纸化真考试卷

Visual FoxPro 二级考试
无纸化真考试卷（一）

一、选择题

下列各题 A、B、C、D 4 个选项中，只有一个选项是正确的。

1. 程序流程图中带有箭头的线段表示的是（　　）。
   A. 图元关系　　　　B. 数据流　　　　C. 控制流　　　　D. 调用关系

2. 结构化程序设计的基本原则不包括（　　）。
   A. 多态性　　　　B. 自顶向下　　　　C. 模块化　　　　D. 逐步求精

3. 软件设计中模块划分应遵循的准则是（　　）。
   A. 低内聚低耦合　　　　　　　　B. 高内聚低耦合
   C. 低内聚高耦合　　　　　　　　D. 高内聚高耦合

4. 在软件开发中，需求分析阶段产生的主要文档是（　　）。
   A. 可行性分析报告　　　　　　　B. 软件需求规格说明书
   C. 概要设计说明书　　　　　　　D. 集成测试计划

5. 算法的有穷性是指（　　）。
   A. 算法程序的运行时间是有限的　　　　B. 算法程序所处理的数据量是有限的
   C. 算法程序的长度是有限的　　　　　　D. 算法只能被有限的用户使用

6. 对长度为 n 的线性表排序，在最坏的情况下，比较次数不是 $n(n-1)/2$ 的排序方法是（　　）。
   A. 快速排序　　　　B. 冒泡排序　　　　C. 直接插入排序　　　D. 堆排序

7. 下列关于栈的叙述正确的是（　　）。
   A. 栈按"先进先出"组织数据　　　　B. 栈按"后进先出"组织数据
   C. 只能在栈底插入数据　　　　　　D. 不能删除数据

8. 在数据库设计中，将 E-R 图转换成关系数据模型的过程属于（　　）。
   A. 需求分析阶段　　B. 概念设计阶段　　C. 逻辑设计阶段　　D. 物理设计阶段

9. 有如下 3 个关系 R、S 和 T：

R

B	C	D
a	0	k1
b	1	n1

S

B	C	D
f	3	h2
a	0	k1
n	2	x1

T

B	C	D
a	0	k1

由关系 R 和 S 通过运算得到关系 T,则所使用的运算为(　　)。

  A. 并　　　　　　　　B. 自然联接　　　　C. 笛卡尔积　　　　D. 交

10. 设有表示学生选课的 3 张表:学生 S(学号、姓名、性别、年龄、身份证号)、课程 C(课号、课名)、选课 SC(学号、课号、成绩),则表示 SC 的关键字(键或码)为(　　)。

  A. 课号、成绩　　　　　　　　　　　　B. 学号、成绩

  C. 学号、课号　　　　　　　　　　　　D. 学号、姓名、成绩

11. 打开数据库的命令是(　　)。

  A. USE　　　　　　　　　　　　　　B. USE DATABASE

  C. OPEN　　　　　　　　　　　　　D. OPEN DATABASE

12. 以下关于"查询"的描述正确的是(　　)。

  A. 查询保存在项目文件中　　　　　　B. 查询保存在数据库文件中

  C. 查询保存在表文件中　　　　　　　D. 查询保存在查询文件中

13. 不允许出现重复字段值的索引是(　　)。

  A. 候选索引和主索引　　　　　　　　B. 普通索引和唯一索引

  C. 唯一索引和主索引　　　　　　　　D. 唯一索引

14. 下列程序段的执行结果是(　　)。

```
DIME a(8)
a(1) = 1
a(2) = 1
for i = 3 to 8
  a(i) = a(i − 1) + a(i − 2)
next
?a(7)
```

  A. 5　　　　　　　B. 8　　　　　　　C. 13　　　　　　　D. 21

15. 在 Visual FoxPro 中,以下叙述正确的是(　　)。

  A. 利用视图可以修改数据　　　　　　B. 利用查询可以修改数据

  C. 查询和视图具有相同的作用　　　　D. 视图可以定义输出去向

16. 在 Visual FoxPro 中可以用 DO 命令执行的文件不包括(　　)。

  A. PRG 文件　　　　B. MPR 文件　　　　C. FRX 文件　　　　D. QPR 文件

17. 在 Visual FoxPro 中,以下叙述错误的是(　　)。

  A. 关系也被称作表

  B. 用 CREATE DATABASE 命令建立的数据库文件不存储用户数据

  C. 表文件的扩展名是 dbf

  D. 多个表存储在一个物理文件中

18. 扩展名为 scx 的文件是(　　)。

  A. 备注文件　　　　B. 项目文件　　　　C. 表单文件　　　　D. 菜单文件

19. 表格文件的数据源可以是(　　)。

  A. 视图　　　　　　　　　　　　　　B. 表

  C. SQL SELECT 语句　　　　　　　　D. 以上 3 种都可以

20. 在 Visual FoxPro 中,为了将菜单作为顶层菜单,需要设置表单某属性值为 2,该属

性是(　　)。

  A. ShowWindow B. WindowShow C. WindowState D. Visible

21. 执行如下命令序列后,最后一条命令的显示结果是(　　)。

```
DIMENSION M(2,2)
M(1,1) = 10
M(1,2) = 20
M(2,1) = 30
M(2,2) = 40
?M(2)
```

  A. 变量未定义的提示   B. 10

  C. 20   D. .F.

22. 如果在"命令"窗口执行命令"LIST 名称",主窗口中显示:

记录号	名称
1	电视机
2	计算机
3	电话线
4	电冰箱
5	电线

假定名称字段为字符型,宽度为6,那么下面程序段的输出结果是(　　)。

```
GO 2
SCAN NEXT 4 FOR LEFT(名称,2) = "电"
IF RIGHT(名称,2) = "线"
EXIT
ENDIF
ENDSCAN
?名称
```

  A. 电话线   B. 电线   C. 电冰箱   D. 电视机

23. 在 Visual FoxPro 中,要运行菜单文件 menu1.mpr,可以使用命令(　　)。

  A. DO menu1   B. DO menu1.mpr

  C. DO MENU menu1   D. RUN menu1

24. 设 X="11",Y="1122",下列表达式的运算结果为假的是(　　)。

  A. NOT(X== Y) AND (X $ Y)   B. NOT(X $ Y) OR (X<>Y)

  C. NOT(X>=Y)   D. NOT(X $ Y)

25. 以下是与设置系统菜单有关的命令,其中错误的是(　　)。

  A. SET SYSMENU DEFAULT   B. SET SYSMENU TO DEFAULT

  C. SET SYSMENU NOSAVE   D. SET SYSMENU SAVE

26. 在下面的 Visual FoxPro 表达式中,运算结果不为逻辑真的是(　　)。

  A. EMPTY(SPACE(0))   B. LIKE('xy * ','xyz')

  C. AT('xy','abcxyz')   D. ISNULL(.NULL.)

27. 在 Visual FoxPro 中,宏替换可以从变量中替换出(　　)。

  A. 字符串   B. 数值

C. 命令　　　　　　　　　　　　　D. 以上 3 种都可能

28. SQL 语句中修改表结构的命令是(　　　)。

    A. ALTER TABLE　　　　　　　　B. MODIFY TABLE

    C. ALTER STRUCTURE　　　　　　D. MODIFY STRUCTURE

29. 假设"订单"表中有"订单号"、"职员号"、"客户号"和"金额"字段,如下 SQL 命令可以正确执行的是(　　　)。

    A. SELECT 职员号 FROM 订单 GROUP BY 职员号 HAVING COUNT(＊)＞3
       AND AVG_金额＞200

    B. SELECT 职员号 FROM 订单 GROUP BY 职员号 HAVING COUNT(＊)＞3
       AND AVG(金额)＞200

    C. SELECT 职员号 FROM 订单 GROUP BY 职员号 HAVING COUNT(＊)＞3
       WHERE AVG(金额)＞200

    D. SELECT 职员号 FROM 订单 GROUP BY 职员号 WHERE COUNT(＊)＞3
       AND AVG_金额＞200

30. 要使"产品"表中所有新产品的单价上浮 8%,正确的 SQL 命令是(　　　)。

    A. UPDATE 产品 SET 单价＝单价＋单价＊8% FOR ALL

    B. UPDATE 产品 SET 单价＝单价＊1.08 FOR ALL

    C. UPDATE 产品 SET 单价＝单价＋单价＊8%

    D. UPDATE 产品 SET 单价＝单价＊1.08

31. 假设同一名称的产品有不同的型号和产地,则计算每种产品平均单价的 SQL 命令是(　　　)。

    A. SELECT 产品名称,AVG(单价) FROM 产品 GROUP BY 单价

    B. SELECT 产品名称,AVG(单价) FROM 产品 ORDER BY 单价

    C. SELECT 产品名称,AVG(单价) FROM 产品 ORDER BY 产品名称

    D. SELECT 产品名称,AVG(单价) FROM 产品 GROUP BY 产品名称

32. 设有 S(学号、姓名、性别)和 SC(学号、课程号、成绩)两个表,如下 SQL 语句应实现检索选修的每门课程的成绩都高于或等于 85 分的学生的学号、姓名和性别的功能,则正确的 SQL 命令是(　　　)。

    A. SELECT 学号,姓名,性别 FROM S WHERE EXISTS；
      (SELECT ＊ FROM SC WHERE SC.学号＝S.学号 AND 成绩＜＝85)

    B. SELECT 学号,姓名,性别 FROM S WHERE NOT EXISTS；
      (SELECT ＊ FROM SC WHERE SC.学号＝S.学号 AND 成绩＜＝85)

    C. SELECT 学号,姓名,性别 FROM S WHERE EXISTS；
      (SELECT ＊ FROM SC WHERE SC.学号＝S.学号 AND 成绩＞85)

    D. SELECT 学号,姓名,性别 FROM S WHERE NOT EXISTS；
      (SELECT ＊ FROM SC WHERE SC.学号＝S.学号 AND 成绩＜85)

33. 要从"订单"表中删除签订日期为 2012 年 1 月 10 日之前(含)的订单记录,正确的 SQL 命令是(　　　)。

    A. DROP FROM 订单 WHERE 签订日期＜＝{^2012-1-10}

B. DROP FROM 订单 FOR 签订日期＜＝{^2012-1-10}

C. DELETE FROM 订单 WHERE 签订日期＜＝{^2012-1-10}

D. DELETE FROM 订单 FOR 签订日期＜＝{^2012-1-10}

34. "图书"表中有字符型字段"图书号"。要求用 SQL DELETE 命令将图书号以字母 A 开头的图书记录全部删除,正确的命令是(　　)。

A. DELETE FROM 图书 FOR 图书号 LIKE "A％"

B. DELETE FROM 图书 WHILE 图书号 LIKE "A％"

C. DELETE FROM 图书 WHERE 图书号＝"A＊"

D. DELETE FROM 图书 WHERE 图书号 LIKE "A％"

35. SQL 的数据操作语句不包括(　　)。

A. INSERT　　　　B. UPDATE　　　　C. DELETE　　　　D. CHANGE

36. 与"SELECT DISTINCT 产品号 FROM 产品 WHERE 单价＞＝ALL(SELECT 单价 FROM 产品 WHERE SUBSTR(产品,1,1)＝ "2")"等价的 SQL 命令是(　　)。

A. SELECT DISTINCT 产品号 FROM 产品 WHERE 单价＞＝;
   (SELECT MAX(单价) FROM 产品 WHERE SUBSTR(产品,1,1)＝"2")

B. SELECT DISTINCT 产品号 FROM 产品 WHERE 单价＞＝;
   (SELECT MIN(单价) FROM 产品 WHERE SUBSTR(产品,1,1)＝ "2")

C. SELECT DISTINCT 产品号 FROM 产品 WHERE 单价＞＝ANY;
   (SELECT 单价 FROM 产品 WHERE SUBSTR(产品,1,1)＝ "2")

D. SELECT DISTINCT 产品号 FROM 产品 WHERE 单价＞＝SOME;
   (SELECT 单价 FROM 产品 WHERE SUBSTR(产品,1,1)＝"2")

37. 根据"产品"表建立视图 myview,视图中含有包括了"产品号"左边第一位是"1"的所有记录,正确的 SQL 命令是(　　)。

A. CREATE VIEW myview AS SELECT ＊ FROM 产品 WHERE LEFT(产品号,1)＝"1"

B. CREATE VIEW myview AS SELECT ＊ FROM 产品 WHERE LEFT("1",产品号)

C. CREATE VIEW myview SELECT ＊ FROM 产品 WHERE LEFT(产品号,1)＝"1"

D. CREATE VIEW myview AS SELECT ＊ FROM 产品 WHERE LEFT("1",产品号)

38. 以下所列各项属于命令按钮事件的是(　　)。

A. Parent　　　　B. This　　　　C. ThisForm　　　　D. Click

39. 假设表单上有一选项组⊙男○女,其中第一个选项按钮"男"被选中。请问该选项组的 Value 属性值为(　　)。

A. .T.　　　　B. "男"　　　　C. 1　　　　D. "男"或1

40. 假定一个表单里有一个文本框 Text 和一个命令按钮组 CommandGroup1。命令按钮组是一个容器对象,其中包含 Command1 和 Command2 两个命令按钮。如果要在 Command1 命令按钮的某个方法中访问文本框的 Value 属性值,正确的表达式是(　　)。

A. This. ThisForm. Text1. Value   B. This. Parent. Parent. Text1. Value
C. Parent. Parent. Text1. Value   D. This. Parent. Text1. Value

二、基本操作题

在考生文件夹下,打开 Ecommerce 数据库,完成如下操作。

(1) 打开 Ecommerce 数据库,并将考生文件夹下的自由表 OrderItem 添加到该数据库。

(2) 为 OrderItem 表创建一个主索引,索引名为 PK,索引表达式为"会员号＋商品号";再为 OrderItem 创建两个普通索引(升序),一个索引名和索引表达式均为"会员号";另一个的索引名和索引表达式均是"商品号"。

(3) 通过"会员号"字段建立客户表 Customer 和订单表 OrderItem 之间的永久联系(注意不要建立多余的联系)。

(4) 为以上建立的联系设置参照完整性约束,要求更新规则为"级联",删除规则为"限制",插入规则为"限制"。

三、简单应用题

在考生文件夹下完成如下简单应用。

(1) 建立查询 qq,查询会员的会员号(来自 Customer 表)、姓名(来自 Customer 表)、会员所购买的商品名(来自 article 表)、单价(来自 OrderItem 表)、数量(来自 OrderItem 表)和金额(OrderItem. 单价 * OrderItem. 数量),结果不要进行排序,查询去向是表 ss。将查询保存为 qq. qpr,并运行该查询。

(2) 使用 SQL 命令查询年龄小于 30 岁(含 30 岁)的会员的信息(来自表 Customer),列出会员号、姓名、年龄,查询结果按年龄降序排序并存入文本文件 cut_ab. txt 中,SQL 命令存入命令文件 cmd_ab. prg 中。

四、综合应用题

在考生文件夹下,完成如下综合应用(所有控件的属性必须在表单设计器的属性窗口中设置)。

设计一个名称为 myform 的表单(文件名和表单名均为 myform),其中有一个标签 Lable1(日期)、一个文本框 Text1 及两个命令按钮 command1("查询")和 command2("退出"),如下图所示。

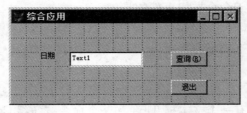

然后,在表单设计器环境下进行如下操作。

(1) 将表单的标题设置为"综合应用"。

(2)将文本框的初始值设置为表达式 date()。

(3)设置"查询"命令按钮的 Click 的事件代码,其功能是:根据文本框 Text1 中的输入日期,查询各会员在指定日期后(大于等于指定日期)签订的各商品总金额。查询结果的字段包括"会员号"(来自 Customer 表)、"姓名"和"总金额"3 项。其中,"总金额"为各商品的数量(来自 Orderitem 表)乘以单价(来自 Article 表)的总和;查询结果的各记录按总金额升序排序;查询结果存放到表 dbfa.dbf 中。

(4)设置"退出"命令按钮的 Click 的事件代码,其功能是:关闭并释放表单。最后运行表单,在文本框中输入 2003/03/08,并单击"查询"命令按钮。

参考答案

一、选择题

1. C	2. A	3. B	4. B	5. A	6. D	7. B	8. C
9. D	10. C	11. D	12. B	13. A	14. C	15. A	16. C
17. D	18. C	19. D	20. A	21. C	22. A	23. B	24. D
25. A	26. C	27. D	28. A	29. B	30. D	31. B	32. D
33. C	34. D	35. D	36. A	37. A	38. D	39. D	40. B

二、基本操作题

(1)打开考生文件夹下的 Ecommerce 数据库,在数据库设计器的空白处右击,在弹出的快捷菜单中选择"添加表"命令,将考生文件夹下的 OrderItem 表添加到数据库中。

(2)在数据库设计器中,右击 OrderItem 表,在弹出的快捷菜单中选择"修改"命令,在"表设计器"对话框中打开"索引"选项卡,在"索引名"中输入 PK,在"类型中"选中"主索引",在"表达式"中输入"会员号+商品号",为 OrderItem 表建立主索引。

(3)按照上一小题的步骤为 OrderItem 表建立普通索引,然后从 Customer 表的主索引处拖动鼠标至 OrderItem 表的普通索引处,以建立两表之间的永久联系。

(4)首先执行"数据库"菜单中的"清理数据库"命令,然后选中并右击上一小题中建立的两表之间的关系线,在弹出的快捷菜单中选择"编辑参照完整性"命令,在"编辑参照完整性生成器"对话框中,依次选中"更新规则"选项卡下的"级联"单选按钮、"删除规则"选项卡下的"限制"单选按钮、"插入规则"选项卡下的"限制"单选按钮,最后单击"确定"按钮。

三、简单应用题

(1)【操作步骤】

步骤 1:建立 OrderItem 表和 Article 表的基于字段"商品号"的表间联系。

步骤 2:单击"常用"工具栏中的"新建"按钮,新建一个查询文件,同时打开查询设计器。

步骤 3:将考生文件夹下的 OrderItem、Artical 和 Customer 3 个表添加到查询设计器中,且 OrderItem 表一定要先添加,才能效建立 3 个表之间的关联。

步骤 4:在"字段"选项卡中,将"Customer.会员号"、"Customer.姓名"、"Article.商品名"、"Orderitem.单价"和"Orderitem.数量"5 个字段添加到"选定字段"列表框中,并且将表达式"Orderitem.单价 * Orderitem.数量 AS 金额"添加到"选定字段"列表框中。

步骤 5:选择"查询"菜单中的"查询去向"命令,在"查询去向"对话框中选中"表",在"表名"文本框中输入 ss。

步骤 6：保存查询文件名为 qq，并运行查询。

（2）【操作步骤】

新建一个程序文件 cmd_ab. prg，在程序内编写下列命令语句。

```
******* cmd_ab.prg 中的命令语句 *******
SELECT Customer.会员号, Customer.姓名, Customer.年龄;FROM customer;
WHERE Customer.年龄 <= 30;
ORDER BY Customer.年龄 DESC;
TO FILE cut_ab.txt
*************************************
```

保存并运行该程序。

四、综合应用题

【操作步骤】

步骤 1：通过"新建"对话框新建一个表单，保存表单并将其命名为 myform，并向其中添加一个标签控件、一个文本框控件和两个命令按钮控件。

步骤 2：设置表单的 Name 属性为 myform，Caption 属性为"综合应用"；设置命令按钮 1 的 Caption 属性为"查询(\<R)"，命令按钮 2 的 Caption 属性为"退出"；标签的 Caption 属性为"日期"；文本框的 Value 属性为"＝date()"。

步骤 3：在"查询"命令按钮的 Click 事件中输入如下代码。

```
****** "查询"按钮的 Click 事件代码 ******
SELECT Customer.会员号, Customer.姓名,;
(orderitem.数量 * article.单价) as 总金额;
FROM article,orderitem,customer ;
WHERE Orderitem.会员号 = Customer.会员号 ;
AND Article.商品号 = Orderitem.商品号;
AND Orderitem.日期 >= ThisForm.Text1.Value;
ORDER BY 3;
INTO TABLE dbfa.dbf
*************************************
```

在"退出"命令按钮的 Click 事件中输入如下代码。

```
ThisForm.Release
```

步骤 4：保存并运行表单，在文本框中输入题目要求的日期后查询。

Visual FoxPro 二级考试
无纸化真考试卷（二）

一、选择题

下列各题 A、B、C、D 4 个选项中，只有一个选项是正确的。

1. 关于算法复杂度叙述正确的是（　　）。
   A. 最坏情况下的时间复杂度一定高于平均情况的时间复杂度
   B. 时间复杂度与所用的计算工具无关
   C. 对同一个问题，采用不同的算法，则它们的时间复杂度是相同的
   D. 时间复杂度与采用的算法描述语言有关

2. 设有栈 S 和队列 Q，初始状态均为空。首先依次将 A、B、C、D、E、F 入栈，然后从栈中退出 3 个元素依次入队，再将 X、Y、Z 入栈后，将栈中所有元素退出并依次入队，最后将队列中所有元素退出，则退队元素的顺序为（　　）。
   A. DEFXYZABC   B. DEFXYZABC
   C. FEDXYZCBA   D. DEFZYXABC

3. 下列叙述中正确的是（　　）。
   A. 有两个指针域的链表称为二叉链表
   B. 循环链表是循环队列的链式存储结构
   C. 带链的栈有栈顶指针和栈底指针，因此又称为双重链表
   D. 结点中具有多个指针域的链表称为多重链表

4. 某二叉树共有 845 个结点，其中叶子结点有 45 个，则度为 1 的结点数为（　　）。
   A. 400   B. 754   C. 756   D. 不确定

5. 软件需求分析阶段的主要任务是（　　）。
   A. 确定软件开发方法   B. 确定软件开发工具
   C. 确定软件开发计划   D. 确定软件系统的功能

6. 下面对软件测试描述错误的是（　　）。
   A. 严格执行测试计划，排除测试的随意性
   B. 随机地选取测试数据
   C. 软件测试的目的是发现错误
   D. 软件测试是保证软件质量的重要手段

7. 结构化程序的 3 种基本控制结构是（　　）。
   A. 顺序、选择和重复（循环）   B. 过程、子程序和分程序

C. 顺序、选择和调用   D. 调用、返回和转移

8. 数据库中对概念模式内容进行说明的语言是( )。

  A. 数据定义语言   B. 数据操纵语言

  C. 数据控制语言   D. 数据宿主型语言

9. 某个工厂有若干个仓库,每个仓库存放有不同的零件,相同零件可能放在不同的仓库中。则实体仓库和零件间的联系是( )。

  A. 多对多   B. 一对多   C. 多对一   D. 一对一

10. 有如下 3 个关系 R、S 和 T:

R

A	B	C
a	1	2
b	2	1
c	3	1
e	4	5
d	3	2

S

A	B	C
d	3	2
c	3	1
f	4	7

T

A	B	C
c	3	1
d	3	2

则由关系 R 和 S 得到关系 T 的操作是( )。

  A. 交   B. 差   C. 并   D. 选择

11. 一个关系中的各条记录( )。

  A. 前后顺序不能任意颠倒,要按输入的顺序排列

  B. 前后顺序不能任意颠倒,要按关键字段值的顺序排列

  C. 前后顺序可以任意颠倒,但排列顺序不同,统计处理的结果可能不同

  D. 前后顺序可以任意颠倒,不影响数据的实际含义

12. 项目文件中的"文本文件"包含在( )。

  A. "文档"选项卡中   B. "代码"选项卡中

  C. "数据"选项卡中   D. "其他"选项卡中

13. 执行下列命令后显示的结果是( )。

```
? ROUND(15.3215,2), ROUND(15.3215,-1)
```

  A. 15.3200   15.3   B. 15.3220   20.0000

  C. 15.32   20   D. 15.3200   20.0000

14. 删除数据库的命令是( )。

  A. CLOSE DATABASE   B. DELETE DATABASE

  C. DROP DATABASE   D. REMOVE DATABASE

15. 在 Visual FoxPro 中,视图的创建不能基于( )。

  A. 数据库表   B. 自由表   C. 视图   D. 查询

16. 不需要事先建立就可以直接使用的变量是( )。

  A. 局部变量   B. 私有变量   C. 全局变量   D. 数组

17. 在 Visual FoxPro 中,无论是哪种类型的菜单,当选择某个选项时都会有一定的动作,这个动作不可能是( )。

    A. 执行一条命令　　　　　　　　　　　B. 执行一个过程

    C. 执行一个 EXE 程序　　　　　　　　D. 激活另一个菜单

18. 在 Visual FoxPro 中,通过带选项卡的对话框快速创建或修改表单、复杂控件等的工具是( )。

    A. 向导　　　　　B. 设计器　　　　　C. 生成器　　　　　D. 项目管理器

19. 在 Visual FoxPro 表中,为了放置照片信息,合理使用的字段类型是( )。

    A. 备注型　　　　B. 图像型　　　　　C. 二进制型　　　　D. 通用型

20. 执行? CEILING(16\5)命令的结果是( )。

    A. 3　　　　　　B. 3.2　　　　　　C. 4　　　　　　D. 提示错误

21. 下列命令的输出结果是( )。

```
? VARTYPE(TIME())
```

    A. D　　　　　　B. T　　　　　　C. N　　　　　　D. C

22. 执行下列程序后,变量 s 的值是( )。

```
SET TALK OFF
CLEAR
x = "12345"
s = ""
l = LEN(x)
DO WHILE l > 1
    x1 = SUBSTR(x, l - 1, 2)
    s = s + x1
    l = l - 2
ENDDO
?s
```

    A. 2345　　　　B. 4523　　　　　C. 54321　　　　D. 45231

23. 下列关于查询的说法,不正确的是( )。

    A. 查询是预先定义好的 SQL SELECT 语句

    B. 查询是从指定的表或视图中提取满足条件的记录,然后按照希望输出的类型输出查询结果

    C. 在用命令使用查询时,必须首先打开数据库

    D. 查询设计器中没有"更新条件"选项卡

24. 在 SQL 语句中,有可能将多个查询结果合并成一个查询结果的运算符是( )。

    A. JOIN　　　　B. ALL　　　　　C. UNION　　　　D. INTO

25. 在当前数据库中根据"学生"表建立视图 viewone,正确的 SQL 语句是( )。

    A. DEFINE VIEW viewone AS SELECT * FROM 学生

    B. DEFINE VIEW viewone SELECT * FROM 学生

    C. CREATE VIEW viewone AS SELECT * FROM 学生

    D. CREATE VIEW viewone SELECT * FROM 学生

26. 执行下列程序后，变量 y 的值是（　　）。

```
SET TALK OFF
CLEAR
x = 2000
DO CASE
    CASE x <= 1000
            y = x * 0.1
    CASE x > 1000
            y = x * 0.2
    CASE x > 1500
            y = x * 0.3
    CASE x > 2500
            y = x * 0.4
ENDCASE
?Y
```

    A. 200　　　　　　　B. 400　　　　　　　C. 600　　　　　　　D. 800

27. 在数据库设计过程中，如果表 A 和表 B 之间是一对多联系，下列进行的数据库设计方法中，最合理的是（　　）。

    A. 将表 A 的主关键字段添加到表 B 中

    B. 将表 B 的主关键字段添加到表 A 中

    C. 创建一个新表，该表包含表 A 和表 B 的主关键字

    D. 将表 A 和表 B 合并，这样可以减少表的个数，便于管理和维护

28. 在 Visual FoxPro 中，如果在表之间的联系中设置了参照完整性规则，并在更新规则中选择了"级联"，则当更新父表中记录的被参照字段时，系统的反应是（　　）。

    A. 不做参照完整性检查

    B. 若子表中有相关参照记录，则同时自动更新子表中记录的参照字段

    C. 若子表中有相关参照记录，则禁止更新父表中的记录

    D. 不做参照完整性检查，可以随意更新父表中的联接字段值

29. 在 Visual FoxPro 中，命令"INDEX ON 姓名 TO xm"的功能是（　　）。

    A. 建立一个名为 xm.idx 的索引文件

    B. 建立一个名为 xm.cdx 的索引文件

    C. 在结构索引文件中建立一个名为 xm 的索引

    D. 在非结构索引文件中建立一个名为 xm 的索引

30. 如果"病人"和"病人家属"两个表建立了"级联"参照完整性的删除规定，则下列选项正确的是（　　）。

    A. 删除"病人"表中的记录时，"病人家属"表中的相应记录系统自动删除

    B. 删除"病人"表中的记录时，"病人家属"表中的相应记录不变

    C. 无论"病人家属"表中是否有相关的记录，"病人"表中的记录都不允许删除

    D. "病人家属"表中的记录不允许删除

31. 假设"会员"表中包含"会员号"、"姓名"和"电话"字段。现在希望通过创建合适的索引来保证"会员号"的值唯一，下列选项中能够保证"会员号"的值唯一的语句是（　　）。

A. INDEX ON 会员号 TO hyh CANDIDATE

B. INDEX ON 会员号 TO hyh UNIQUE

C. INDEX ON 会员号 TAG hyh CANDIDATE

D. INDEX ON 会员号 TAG hyh UNIQUE

32. 设"教师"表保存的是教师信息,"教师"表的表结构为(教师编号,姓名,职称);"图书出版"表保存的是教师出版图书的情况,"图书出版"表的表结构为(ISBN 号,教师编号,图书名,出版社,出版年份)。如果希望查询从来没有出版过图书的教师编号和姓名,正确的 SQL 语句是(   )。

A. SELECT 教师表.教师编号,姓名 FROM 教师表 JOIN 图书出版表;
ON 教师表.教师编号＝图书出版表.教师编号 WHERE 教师表.教师编号
IS NULL

B. SELECT 教师表.教师编号,姓名 FROM 教师表 LEFT JOIN 图书出版表;
ON 教师表.教师编号＝图书出版表.教师编号 WHERE 图书出版表.教师编号
IS NULL

C. SELECT 教师表.教师编号,姓名 FROM 教师表 INNER JOIN 图书出版表;
ON 教师表.教师编号＝图书出版表.教师编号 WHERE 图书出版表.教师编号
IS NULL

D. SELECT 教师表.教师编号,姓名 FROM 教师表 RIGHT JOIN 图书出版表;
ON 教师表.教师编号＝图书出版表.教师编号 WHERE 图书出版表.教师编号
IS NULL

33. 使用 SQL 的 UPDATE 语句更新数据表中的数据时,以下说法正确的是(   )。

A. 如果没有数据项被更新,将提示错误信息

B. 更新数据时,必须带有 WHERE 子句

C. 不能更新主关键字段的值

D. 一次可以更新多行数据或多个字段的值

34. "SELECT ＊ FROM 投稿表 TO FILE temp WHERE 审稿结果＝"通过""语句的功能是(   )。

A. 将查询结果保存到临时 temp.dbf 文件中

B. 将查询结果保存到 temp.txt 文本文件中

C. 将查询结果保存到 temp 表中

D. 将查询结果保存到数组 temp 中

35. 设 R 和 S 是两个基本表,"R RIGHT JOIN S ON R.某列＝S.某列"表示(   )。

A. 在联接结果中会将 R 中不满足联接条件的数据保留下来

B. 在联接结果中会将 S 中不满足联接条件的数据保留下来

C. 在联接结果中会将 R 和 S 中都不满足联接条件的数据保留下来

D. 在联接结果中,R 和 S 的数据都必须满足联接条件

36. 有如下"职员"表:

职员(职员号(C,3),姓名(C,6),性别(C,2),职务(C,10))

要在该表中插入一条记录,正确的 SQL 语句是( )。

    A. INSERT TO 职员 VALUES("666","杨军","男","组员")

    B. INSERT INTO 职员 VALUES("666","杨军",. T. ,"组员")

    C. APPEND TO 职员 VALUES("666","杨军",. T. ,"组员")

    D. INSERT INTO 职员 VALUES("666","杨军","男","组员")

37. 有如下"订单"表:

    订单(订单号(C,4),客户号(C,4),职员号(C,3),签订日期(D),金额(N,6,2))

要统计 2012 年各月份签订的订单的总金额,正确的 SQL 语句是( )。

    A. SELECT MONTH(签订日期)月份,SUM(金额)总金额;

        FROM 订单 GROUP BY 月份 WHERE YEAR(签订日期)=2012

    B. SELECT MONTH(签订日期)月份,SUM(金额)总金额;

        FROM 订单 GROUP BY 月份 HAVING YEAR(签订日期)=2012

    C. SELECT 签订日期. MONTH()月份,SUM(金额)总金额;

        FROM 订单 GROUP BY 月份 WHERE 签订日期. YEAR()=2012

    D. SELECT 签订日期. MONTH()月份,SUM(金额)总金额;

        FROM 订单 GROUP BY 月份 HAVING 签订日期. YEAR()=2012

38. 有如下"职员"表和"订单"表:

    职员(职员号(C,3),姓名(C,6),性别(C,2),职务(C,10))
    订单(订单号(C,4),客户号(C,4),职员号(C,3),签订日期(D),金额(N,6,2))

要查询职工"李丽"签订的订单信息,正确的 SQL 语句是( )。

    A. SELECT 订单号,客户号,签订日期,金额　FROM 订单 WHERE 姓名="李丽"

    B. SELECT 订单号,客户号,签订日期,金额 FROM 职员,订单 WHERE 姓名="李丽";

        AND 职员. 职员号=订单. 职员号

    C. SELECT 订单号,客户号,签订日期,金额 FROM 职员 JOIN 订单;

        WHERE 职员. 职员号=订单. 职员号 AND 姓名="李丽"

    D. SELECT 订单号,客户号,签订日期,金额 FROM 职员,订单;

        ON 职员. 职员号=订单. 职员号 AND 姓名="李丽"

39. 为"职工. dbf"数据库表增加一个字段"联系方式"的 SQL 语句是( )。

    A. ALTER TABLE 职工 ADD 联系方式 C(40)

    B. ALTER 职工 ADD 联系方式 C(40)

    C. CHANGE TABLE 职工 ADD 联系方式 C(40)

    D. CHANGE DBF 职工 INSERT 联系方式 C(40)

40. 使用 SQL 语句实现将所有职工的年龄增加 1 岁的功能,正确的操作是( )。

    A. UPDATE 职工 SET 年龄=年龄+1

    B. UPDATE 职工 ADD 年龄+1

    C. UPDATE 职工 SET 年龄=1

D．UPDATE 职工 ADD 1

二、基本操作题

在考生文件夹下，完成如下操作。

（1）建立一个"客户"表，表结构如下：

客户编号 C(8)

客户名称 C(8)

联系地址 C(30)

联系电话 C(11)

电子邮件 C(20)

（2）建立一个"客户"数据库，并将"客户"表添加到该数据库中。

（3）将如下记录插入到"客户"表中。

43100112 沈红霞 浙江省杭州市 83 号信箱 13312347008 shenhx@sohu.com

44225601 唐毛毛 河北省唐山市 100 号信箱 13184995881 tangmm@bit.com.cn

50132900 刘云亭 北京市 1010 号信箱 13801238769 liuyt@ait.com.cn

30691008 吴敏霞 湖北省武汉市 99 号信箱 13002749810 wumx@sina.com

41229870 王衣夫 辽宁省鞍山市 88 号信箱 13302438008 wangyf@abbk.com.cn

（4）利用报表向导生成一个"客户"（报表文件名）报表，报表的内容包含"客户"表的全部字段，报表的标题为"客户"，其他各项取默认值。

三、简单应用题

在考生文件夹下有 student（学生）、course（课程）和 score（选课成绩）3 个表，用 SQL 语句完成如下操作。

（1）查询每门课程的最高分，要求得到的信息包括课程名称和分数，将结果存储到 max.dbf 表文件（字段名是"课程名称"和"分数"）中，并将相应的 SQL 语句存储到命令文件 one.prg。

（2）查询哪些课程有不及格的成绩，将查询的"课程名称"存入文本文件 new.txt，并将相应的 SQL 语句存储到命令文件 two.prg。

四、综合应用题

在考生文件夹下，完成如下综合应用。

（1）建立"学生"数据库。

（2）把自由表 student（学生）、course（课程）和 score（选课成绩）添加到新建立的数据库。

（3）建立满足如下要求的表单 formlist（控件名和文件名）。

① 添加一个表格控件 Grid1，并按"学号"升序显示学生选课及考试成绩信息（包括字段"学号"、"姓名"、"院系"、"课程名称"和"成绩"）；

② 添加命令按钮"保存"（Command1）和"退出"（Command2），单击命令按钮"保存"时将表格控件 Grid1 中所显示的内容保存到表 results（方法不限），单击命令按钮"退出"时关

闭并释放表单。

注意：程序完成后必须运行，并按要求保存表格控件 Grid1 中所显示的内容到表 results。

参考答案

一、选择题

1. B	2. B	3. D	4. C	5. D	6. B	7. A	8. A
9. A	10. A	11. D	12. D	13. C	14. B	15. D	16. B
17. C	18. C	19. D	20. D	21. D	22. B	23. C	24. C
25. C	26. B	27. A	28. B	29. A	30. A	31. D	32. B
33. D	34. B	35. B	36. D	37. B	38. C	39. A	40. A

二、基本操作题

（1）通过"新建"对话框新建一个自由表，设置文件名为"客户"。在打开的表设计器中，按照题目的要求设计"客户"表的结构。注意，保存设计结果时不要输入记录。

（2）通过"新建"对话框新建一个数据库，设置文件名为"客户"。在打开的数据库设计器的空白处右击，在弹出的快捷菜单中选择"添加"命令，将考生文件夹下的"客户"自由表添加到新建的数据库中。

（3）在名为"客户"的数据库设计器中，右击"客户"表，在弹出的快捷菜单中选择"浏览"命令，然后选择"显示"菜单中的"追加方式"命令，按照题目的要求将记录插入到"客户"表中。

（4）使用报表向导新建一个报表，在报表的"字段选取"对话框中将"客户"表中的全部字段添加到"选定字段"列表框中；在"完成"对话框中设置报表的标题为"客户"；其他各项均取默认值，直接单击"下一步"按钮。最后将报表以"客户"为文件名进行保存。

三、简单应用题

（1）【操作步骤】

新建一个程序 one. prg，编写下列命令语句。

```
******** one. prg 中的程序代码 *******
SELECT Course. 课程名称, max(score. 成绩) as 分数;
FROM course,score ;
WHERE Course. 课程编号 = Score. 课程编号;
GROUP BY Course. 课程名称;
INTO TABLE max.dbf
************************************
```

保存并运行程序。

（2）【操作步骤】

新建一个程序 two. prg，编写下列命令语句。

```
******* two. prg 中的程序代码 *******
SELECT Course. 课程名称;
FROM course,score ;
WHERE Course. 课程编号 = Score. 课程编号;
AND Score. 成绩 < 60;
```

```
GROUP BY Course.课程名称；
TO FILE new.txt
**********************************
```

保存并运行程序。

四、综合应用题

【操作步骤】

步骤1：新建一个数据库"学生"，将自由表"学生"、"课程"和"选课成绩"添加到新建的数据库中。

步骤2：在"命令"窗口中输入"Create form formlist"，新建一个表单。按题目要求为表单添加一个表格控件和两个命令按钮控件，修改各控件的相关属性如下。

步骤3：在表单的 Init 事件中写入代码。

```
******** 表单的 Init 事件代码 ********
thisform.grid1.recordsourcetype = 4
thisform.grid1.recordsource = ;
"SELECT Student.学号, Student.姓名, Student.院系, Course.课程名称, ;
Score.成绩 ;
FROM student, score, course ;
WHERE Score.课程编号 = Course.课程编号 ;
AND Student.学号 = Score.学号 ;
ORDER BY Student.学号 ;
into cursor abc"
**********************************
```

步骤4：在"保存"命令按钮的 Chick 事件代码窗口中输入"select * from abc into table results"。

步骤5：在"退出"命令按钮的 Click 事件代码窗口中输入 ThisForm.Release。

步骤6：保存并按题目要求运行表单。

Visual FoxPro 二级考试
无纸化真考试卷（三）

一、选择题

下列各题 A、B、C、D 4 个选项中，只有一个选项是正确的。

1. 下列叙述中正确的是（　　）。
   - A. 结点中具有两个指针域的链表一定是二叉链表
   - B. 结点中具有两个指针域的链表可以是线性结构，也可以是非线性结构
   - C. 二叉树只能采用链式存储结构
   - D. 循环链表是非线性结构

2. 某二叉树的前序序列为 ABCD，中序序列为 DCBA，则后序序列为（　　）。
   - A. BADC　　　　　　B. DCBA　　　　　　C. CDAB　　　　　　D. ABCD

3. 下面不能作为软件设计工具的是（　　）。
   - A. PAD 图　　　　　　　　　　　B. 程序流程图
   - C. 数据流程图（DFD 图）　　　　　D. 总体结构图

4. 逻辑模型是面向数据库系统的模型，下面属于逻辑模型的是（　　）。
   - A. 关系模型　　　　　　　　　　B. 谓词模型
   - C. 物理模型　　　　　　　　　　D. 实体-联系模型

5. 运动会中一个运动项目可以有多名运动员参加，一个运动员可以参加多个项目。则实体项目和运动员之间的联系是（　　）。
   - A. 多对多　　　　　　　　　　　B. 一对多
   - C. 多对一　　　　　　　　　　　D. 一对一

6. 堆排序最坏情况下的时间复杂度为（　　）。
   - A. $O(n^{15})$　　　　　　　　　　B. $O(n\log_2 n)$
   - C. $O\left(\dfrac{n(n-1)}{2}\right)$　　　　　　D. $O(\log_2 n)$

7. 某二叉树中有 15 个度为 1 的结点，16 个度为 2 的结点，则该二叉树中总的结点数为（　　）。
   - A. 32　　　　　　B. 46　　　　　　C. 48　　　　　　D. 49

8. 下面对软件特点描述错误的是（　　）。
   - A. 软件没有明显的制作过程
   - B. 软件是一种逻辑实体，不是物理实体，具有抽象性
   - C. 软件的开发、运行对计算机系统具有依赖性
   - D. 软件在使用中存在磨损、老化问题

9. 某系统结构图如下所示：

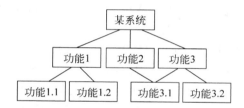

该系统结构图中最大扇入是（　　　）。

    A. 0   B. 1   C. 2   D. 3

10. 设有表示公司、员工及雇佣的3张表（员工可在多家公司兼职），其结构分别为：公司 C(公司号,公司名,地址,注册资本,法人代表,员工数)、员工 S(员工号,姓名,性别,年龄,学历)、雇佣 E(公司号,员工号,工资,工作起始时间)。其中表 C 的键为公司号,表 S 的键为员工号,则表 E 的键(码)为（　　　）。

    A. 公司号、员工号   B. 员工号、工资

    C. 员工号   D. 公司号、员工号、工资

11. Visual FoxPro 是一个可以在计算机和服务器上运行的（　　　）。

    A. 数据库管理系统   B. 数据库系统

    C. 应用软件   D. 工具软件

12. 在"项目管理器"窗口中,每个选项卡组织一定类型的文件。查询文件所在的选项卡是（　　　）。

    A. "数据"选项卡   B. "文档"选项卡

    C. "代码"选项卡   D. "其他"选项卡

13. 下列表达式中,表达式返回结果为. T. 的是（　　　）。

    A. AT("at", "at&t")   B. [信息]$"管理信息系统"

    C. EMPTY(.null.)   D. EMPTY(0)

14. 下列关于定义参照完整性的说法中错误的是（　　　）。

    A. 在数据库设计器中,只有建立两表之间的联系,才能建立参照完整性

    B. 在数据库设计器中,建立参照完整性之前,首先要清理数据库

    C. 可以在 CREATE TABLE 命令中创建参照完整性

    D. 可以在不同数据库中的两个表之间建立参照完整性

15. 下列关于视图的描述中错误的是（　　　）。

    A. 视图只能存在于数据库中,不能成为一个单独的文件

    B. 不能基于自由表创建视图

    C. 在数据库中只保存了视图的定义,没有保存它的数据

    D. 可以通过视图更新数据源表的数据

16. 从类库 myclasslib 删除类 myBox,正确的命令语句是（　　　）。

    A. REMOVE CLASS myBox FROM myclasslib

    B. REMOVE CLASS myBox OF myclasslib

    C. DELETE CLASS myBox FROM myclasslib

    D. DELETE CLASS myBox OF myclasslib

17. 要将系统菜单的默认配置恢复成 Visual FoxPro 系统菜单的标准配置，正确的命令是（　　）。

    A. SET SYSMENU TO DEFAULT   B. SET SYSMENU DEFAULT

    C. SET SYSMENU TO NOSAVE   D. SET SYSMENU NOSAVE

18. 在 SET EXACT ON 情况下，结果值为逻辑真的表达式是（　　）。

    A. "数据库系统"＝"数据库"   B. "数据库"＝"数据库系统"

    C. "数据库"＝＝"数据库"＋space(4)   D. "数据库"＝＝"数据库"＋space(4)

19. 下列命令的输出结果是（　　）。

```
? VARTYPE(DATE())
```

    A. D   B. T   C. N   D. C

20. 下列命令的输出结果是（　　）。

```
? LEN(TRIM(SPACE(2) + "等级" - SPACE(2) - "考试"))
```

    A. 12   B. 10   C. 8   D. 6

21. 在"命令"窗口中执行下面的命令序列，最后一条命令的输出结果是（　　）。

```
SET CENTURY OFF
SET MARK TO "/"
SET DATE TO MDY
? {^2013-11-30}
```

    A. 11-30-2013   B. 11-30-13

    C. 11/30/2013   D. 11/30/13

22. 下列选项中，不能作为查询的输出去向的是（　　）。

    A. 数组   B. 图形   C. 临时表   D. 浏览

23. 使用查询设计器设计查询时，为了去掉重复记录，应该在哪个选项卡中操作（　　）。

    A. 联接   B. 筛选   C. 排序依据   D. 杂项

24. 下面程序的输出结果是（　　）。

```
CLEAR
PUBLIC x, y
x = 5
y = 10
DO p1
?x, y
RETURN
PROCEDURE p1
  PRIVATE y
  x = 50
  y = 100
RETURN
```

    A. 5   10   B. 50 10   C. 5   100   D. 50   100

25. 下列关于 Visual FoxPro 索引的说法中错误的是（　　）。

　　A. 索引是由一个指向 .dbf 文件记录的指针构成的文件

　　B. 主索引和候选索引都要求建立索引的字段值不能重复

　　C. 在数据表和自由表中均可建立主索引和候选索引

　　D. 索引会降低插入、删除和修改等操作的效率

26. 在 Visual FoxPro 中，ZAP 命令的功能是（　　）。

　　A. 物理删除当前表中带删除标记的记录

　　B. 物理删除当前数据库所有表中带删除标记的记录

　　C. 物理删除当前表中所有记录

　　D. 删除当前表

27. 在 Visual FoxPro 中，存储声音的字段类型通常应该是（　　）。

　　A. 通用型　　　　　B. 备注型　　　　C. 音乐型　　　　D. 双精度型

28. 用于修改表数据的 SQL 语句是（　　）。

　　A. MODIFY 语句　　B. UPDATE 语句　　C. ALTER 语句　　D. EDIT 语句

29. 假设当前正在使用"教师"表，表的主关键字是"教师编号"。下列语句中，能将记录指针定位在"教师编号"为 2001001 的记录上的命令是（　　）。

　　A. LOCATE WHERE 教师编号＝"2001001"

　　B. DISPLAY 教师编号＝"2001001"

　　C. SEEK 教师编号＝"2001001"

　　D. SEEK "2001001" ORDER 教师编号

30. 假设记录指针指向第 2 条记录，执行下列命令不会移动记录指针的是（　　）。

　　A. LIST　　　　　　　　　　　B. DISPLAY

　　C. LOCATE FOR . T.　　　　　D. LOCATE FOR . F.

31. 有"客户"表如下：

客户(客户号(C,4),客户名(C,36),地址(C,36),所在城市(C,10),联系电话(C,8))

要查询所有联系电话前 4 位是 8359 的客户，不正确的 SQL 语句是（　　）。

　　A. SELECT ＊ FROM 客户 WHERE LEFT(联系电话,4)＝"8359"

　　B. SELECT ＊ FROM 客户 WHERE SUBSTR(联系电话,1,4)＝"8359"

　　C. SELECT ＊ FROM 客户 WHERE 联系电话 LIKE "8359％"

　　D. SELECT ＊ FROM 客户 WHERE 联系电话 LIKE "_8359_"

32. 设"教师"表的表结构为(教师编号,姓名,职称,年龄)，如果希望查询年龄最大的教师信息，错误的 SQL 语句是（　　）。

　　A. SELECT ＊ FROM 教师表 WHERE 年龄＝(SELECT MAX(年龄) FROM 教师表)

　　B. SELECT ＊ FROM 教师表 WHERE 年龄＞＝ALL(SELECT 年龄 FROM 教师表)

　　C. SELECT ＊ FROM 教师表 WHERE 年龄＞＝ANY(SELECT 年龄 FROM 教师表)

   D. SELECT ＊ TOP 1 FROM 教师表 ORDER BY 年龄 DESC

33. 设有"教师"表,该表的定义如下:

```
CREATE TABLE 教师表(教师编号 I PRIMARY KEY, ;
    姓名 C(8.NOT NULL, ;
    职称 C(10.NULL  DEFAULT "讲师")
```

当前"教师"表没有记录。执行下面的插入语句之后,"教师"表中的字段"职称"的值为( )。

```
INSERT INTO 教师表(教师编号,姓名) VALUES(101, "张三")
```

  A. NULL   B. 空字符串   C. 讲师   D. 插入失败

34. 下述语句的功能是将两个查询结果合并为一个结果,正确的是( )。

  A. SELECT 作者号,文章名 FROM 投稿表 WHERE 审稿结果＝"通过" ORDER
   BY 作者号;
   UNION ;
   SELECT 作者号,文章名 FROM 投稿表 WHERE 审稿结果＝"初审" ORDER
   BY 作者号

  B. SELECT 作者号,文章名 FROM 投稿表 WHERE 审稿结果＝"通过";
   UNION ;
   SELECT 作者号,文章名 FROM 投稿表 WHERE 审稿结果＝"初审" ORDER
   BY 作者号

  C. SELECT 作者号,文章名 FROM 投稿表 WHERE 审稿结果＝"通过";
   UNION ;
   SELECT 作者号,文章名 FROM 投稿表 WHERE 审稿结果＝"初审"

  D. SELECT 作者号,文章名 FROM 投稿表 WHERE 审稿结果＝"通过";
   UNION ;
   SELECT 文章名 FROM 投稿表 WHERE 审稿结果＝"初审"

35. 有如下"职员"表和"订单"表:

```
职员(职员号(C,3),姓名(C,6),性别(C,2),职务(C,10))
订单(订单号(C,4),客户号(C,4),职员号(C,3),签订日期(D),金额(N,6,2))
```

查询签订了订单号为 0036 的订单的职员信息,正确的 SQL 语句是( )。

  A. SELECT 职员号,姓名 FROM 职员 WHERE 订单.订单号="0036"

  B. SELECT 职员.职员号,职员.姓名 FROM 职员,订单;
   WHERE 订单号="0036" AND 职员.职员号＝订单.职员号

  C. SELECT 职员.职员号,职员.姓名 FROM 职员 JOIN 订单;
   WHERE 职员.职员号＝订单.职员号 AND 订单号="0036"

  D. SELECT 职员.职员号,职员.姓名 FROM 职员,订单;
   ON 职员.职员号＝订单.职员号 AND 订单号="0036"

36. 有如下"订单"表:

订单(订单号(C,4),客户号(C,4),职员号(C,3),签订日期(D),金额(N,6,2))

查询所有 2002 年 6 月签订的订单,正确的 SQL 语句是(   )。
　　A. SELECT ＊ FROM 订单 WHERE 签订日期 LIKE {^2002-06}
　　B. SELECT ＊ FROM 订单 WHERE 签订日期＞＝{^2002-6-1} OR 签订日期＜＝
　　　　{^2002-6-30}
　　C. SELECT ＊ FROM 订单 WHERE 签订日期＞＝{^2002-6-1} AND 签订日期＜＝
　　　　{^2002-6-30}
　　D. SELECT ＊ FROM 订单 WHERE 签订日期＞＝{^2002-6-1},签订日期＜＝
　　　　{^2002-6-30}

37. 有如下"客户"表:

客户(客户号(C,4),客户名(C,36),地址(C,36),所在城市(C,10),联系电话(C,8))

要在该表中插入一条记录,正确的 SQL 语句是(   )。
　　A. INSERT INTO 客户 VALUES("6666","汽修厂","中山路 10 号")
　　B. INSERT INTO 客户(客户号,客户名,所在城市);
　　　　VALUES("6666","汽修厂","中山路 10 号","广东省广州市","11111111")
　　C. INSERT INTO 客户[客户号,客户名,所在城市];
　　　　VALUES("6666","汽修厂","中山路 10 号")
　　D. INSERT INTO 客户(客户号,客户名,所在城市);
　　　　VALUES("6666","汽修厂","中山路 10 号")

38. 有如下"订单"表:

订单(订单号(C,4),客户号(C,4),职员号(C,3),签订日期(D),金额(N,6,2))

查询每个客户的总金额信息的正确 SQL 语句是(   )。
　　A. SELECT 订单号,SUM(金额).FROM 订单 GROUP BY 客户号
　　B. SELECT 订单号,SUM(金额).FROM 订单 ORDER BY 客户号
　　C. SELECT 客户号,SUM(金额).FROM 订单 GROUP BY 客户号
　　D. SELECT 客户号,SUM(金额).FROM 订单 ORDER BY 客户号

39. 查询 2016 年已经年检的驾驶证编号和年检日期,正确的 SQL 语句是(   )。
　　A. SELECT 驾驶证编号,年检日期 FROM 年检 WHERE year(年检日期)＝2016
　　B. SELECT 驾驶证编号,年检日期 FROM 年检 WHERE 年检日期＝2016
　　C. SELECT 驾驶证编号,年检日期 FROM 年检 WHERE 年检日期＝ year(2016)
　　D. SELECT 驾驶证编号,年检日期 FROM 年检 WHERE year(年检日期)＝year
　　　　(2016)

40. 若"职工"表中有"姓名"、"基本工资"和"职务津贴"等字段,在产生 Visual FoxPro
报表时,需计算每个职工的工资(工资＝基本工资＋职务津贴),应把计算工资的域控件设置
在(   )。

　　A. "细节"带区里　　　　　　　　　B. "标题"带区里

C. "页标头"带区里   D. "列标头"带区里

二、基本操作题

在考生文件夹下,完成如下操作。

(1) 将 student 表中学号为 99035001 的学生的"院系"字段值修改为"经济"。

(2) 将 score 表的"成绩"字段的名称修改为"考试成绩"。

(3) 使用 SQL 命令(ALTER TABLE)为 srudent 表建立一个候选索引(索引名和索引表达式都是"学号"),并将相应的 SQL 命令保存在 three. prg 文件中。

(4) 利用表设计器为 course 表建立一个候选索引,索引名和索引表达式都是"课程编号"。

三、简单应用题

在考生文件夹下完成如下简单应用。

(1) 建立一个满足如下要求的表单文件 tab。

① 表单中包含一个页框控件 Pageframe1,该页框含有 3 个页面,页面的标题依次为"学生"(Page1)、"课程"(Page2)、"成绩"(Page3)。

② 依次将表 student(学生)、course(课程)和 score(成绩)添加到表单的数据环境中。

③ 直接用拖曳的方法使得在页框控件的相应页面上依次显示表 student(学生)、course(课程)和 score(成绩)的内容。

④ 表单中包含一个命令按钮"退出"(Command1),单击该按钮关闭并释放表单。

(2) 给定程序(表单)modi2. scx,其功能是请用户输入一个正整数,然后计算从 1 到该数字之间有几个偶数、几个奇数、几个被 3 整除的数,并分别显示出来,最后给出总数目。请修改并调试该程序,使之正确运行。

改错要求:"计算"按钮的 Click 事件代码共有 3 处错误,请修改" ***** found ***** "下面语句行中的错误。必须在原来位置修改,不得增加或删减程序行(其中,第 1 行的赋值语句不许减少或改变变量名)。"退出"按钮的 Click 事件代码有一处错误,该按钮的功能是关闭并释放表单。

四、综合应用题

考生文件夹下有一表单文件 zonghe。单击其中的"添加>"命令按钮可以将左边列表框中的所有选项添加到右边的列表框;单击"<移去"命令按钮可以将右边列表框中的所有选项移去(删除)。

现请完善"确定"命令按钮的 Click 事件代码,其功能是:查询右边列表框所列课程的学生的考试成绩(依次包括"姓名"、"课程名称"和"考试成绩"3 个字段),并先按"课程名称"升序、再按"考试成绩"降序存储到 zonghe. dbf 中。

注意如下两点。

(1) score 表中"考试成绩"字段是在基本操作中修改后的结果。

(2) 程序完成后必须运行,要求将"计算机基础"和"高等数学"从左边的列表框添加到右边的列表框,并单击"确定"命令按钮完成查询和存储。

参考答案

一、选择题

1. B	2. B	3. C	4. A	5. A	6. B	7. C	8. D
9. C	10. A	11. A	12. A	13. D	14. D	15. B	16. B
17. D	18. D	19. A	20. B	21. D	22. A	23. D	24. B
25. C	26. C	27. A	28. B	29. D	30. B	31. D	32. C
33. C	34. C	35. B	36. C	37. D	38. C	39. A	40. A

二、基本操作题

（1）单击工具栏中的"打开"按钮,打开考生文件夹下的表文件 student,在"命令"窗口中输入 BROWSE,并按 Enter 键执行,在表记录中将学号为 99035001 的学生的"院系"字段值改为"经济"。

（2）单击工具栏中的"打开"按钮,打开考生文件夹下的 score 表,单击"显示"菜单中的"表设计器"命令,打开表设计器,将"成绩"字段的名称修改为"考试成绩"。

（3）在"命令"窗口中输入 SQL 命令"ALTER TABLE student ADD UNIQUE 学号 TAG 学号",并按 Enter 键执行。然后将该语句保存到 three.prg 文件中。

（4）同第 2 小题,打开 course 表的表设计器,建立候选索引"课程编号"。

三、简单应用题

（1）【操作步骤】

步骤 1：在"命令"窗口中输入"Create form tab",并按 Enter 键执行,新建一个表单文件 tab。在"表单控件"工具栏中单击相应的控件,然后在表单上画出一个页框和一个命令按钮。将页框 Pageframe1 的 PageCount 属性设置为 3。

步骤 2：在页框上右击,在弹出的快捷菜单中选择"编辑"命令,设置页框各页的标题属性。

Page1	Caption	学生
Page2	Caption	课程
Page3	Caption	成绩

步骤 3：在表单空白处右击,在弹出的快捷菜单中选择"数据环境"命令,依次将表 student、course 和 score 添加到数据环境中。

步骤 4：在页框控件上右击,在弹出的快捷菜单中选择"编辑"命令,在"属性"窗口中选中 Page1,拖曳相应的表 student 到页框中,然后依次选中 Page2 和 Page3,将对应的表拖曳进去。

步骤 5：将命令按钮的 Caption 属性改为"退出",输入其 Click 事件代码 ThisForm.Release。

步骤 6：保存并运行表单,查看结果。

（2）【操作步骤】

步骤 1：单击工具栏中的"打开"按钮,打开考生文件夹下的表单文件 modi2,修改"计算"命令按钮的 Click 事件。

```
*********** 程序提供的代码 ************
******** found ********
x,s1,s2,s3 = 0
******** found ********
x = thisform.text1
do while x > 0
    if int(x/2) = x/2
        s1 = s1 + 1
    else
        s2 = s2 + 1
    endif
******** found ********
    if div(x,3) = 0
        s3 = s3 + 1
    endif
    x = x - 1
enddo
thisform.text2.value = s1
thisform.text3.value = s2
thisform.text4.value = s3
thisform.text5.value = s1 + s2 + s3
*********************************
```

错误 1：改为 STORE 0 TO x,s1,s2,s3。

错误 2：改为 x＝val(thisform.text1.value)。

错误 3：改为 if mod(x,3)＝0。

步骤 2：以同样的方法修改"退出"按钮的 Click 事件代码为 ThisForm.Release

四、综合应用题

【操作步骤】

步骤 1：单击工具栏中的"打开"按钮，打开考生文件夹下的表单文件 zonghe。

步骤 2：双击"确定"命令按钮，完善其 Click 事件代码。

```
******** "确定"按钮的 Click 事件代码 *********
SELECT Student.姓名, Course.课程名称, Score.考试成绩;
    FROM student INNER JOIN score;
    INNER JOIN course ;
    ON Score.课程编号 = Course.课程编号 ;
    ON Student.学号 = Score.学号;
    where &cn;
    ORDER BY Course.课程名称, Score.考试成绩 DESC;
    INTO TABLE zonghe.dbf
    *********************************
```

步骤 3：保存并运行表单。

Visual FoxPro 二级考试
无纸化真考试卷（四）

一、选择题

下列各题 A、B、C、D 4 个选项中，只有一个选项是正确的。

1. 在面向对象的方法中，实现将对象的数据和操作结合于统一体中的是（ 　）。
    A. 结合　　　　　B. 封装　　　　　C. 隐藏　　　　　D. 抽象

2. 在进行逻辑设计时，将 E-R 图中实体之间联系转换为关系数据库的（ 　）。
    A. 关系　　　　　B. 元组　　　　　C. 属性　　　　　D. 属性的值域

3. 线性表的链式存储结构与顺序存储结构相比，链式存储结构的优点有（ 　）。
    A. 节省存储空间　　　　　　　　B. 插入与删除运算效率高
    C. 便于查找　　　　　　　　　　D. 排序时减少元素的比较次数

4. 深度为 7 的完全二叉树中共有 125 个结点，则该完全二叉树中的叶子结点数为（ 　）。
    A. 62　　　　　B. 63　　　　　C. 64　　　　　D. 65

5. 下列叙述中正确的是（ 　）。
    A. 所谓有序表是指在顺序存储空间内连续存放的元素序列
    B. 有序表只能顺序存储在连续的存储空间内
    C. 有序表可以用链接存储方式存储在不连续的存储空间内
    D. 任何存储方式的有序表均能采用二分法进行查找

6. 设二叉树如下：

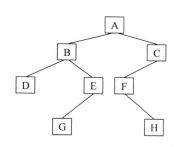

则后序序列为（ 　）。
    A. ABDEGCFH　　B. DBGEAFHC　　C. DGEBHFCA　　D. ABCDEFGH

7. 计算机软件包括（ 　）。
    A. 算法和数据　　　　　　　　　B. 程序和数据
    C. 程序和文档　　　　　　　　　D. 程序、数据及相关文档

8. 下列描述中不属于软件需求分析阶段任务的是( )。

    A. 撰写软件需求规格说明书   B. 软件的总体结构设计

    C. 软件的需求分析   D. 软件的需求评审

9. 当数据库中数据总体逻辑结构发生变化,而应用程序不受影响时,称之为数据的( )。

    A. 逻辑独立性   B. 物理独立性   C. 应用独立性   D. 空间独立性

10. 有3个关系 R、S 和 T 如下:

R

A	B	C
a	1	2
b	2	1
c	3	1
e	4	2

S

A	B	C
d	3	2
c	3	1

T

A	B	C
a	1	2
b	2	1
c	3	1
d	3	2
e	4	2

则由关系 R 和 S 得到的关系 T 的操作是( )。

    A. 并   B. 投影   C. 交   D. 选择

11. 下列不属于数据库系统特点的是( )。

    A. 采用特定的数据模型   B. 有统一的数据控制功能

    C. 数据冗余度高   D. 数据独立性高

12. 在"项目管理器"窗口中,每个选项卡组织一定类型的文件。菜单文件所在的选项卡是( )。

    A. "数据"选项卡   B. "文档"选项卡   C. "代码"选项卡   D. "其他"选项卡

13. 执行下列命令后显示的结果是( )。

```
X = "12.32"
?"56" + &X
```

    A. 5612.32   B. 68.32   C. 56+&X   D. 提示错误

14. 索引文件打开后,下列命令中不受索引影响的是( )。

    A. SKIP   B. LIST   C. GO 3   D. GO BOTTOM

15. 在查询设计器中,要想将查询结果直接送至 Visual FoxPro 主窗口显示,查询去向应指定为( )。

    A. 浏览   B. 临时表   C. 屏幕   D. 报表

16. 在 Visual FoxPro 中,可以打开表设计器的命令是( )。

    A. MODIFY STRUCTURE   B. MODIFY TABLE

    C. CREATE TABLE   D. CREATE DATABASE

17. 假设表单中有一个"关闭"按钮,单击该按钮将关闭所在表单。下面有关按钮的 Click 事件代码中,不正确的是( )。

A. Thisform. Release()　　　　　　B. Thisform. Release

C. This. Parent. Release　　　　　　D. Parent. Release

18. 在 Visual FoxPro 中,要将系统菜单恢复成默认配置,正确的命令是(　　)。

A. SET SYSMENU TO DEFAULT　　B. SET SYSMENU DEFAULT

C. SET SYSMENU TO NOSAVE　　　D. SET SYSMENU NOSAVE

19. 下列命令的输出结果是(　　)。

```
? LEN(TRIM(SPACE(2) + "等级考试" + SPACE(2)))
```

A. 12　　　　　　B. 10　　　　　　C. 8　　　　　　D. 6

20. 假设日期变量 d 的值是 2013 年 10 月 6 日,数值变量 i 的值是 10,则以下表达式错误的是(　　)。

A. {^2013-10-30}+i　　　　　　B. {^2013-10-30}-i

C. {^2013-10-30}+d　　　　　　D. {^2013-10-30}+d

21. 在"命令"窗口中执行如下命令序列,最后一条命令的输出结果是(　　)。

```
SET CENTURY ON
SET MARK TO "?"
SET DATE TO YMD
? {^2013-11-30}
```

A. 2013-11-30　　B. 13-11-30　　C. 2013/11/30　　D. 2013?11?30

22. 下列程序的运行结果是(　　)。

```
SET TALK OFF
DIMENSION d(20)
FOR i = 1 TO 20
    d(i) = i - 1
ENDFOR
s = 0
i = 1
DO WHILE i <= 20
    if i % 5 = 0
        s = s + d(i)
    ENDIF
    i = i + 1
ENDDO
? S
```

A. 45　　　　　　B. 46　　　　　　C. 50　　　　　　D. 55

23. 下列程序的运行结果是(　　)。

```
* 程序文件名: main.prg
SET TALK OFF
CLOSE ALL
CLEAR ALL
mX = "数据革命"
mY = "大数据"
DO s1 WITH mX
```

```
?mY + mX
RETURN


* 子程序文件名：s1.prg
PROCEDURE s1
PARAMETERS mX1
LOCAL mX
mX = "云时代的数据革命"
mY = mY + "正在到来的"
RETURN
```

  A. 大数据正在到来的数据革命   B. 大数据数据革命

  C. 云时代的数据革命大数据   D. 大数据云时代的数据革命

24. 查询设计器中不包括的选项卡是( )。

  A. 联接   B. 筛选   C. 排序依据   D. 更新条件

25. 视图设计器和查询设计器很像，视图计器不能进行以下哪种设置( )。

  A. 联接条件   B. 筛选条件   C. 查询去向   D. 更新条件

26. 下列程序的运行结果是( )。

```
SET TALK OFF
a = 10
DO p1
? a
PROCEDURE p1
PRIVATE a
a = 11
DO p2
PROCEDURE p2
a = 12
RETURN
```

  A. 10   B. 11   C. 12   D. .F.

27. 下列说法正确的是( )。

  A. 将某个表从数据库中移出的操作不会影响当前数据库中其他的表

  B. 一旦某个表从数据库中移出，与之联系的所有主索引、默认值和约束都将随之消失

  C. 设置了参照完整性规则的表不能从数据库中移出

  D. 如果移出的表在数据库中使用了长表名，则移出数据库之后的表仍然可以使用长表名

28. 在 Visual FoxPro 中，如果在表之间的联系中设置了参照完整性规则，并在更新规则中选择了"级联"，则当更新父表中的联接字段值时，系统的反应是( )。

  A. 不做参照完整性检查

  B. 不准更新父表中的联接字段值

  C. 用新的联接字段值自动修改子表中所有相关记录

  D. 若子表中有相关记录，则禁止更新父表中的联接字段值

29. 在 SQL 查询语句 SELECT … FROM … WHERE … GROUP BY … HAVING … ORDER BY 中初始查询条件短语是(　　)。

    A. SELECT   B. FROM   C. WHERE   D. HAVING

30. 设当前表是"会员"表,物理删除"会员"表中全部记录的命令是(　　)。

    A. ZAP   B. PACK

    C. DELETE   D. DELETE FROM 会员表

31. 将当前表中所有记录价格增加 10% 的命令是(　　)。

    A. REPLACE ALL 价格 WITH 价格 * 1.1

    B. REPLACE ALL 价格 WITH 价格 + 10%

    C. REPLACE 价格 WITH 价格 + 10%

    D. REPLACE 价格 WITH 价格 * 1.1

32. 设"教师"表的表结构为(教师编号,姓名,职称,出生日期),要删除 1950 年以前出生的教师信息,正确的 SQL 语句是(　　)。

    A. DELETE FROM 教师表 WHERE 出生日期 < {^1950-1-1}

    B. DELETE FROM 教师表 WHERE 出生日期 < "1950-1-1"

    C. DELETE 教师表 WHERE 出生日期 < {^1950-1-1}

    D. DELETE 教师表 WHERE 出生日期 < "1950-1-1"

33. 使用下列 SQL 语句创建"教师"表:

```
CREATE  TABLE 教师表(教师编号 I  PRIMARY KEY, ;
    姓名 C(8)  NOT NULL, ;
    职称 C(10)  DEFAULT "讲师")
```

如果要删除"职称"字段的 DEFAULT 约束,正确的 SQL 语句是(　　)。

    A. ALTER TABLE 教师表 ALTER 职称 DROP DEFAULT

    B. ALTER TABLE 教师表 ALTER 职称 DELETE DEFAULT

    C. ALTER TABLE 教师表 DROP 职称　DEFAULT

    D. ALTER TABLE 教师表 DROP 职称

34. 设数据库中有如下表:

    作者表(作者号,姓名,电话)

    投稿表(作者号,投稿日期,文章名,审稿结果)

"作者"表中保存的是所有投过稿的作者信息,不保存没有投稿的作者。现在查询所投文章中,所有审稿结果都是通过的作者号和姓名,下面语句正确的是(　　)。

    A. SELECT 作者号,姓名 FROM 作者表;

       WHERE 作者号 = (SELECT 作者号 FROM 投稿表 WHERE 审稿结果 = "通过")

    B. SELECT 作者号,姓名 FROM 作者表;

       WHERE 作者号 IN (SELECT 作者号 FROM 投稿表 WHERE 审稿结果 = "通过")

    C. SELECT 作者号,姓名 FROM 作者表;

WHERE 作者号 NOT IN（SELECT 作者号 FROM 投稿表 WHERE 审稿结果！＝"通过"）

  D. SELECT 作者号,姓名 FROM 作者表;

    WHERE 作者号 EXISTS（SELECT 作者号 FROM 投稿表 WHERE 审稿结果＝"通过"）

 35. 有如下"订单"表:

    订单(订单号(C,4),客户号(C,4),职员号(C,3),签订日期(D),金额(N,6,2))

要查询金额最高的订单的订单号(可能有多个),不正确的 SQL 语句是（ ）。

  A. SELECT 订单号 FROM 订单 WHERE 金额＞＝ALL(SELECT 金额 FROM 订单)

  B. SELECT 订单号 FROM 订单 WHERE 金额＝(SELECT MAX(金额) FROM 订单)

  C. SELECT 订单号 FROM 订单 WHERE 金额＝MAX(金额)

  D. SELECT 订单号 FROM 订单 WHERE 金额＞＝(SELECT MAX(金额) FROM 订单)

 36. 有如下"订单"表和"客户"表:

    订单(订单号(C,4),客户号(C,4),职员号(C,3),签订日期(D),金额(N,6,2))
    客户(客户号(C,4),客户名(C,36),地址(C,36),所在城市(C,10),联系电话(C,8))

要查询签订了订单号为 0036 的订单的客户信息,不正确的 SQL 语句是（ ）。

  A. SELECT 客户.客户号,客户名 FROM 客户,订单;

    WHERE 客户.客户号＝订单.客户号 AND 订单号="0036"

  B. SELECT 客户.客户号,客户名 FROM 客户,订单;

    ON 客户.客户号＝订单.客户号 AND 订单号="0036"

  C. SELECT 客户.客户号,客户名 FROM 客户 JOIN 订单;

    ON 客户.客户号＝订单.客户号 AND 订单号="0036"

  D. SELECT 客户.客户号,客户名 FROM 客户 JOIN 订单;

    ON 客户.客户号＝订单.客户号 WHERE 订单号="0036"

 37. 要为客户表添加一个"邮政编码"字段(字符型,宽度为 6),正确的 SQL 语句是（ ）。

  A. ALTER TABLE 客户 ALTER 邮政编码(C,6)

  B. ALTER TABLE 客户 ALTER 邮政编码 C(6)

  C. ALTER TABLE 客户 ADD 邮政编码(C,6)

  D. ALTER TABLE 客户 ADD 邮政编码 C(6)

 38. 有如下"订单"表和"客户"表:

    订单(订单号(C,4),客户号(C,4),职员号(C,3),签订日期(D),金额(N,6,2))
    客户(客户号(C,4),客户名(C,36),地址(C,36),所在城市(C,10),联系电话(C,8))

查询订单金额大于等于 10000 的客户信息的正确 SQL 语句是（ ）。

A. SELECT ＊ FROM 客户 WHERE 客户号＝；
　　　(SELECT 客户号 FROM 订单 WHERE 金额＞＝10000)
B. SELECT ＊ FROM 客户 WHERE 客户号＝；
　　　ALL(SELECT 客户号 FROM 订单 WHERE 金额＞＝10000)
C. SELECT ＊ FROM 客户 WHERE 客户号＝；
　　　ANY(SELECT 客户号 FROM 订单 WHERE 金额＞＝10000)
D. SELECT ＊ FROM 客户 WHERE 客户号＝；
　　　IN(SELECT 客户号 FROM 订单 WHERE 金额＞＝10000)

39. 能够向 student 表插入一条新记录的正确 SQL 语句是(　　　)。
　　A. INSERT INTO student VALUES("0401","丽萍","女",18)
　　B. APPEND student VALUES("0401","丽萍","女",18)
　　C. APPEND INTO student VALUES("0401","丽萍","女",18)
　　D. INSERT student VALUES("0401","丽萍","女",18)

40. 下列关于报表的说法中错误的是(　　　)。
　　A. 报表的数据源可以是临时表、视图或自由表
　　B. 必须为报表设置数据源
　　C. 可以利用报表设计器创建自定义报表
　　D. 不能利用报表来修改表中的数据

二、基本操作题

在考生文件夹下,有一表单文件 myform. scx。打开表单文件,然后在表单设计器环境下完成如下操作。

(1) 在"属性"窗口中将表单设置为不可移动的,并将其标题设置为"表单操作"。

(2) 为表单新建一个名为 mymethod 的方法,方法代码为"wait"mymethod" window"。

(3) 设置 OK 按钮的 Click 事件代码,其功能是调用表单的 mymethod 方法。

(4) 设置 Cancel 按钮的 Click 事件代码,其功能是关闭当前表单。

三、简单应用题

在考生文件夹下,完成如下简单应用。

(1) 利用查询设计器创建查询,从 xuesheng 和 chengji 表中找出所有 1982 年出生的汉族学生记录。查询结果包含"学号"、"姓名"、"数学"、"英语"和"信息技术"5 个字段,各记录按"学号"降序排序,查询去向为表 table1。最后将查询保存在 query1. qpr 文件中,并运行该查询。

(2) 首先创建数据库 cj_m,并向基中添加 xuesheng 表和 chengji 表。然后在数据库中创建视图 view1。利用该视图只能查询数学、英语和信息技术 3 门课中至少一门不及格(小于 60 分)的学生记录。查询结果包含"学号"、"姓名"、"数学"、"英语"和"信息技术"5 个字段,各记录按"学号"降序排序。最后利用刚创建的视图 view1 查询视图中全部信息,并将查询结果存放在表 table2 中。

四、综合应用题

首先利用表设计器在考生目录下建立表 table3。表结构如下：

民族　　　字符型(4)
数学平均分　　数值型(6,2)
英语平均分　　数值型(6,2)

然后在考生文件夹下创建一个下拉式菜单 mymenu. mnx,并生成菜单程序 mymenu. mpr。运行该菜单程序时会在当前 Visual FoxPro 系统菜单的末尾追加一个"考试"子菜单,如下图所示。

菜单命令"计算"和"返回"的功能都通过执行过程完成。

菜单命令"计算"的功能是：根据 xuesheng 表和 chengji 表分别统计汉族学生和少数民族学生在数学和英语两门课程上的平均分,并把统计数据保存在表 table3 中。

表 table3 的结果有两条记录。第 1 条记录是汉族学生的统计数据,"民族"字段填"汉";第 2 条记录是少数民族学生的统计数据,"民族"字段填"其他"。

菜单命令"返回"的功能是恢复标准的系统菜单。

菜单程序生成后,运行菜单程序并依次执行"计算"和"返回"命令。

参考答案

一、选择题

1. B	2. A	3. B	4. B	5. C	6. C	7. D	8. B
9. A	10. A	11. C	12. D	13. D	14. C	15. C	16. A
17. D	18. A	19. B	20. C	21. D	22. B	23. A	24. D
25. C	26. A	27. C	28. C	29. D	30. A	31. A	32. A
33. A	34. C	35. C	36. B	37. D	38. C	39. A	40. B

二、基本操作题

(1) 打开表单,在"属性"窗口中将表单的 Movable 属性修改为. F. 并将其 Caption 属性设置为"表单操作"。

(2) 从系统菜单中的"表单"菜单中选择"新建方法程序"命令,打开"新建方法程序"对话框,然后在"名称"文本框中输入 mymethod 并单击"添加"按钮。关闭对话框后双击表单空白处,编写表单的 mymethod 事件代码如下：

```
wait "mymethod" window
```

(3) 双击 OK 按钮,打开其 Click 事件代码窗口,输入 ThisForm. mymethod。

(4) 双击 Cancel 按钮,打开其 Click 事件代码窗口,输入 ThisForm. Release。

三、简单应用题

（1）【操作步骤】

步骤 1：新建一个查询，并将 xuesheng 和 chengji 两个表添加到查询设计器中。按要求添加字段"xuesheng. 学号"、"xuesheng. 姓名"、"chengji. 数学"、"chengji. 英语"和"chengji. 信息技术"到"选定字段"列表框中。

步骤 2：在"筛选"选项卡中添加表达式"YEAR（xuesheng. 出生日期）"，条件设置为"＝"，实例中输入 1982。

步骤 3：在筛选选项卡中选择字段"民族"，条件设置为"＝"，实例中输入"汉"。

步骤 4：在排序选项卡中选择"降序"，添加字段"学号"。

步骤 5：选择"查询"菜单中的"查询去向"命令，在出现的对话框中单击"表"按钮，输入表名 table1。

步骤 6：保存查询为 uery1 并运行查询。

（2）【操作步骤】

步骤 1：在"命令"窗口中输入"Create data cj_m"，创建数据库。

步骤 2：打开 cj_m 数据库并向其中添加表 xuesheng 和 chengji。

步骤 3：在数据库设计器中新建一个视图，并将 xuesheng 和 chengji 两个表添加到新建的视图中，按要求添加字段"xuesheng. 学号"、"xuesheng. 姓名"、"chengji. 数学"、"chengji. 英语"和"chengji. 信息技术"。

步骤 4：在"筛选"选项卡中分别选择字段"数学"、"英语"和"信息技术"，条件均为"＜"，实例为 60，逻辑为 or。

步骤 5：在排序选项卡中选择"降序"，添加字段"学号"。

步骤 6：保存视图为 view1。新建一个查询，将视图添加到查询设计器中。

步骤 7：添加全部字段，选择"查询去向"为"表"，输入表名 table2 并运行查询。

四、综合应用题

【操作步骤】

步骤 1：建立表可以通过单击"常用"工具栏中的"新建"按钮完成。依次执行"文件"→"新建"→"表"→"新建文件"命令，在打开的表设计器中依次输入各字段的名称，并设置各字段的类型和宽度，设置完成后单击"确定"按钮，选择"不输入记录"。

步骤 2：建立菜单可以使用"文件"菜单完成。选择"文件"→"新建"→"菜单"→"新建文件"命令打开菜单设计器。选择"显示"菜单中的"常规选项"命令，打开"常规选项"对话框，在"位置"处选择"追加"，则新建立的子菜单会在当前 Visual FoxPro 系统菜单后显示。

步骤 3：在"菜单名称"中填入"考试"，"结果"为"子菜单"，单击"创建"按钮；在子菜单的"菜单名称"中先后输入"计算"和"返回"，"结果"均为"过程"。

步骤 4：在"计算"菜单项的过程中输入下列代码。

```
**************************
SELECT Xuesheng.民族,avg(Chengji.数学) as x,AVG(Chengji.英语) AS y;
FROM xuesheng,chengji;
WHERE Xuesheng.学号 = Chengji.学号 AND Xuesheng.民族 = "汉";
INTO ARRAY a
INSERT INTO table3 FROM ARRAY a
```

```
SELECT Xuesheng.民族,avg(Chengji.数学) as x,AVG(Chengji.英语) AS y;
FROM xuesheng,chengji;
WHERE Xuesheng.学号 = Chengji.学号;
AND Xuesheng.民族!= "汉" INTO ARRAY a
INSERT INTO table3 FROM ARRAY a
UPDATE table3 SET 民族 = "其他" WHERE 民族!= "汉"
```

****

在"返回"菜单项的过程中输入语句"SET SYSMENU TO DEFAULT。"

步骤 5：保存菜单名为 mymenu，在系统菜单中单击"菜单"→"生成"命令，生成可执行程序并运行。

Visual FoxPro 二级考试
无纸化真考试卷（五）

一、选择题

下列各题 A、B、C、D 4 个选项中，只有一个选项是正确的。

1. 下列叙述中正确的是（　　）。
   - A. 一个算法的空间复杂度大，则其时间复杂度也必定大
   - B. 一个算法的空间复杂度大，则其时间复杂度必定小
   - C. 一个算法的时间复杂度大，则其空间复杂度必定小
   - D. 算法的时间复杂度与空间复杂度没有直接关系

2. 下列叙述中正确的是（　　）。
   - A. 循环队列中的元素个数随队头指针与队尾指针的变化而动态变化
   - B. 循环队列中的元素个数随队头指针的变化而动态变化
   - C. 循环队列中的元素个数随队尾指针的变化而动态变化
   - D. 以上说法都不对

3. 一棵二叉树中共有 80 个叶子结点与 70 个度为 1 的结点，则该二叉树中的总结点数为（　　）。
   - A. 219
   - B. 229
   - C. 230
   - D. 231

4. 对长度为 10 的线性表进行冒泡排序，最坏情况下需要比较的次数为（　　）。
   - A. 9
   - B. 10
   - C. 45
   - D. 90

5. 构成计算机软件的是（　　）。
   - A. 源代码
   - B. 程序和数据
   - C. 程序和文档
   - D. 程序、数据及相关文档

6. 软件生命周期可分为定义阶段、开发阶段和维护阶段，下面不属于开发阶段任务的是（　　）。
   - A. 测试
   - B. 设计
   - C. 可行性研究
   - D. 实现

7. 下面不能作为结构化方法软件需求分析工具的是（　　）。
   - A. 系统结构图
   - B. 数据字典（DD）
   - C. 数据流程图（DFD 图）
   - D. 判定表

8. 在关系模型中，每一个二维表称为一个（　　）。
   - A. 关系
   - B. 属性
   - C. 元组
   - D. 主码（键）

9. 若实体 A 和 B 是一对多的联系，实体 B 和 C 是一对一的联系，则实体 A 和 C 的联系是（　　）。
   - A. 一对一
   - B. 一对多
   - C. 多对一
   - D. 多对多

10. 有 3 个关系 R,S 和 T 如下:

R		
A	B	C
a	1	2
b	2	1
c	3	1

S		
A	B	C
d	3	2
c	3	1

T		
A	B	C
a	1	2
b	2	1
c	3	1
d	3	2

则由关系 R 和 S 得到关系 T 的操作是( )。

    A. 选择   B. 投影   C. 交   D. 并

11. 在数据库中建立索引的目的是( )。

    A. 节省存储空间   B. 提高查询速度

    C. 提高查询和更新速度   D. 提高更新速度

12. 在 Visual FoxPro 中,为了使表具有更多的特性,应该使用( )。

    A. 数据库表   B. 自由表

    C. 数据库表或自由表   D. 数据库表和自由表

13. 在 Visual FoxPro 中,查询设计器和视图设计器很像,如下描述正确的是( )。

    A. 使用查询设计器创建的是一个包含 SQL SELECT 语句的文本文件

    B. 使用视图设计器创建的是一个包含 SQL SELECT 语句的文本文件

    C. 查询和视图有相同的用途

    D. 查询和视图实际都是一个存储数据的表

14. 建立表单的命令是( )。

    A. CREATE FORM   B. CREATE TABLE

    C. NEW FORM   D. NEW TABLE

15. 在 Visual FoxPro 中,如果在表之间的联系中设置了参照完整性规则,并在删除规则中选择了"级联",则当删除父表中的记录时,其结果是( )。

    A. 只删除父表中的记录,不影响子表

    B. 任何时候都拒绝删除父表中的记录

    C. 在删除父表中记录的同时自动删除子表中的所有参照记录

    D. 若子表中有参照记录,则禁止删除父表中记录

16. 为了使命令按钮在界面运行时显示"运行",需要设置该命令按钮的哪个属性( )。

    A. Text   B. Title   C. Display   D. Caption

17. 在 Visual FoxPro 中,可视类库文件的扩展名是( )。

    A. dbf   B. scx   C. vcx   D. dbc

18. 在 Visual FoxPro 中,"表"通常是指( )。

    A. 表单   B. 报表

    C. 关系数据库中的关系   D. 以上说法都不对

19. 在 Visual FoxPro 中,关于视图的正确描述是( )。

    A. 视图也称作窗口

B. 视图是一个预先定义好的 SQL SELECT 语句文件

C. 视图是一种用 SQL SELECT 语句定义的虚拟表

D. 视图是一个存储数据的特殊表

20. 为了在报表中打印当前时间,应该插入的控件是( )。

　　A. 文本框控件　　　　B. 表达式　　　　C. 标签控件　　　　D. 域控件

21. 在 Visual FoxPro 中,使用 SEEK 命令查找匹配的记录。当查找到匹配的第一条记录后,如果还需要查找下一条匹配的记录,通常使用命令( )。

　　A. GOTO　　　　　　B. SKIP　　　　　C. CONTINUE　　　D. GO

22. 假设表 s 中有 10 条记录,其中字段 b 小于 20 的记录有 3 条,大于等于 20 并且小于等于 30 的记录有 3 条,大于 30 的记录有 4 条。执行下面的程序后,屏幕显示的结果是( )。

```
SET DELETE ON
DELETE FROM s WHERE b BETWEEN 20 AND 30
? RECCOUNT()
```

　　A. 10　　　　　　　B. 7　　　　　　　C. 0　　　　　　　D. 3

23. 假设变量 a 的内容是"计算机软件工程师",变量 b 的内容是"数据库管理员",下列表达式的结果为"数据库工程师"的是( )。

　　A. left(b,6)-right(a,6)　　　　　　　B. substr(b,1,3)- substr(a,6,3)

　　C. left(b,6)- substr(a,6,3)　　　　　D. substr(b,1,3)-right(a,6)

24. 在 Visual FoxPro 中,如下描述正确的是( )。

　　A. 对表的所有操作,都不需要使用 USE 命令先打开表

　　B. 所有 SQL 命令对表的所有操作都不需使用 USE 命令先打开表

　　C. 部分 SQL 命令对表的所有操作都不需使用 USE 命令先打开表

　　D. 传统的 Visual FoxPro 命令对表的所有操作都不需使用 USE 命令先打开表

25. 在 Visual FoxPro 中,如果希望跳出 SCAN … ENDSCAN 循环体,执行 ENDSCAN 后面的语句,应使用( )。

　　A. LOOP 语句　　　B. EXIT 语句　　　C. BREAK 语句　　D. RETURN 语句

26. 在创建数据库表结构时,为了同时定义实体完整性,可以通过指定哪类索引来实现( )。

　　A. 唯一索引　　　　B. 主索引　　　　C. 复合索引　　　　D. 普通索引

27. 关系运算中选择某些列形成新的关系的运算是( )。

　　A. 选择运算　　　　B. 投影运算　　　　C. 交运算　　　　D. 除运算

28. 设一 SQL 查询命令的结构是 SELECT…FROM…WHERE…GROUP BY…HAVING…ORDER BY…,其中,指定查询条件的短语是( )。

　　A. SELECT　　　　　B. FROM　　　　　C. WHERE　　　　D. ORDER BY

29. 设一 SQL 查询命令的结构是 SELECT…FROM…WHERE…GROUP BY…HAVING…ORDER BY…,其中,HAVING 必须配合使用的短语是( )。

　　A. FROM　　　　　　B. GROUP BY　　　C. WHERE　　　　D. ORDER BY

30. 如果在 SQL 查询的 SELECT 短语中使用 TOP,则应该配合使用( )。

　　A. HAVING 短语　　　　　　　　　　　B. GROUP BY 短语

  C. WHERE 短语   D. ORDER BY 短语

31. 删除表 s 中字段 c 的 SQL 命令是(   )。

  A. ALTER TABLE s DELETE c   B. ALTER TABLE s DROP c

  C. DELETE TABLE s DELETE c   D. DELETE TABLE s DROP c

32. 要使用 SQL 语句将表 s 中字段 price 的值大于 30 的记录删除，正确的命令是(   )。

  A. DELETE FROM s FOR price > 30

  B. DELETE FROM s WHERE price > 30

  C. DELETE s FOR price > 30

  D. DELETE s WHERE price > 30

33. 设有学生表 student(学号,姓名,性别,出生日期,院系)、课程表 course(课程号,课程名,学时)和选课表 score(学号,课程号,成绩),查询"计算机系"学生的"学号"、"姓名"、学生所选课程的"课程名"和"成绩",正确的命令是(   )。

  A. SELECT s.学号,姓名,课程名,成绩 FROM student s, score sc, course c;

   WHERE s.学号= sc.学号, sc.课程号= c.课程号,院系="计算机系"

  B. SELECT 学号,姓名,课程名,成绩 FROM student s, score sc, course c;

   WHERE s.学号= sc.学号 AND sc.课程号= c.课程号 AND 院系="计算机系"

  C. SELECT s.学号,姓名,课程名,成绩 FROM (student s JOIN score sc;

   ON s.学号= sc.学号) JOIN course c ON sc.课程号= c.课程号;

   WHERE 院系= "计算机系"

  D. SELECT 学号,课程名,成绩 FROM (student s JOIN score sc;

   ON s.学号= sc.学号) JOIN course c ON sc.课程号= c.课程号;

   WHERE 院系= "计算机系"

34. 设有学生表 student(学号,姓名,性别,出生日期,院系)、课程表 course(课程号,课程名,学时)和选课表 score(学号,课程号,成绩),查询所修课程成绩都大于等于 85 分的学生的学号和姓名,正确的命令是(   )。

  A. SELECT 学号,姓名 FROM student s WHERE NOT EXISTS (SELECT *;

   FROM score sc;

   WHERE sc.学号= s.学号 AND 成绩< 85)

  B. SELECT 学号,姓名 FROM student s WHERE NOT EXISTS (SELECT *;

   FROM score sc;

   WHERE sc.学号= s.学号 AND 成绩>= 85)

  C. SELECT 学号,姓名 FROM student s, score sc;

   WHERE s.学号= sc.学号 AND 成绩>= 85

  D. SELECT 学号,姓名 FROM student s, score sc;

   WHERE s.学号= sc.学号 AND ALL 成绩>= 85

35. 设有学生表 student(学号,姓名,性别,出生日期,院系)、课程表 course(课程号,课程名,学时)和选课表 score(学号,课程号,成绩),查询选修课程在 5 门以上(含 5 门)的学生的学号、姓名和平均成绩,并按平均成绩降序排序,正确的命令是(　　　　)。

    A. SELECT s.学号,姓名,平均成绩 FROM student s,score sc WHERE s.学号＝
        sc.学号;
        GROUP BY s.学号 HAVING COUNT(＊)＞＝5 ORDER BY 平均成
        绩 DESC

    B. SELECT 学号,姓名,AVG(成绩) FROM student s, score sc;
        WHERE s.学号＝ sc.学号 AND COUNT(＊)＞＝5 GROUP BY 学号
        ORDER BY 3 DESC

    C. SELECT s.学号,姓名,AVG(成绩)平均成绩 FROM student s, score sc;
        WHERE s.学号＝ sc.学号 AND COUNT(＊)＞＝5 GROUP BY s.学号;
        ORDER BY 平均成绩 DESC

    D. SELECT s.学号,姓名,AVG(成绩)平均成绩 FROM student s, score sc;
        WHERE s.学号＝ sc.学号 GROUP BY s.学号 HAVING COUNT(＊)＞＝
        5 ORDER BY 3 DESC

36. 设有"借阅表",要查询2009年被借阅过的图书编号和借书日期(日期型字段),正确的 SQL 语句是(　　　　)。

    A. SELECT 图书编号,借书日期 FROM 借阅 WHERE 借书日期＝2009
    B. SELECT 图书编号,借书日期 FROM 借阅 WHERE year(借书日期)＝2009
    C. SELECT 图书编号,借书日期 FROM 借阅 WHERE 借书日期＝year(2009)
    D. SELECT 图书编号,借书日期 FROM 借阅 WHERE year(借书日期)＝year(2009)

37. 设有读者(借书证号,单位,姓名,职称)和借阅(借书证号,图书编号,借书日期,还书日期)表,要查询所有"工程师"读者借阅过的图书编号,正确的 SQL 语句是(　　　　)。

    A. SELECT 图书编号 FROM 读者,借阅 WHERE 职称＝"工程师"
    B. SELECT 图书编号 FROM 借阅 WHERE 图书编号＝;
        (SELECT 图书编号 FROM 借阅 WHERE 职称＝"工程师")
    C. SELECT 图书编号 FROM 借阅 WHERE 借书证号 IN;
        (SELECT 借书证号 FROM 读者 WHERE 职称＝"工程师")
    D. 以上说法都不对

38. 在 Visual FoxPro 中,用于设置表单标题的属性是(　　　　)。

    A. Text   B. Title   C. Lable   D. Caption

39. 在设计界面时,为提供多选功能,通常使用的控件是(　　　　)。

    A. 选项按钮组   B. 一组复选框   C. 编辑框   D. 命令按钮组

40. 假设某个表单中有一个复选框(CheckBox1)和一个命令按钮 Command1,如果要在 Command1 的 Click 事件代码中取得复选框的值,以判断该复选框是否被用户选择,正确的表达式是(　　　　)。

    A. This.CheckBox1.Value   B. ThisForm.CheckBox1.Value
    C. This.CheckBox1.Selected   D. ThisForm.CheckBox1.Selected

二、基本操作题

在考生文件夹下有一表单文件 myform.scx，其中包含 Text1 和 Text2 两个文本框，以及 OK 和 Cancel 两个命令按钮。打开该表单文件，然后在表单设计器环境下通过"属性"窗口设置相关属性，完成如下操作。

（1）将文本框 Text1 的宽度设置为 50。

（2）将文本框 Text2 的宽度设置为默认值。

（3）将 OK 按钮设置为默认按钮，即通过按 Enter 键就可以选择该按钮。

（4）将 Cancel 按钮的第 1 个字母 C 设置成"访问键"，即通过按 Alt＋C 键就可以选择该按钮（在相应字母前插入一个反斜杠和小于号）。

三、简单应用题

在考生文件夹下已有 xuesheng 和 chengji 两个表，现请在考生目录下完成以下简单应用。

（1）利用查询设计器创建查询，根据 xuesheng 和 chengji 表统计出男、女生在英语课程上各自的最高分、最低分和平均分。查询结果包含"性别"、"最高分"、"最低分"和"平均分"4 个字段，结果按"性别"升序排序，查询去向为表 table1。最后将查询保存在 query1.qpr 文件中，并运该查询。

（2）使用报表向导创建一个简单报表。要求选择 xuesheng 表中的所有字段，且记录不分组，报表样式为"账务式"，列数为 2，字段布局为"行"，方向为"纵向"，按"学号"升序排序记录，报表标题为"XUESHENG"，报表文件名为 report1。

四、综合应用题

在考生文件夹下创建一个下拉式菜单 mymenu.mnx，并生成菜单程序 mymenu.mpr。运行该菜单程序时会在当前 Visual FoxPro 菜单的末尾追加一个"考试"子菜单，如下图所示。

菜单命令"计算"和"返回"的功能都通过执行过程完成。菜单命令"计算"的功能是：从 xuesheng 表中找出所有满足如下条件的学生，即，其在每门课程上的成绩都大于等于所有同学在该门课程上的平均分。把这些学生的学号和姓名保存在表 table2 中（表中只包含"学号"和"姓名"两个字段）。表 table2 中各记录应该按"学号"降序排序。

提示：各门课程的平均分可用下列 SQL 语句获得。

```
select avg(数学),avg(英语),avg(信息技术) from chengji into array tmp
```

菜单命令"返回"的功能是恢复标准的系统菜单。

菜单程序生成后，运行菜单程序并依次执行"计算"和"返回"菜单命令。

参考答案

一、选择题

1. D	2. A	3. B	4. C	5. D	6. C	7. A	8. A
9. B	10. D	11. B	12. A	13. A	14. A	15. C	16. C
17. C	18. C	19. C	20. D	21. B	22. A	23. A	24. B
25. B	26. B	27. B	28. C	29. B	30. D	31. B	32. B
33. C	34. A	35. A	36. B	37. C	38. D	39. B	40. B

二、基本操作题

（1）打开表单，将文本框 Text1 的 Width 属性修改为 50。

（2）选中文本框 Text2，在"属性"窗口中找到宽度属性 Width，右击，在弹出的快捷菜单中选择"重置为默认值"命令。

（3）将 OK 按钮的 Default 属性值设为.T.。

（4）将 Cancel 按钮的 Caption 属性设置为"\＜Cancel"。

三、简单应用题

（1）【操作步骤】

步骤 1：通过"新建"对话框新建一个查询，将 xuesheng 和 chengji 表添加到查询中。

步骤 2：在"字段"选项卡中添加字段"xuesheng.性别"，并利用"函数和表达式"创建"MAX（Chengji.英语）AS 最高分"、"MIN（Chengji.英语）AS 最低分"、"AVG（Chengji.英语）AS 平均分"字段并添加到"选定字段"列表框中。

步骤 3：切换到"排序依据"选项卡中，选择"xuesheng.性别"字段，在"排序选项"处选择"升序"。在"分组依据"选项卡中选择字段"xuesheng.性别"。

步骤 4：单击"查询"菜单中的"查询去向"命令，选择"表"，输入表名 table1，最后将查询保存在 query1.qpr 文件中，并运行该查询。

（2）【操作步骤】

步骤 1：通过报表向导新建一个报表，在"字段选取"对话框中将 xuesheng 表中的全部字段添加到"选定字段"列表框中。"分组依据"选择"默认"。

步骤 2：在"选择报表样式"对话框中选择"账务式"。

步骤 3：在"定义报表布局"对话框中选择"列数"为 2，"字段布局"为"行"，"方向"为"纵向"。

步骤 4：在"排序记录"对话框中，将"学号"字段添加到"选定字段"对话框中，并选择"升序"单选按钮。

步骤 5：在"完成"对话框中设置报表标题为 XUESHENG（默认即可），最后保存报表为 report1。

四、综合应用题

【操作步骤】

步骤 1：通过"新建"对话框新建一个菜单文件，并打开菜单设计器。选择"显示"菜单中的"常规选项"命令，打开"常规选项"对话框，在"位置"处选择"追加"，则新建立的子菜单会在当前 Visual FoxPro 系统菜单后显示。

341

步骤 2：在"菜单名称"中填入"考试"，"结果"为"子菜单"，单击"创建"按钮，在子菜单的"菜单名称"中输入"计算"，"结果"为"过程"，在"过程"中输入下列代码。

```
****** "计算"菜单项的过程代码 ******
select xuesheng.学号,xuesheng.姓名 from xuesheng;
inner join chengji on xuesheng.学号 = chengji.学号;
where 数学> = (select avg(数学) from chengji);
and 英语> = (select avg(英语) from chengji);
and 信息技术> = (select avg(信息技术) from chengji);
order by xuesheng.学号 desc;
into table table2.dbf
*************************************
```

步骤 3：在"菜单名称"中填入"返回"，"结果"为"过程"，在"过程"中输入命令"SET SYSMENU TO DEFAULT"。

步骤 4：最后保存菜单 mymenu.mnx，并生成可执行菜单程序 mymenu.mpr。运行菜单程序并依次执行"计算"和"返回"菜单命令。

Visual FoxPro 二级考试
无纸化真考试卷（六）

一、选择题

下列各题 A、B、C、D 4 个选项中，只有一个选项是正确的。

1. 下列叙述中正确的是（　　）。
   A. 线性表的链式存储结构与顺序存储结构所需要的存储空间是相同的
   B. 线性表的链式存储结构所需要的存储空间一般要多于顺序存储结构
   C. 线性表的链式存储结构所需要的存储空间一般要少于顺序存储结构
   D. 线性表的链式存储结构与顺序存储结构在存储空间的需求上没有可比性

2. 下列叙述中正确的是（　　）。
   A. 栈是一种先进先出的线性表　　　　B. 队列是一种后进先出的线性表
   C. 栈与队列都是非线性结构　　　　　D. 以上 3 种说法都不对

3. 下列关于二叉树的叙述中，正确的是（　　）。
   A. 叶子结点总是比度为 2 的结点少一个
   B. 叶子结点总是比度为 2 的结点多一个
   C. 叶子结点数是度为 2 的结点数的两倍
   D. 度为 2 的结点数是度为 1 的结点数的两倍

4. 在软件开发中，需求分析阶段产生的主要文档是（　　）。
   A. 软件集成测试计划　　　　　　　　B. 软件详细设计说明书
   C. 用户手册　　　　　　　　　　　　D. 软件需求规格说明书

5. 软件生命周期是指（　　）。
   A. 软件产品从提出、实现、使用维护到停止使用退役的过程
   B. 软件从需求分析、设计、实现到测试完成的过程
   C. 软件的开发过程
   D. 软件的运行维护过程

6. 在面向对象的方法中，继承是指（　　）。
   A. 一组对象所具有的相似性质　　　　B. 一个对象具有另一个对象的性质
   C. 各对象之间的共同性质　　　　　　D. 类之间共享属性和操作的机制

7. 层次型、网状型和关系型数据库的划分原则是（　　）。
   A. 记录长度　　　　　　　　　　　　B. 文件的大小
   C. 联系的复杂程度　　　　　　　　　D. 数据之间的联系方式

8. 一个工作人员可以使用多台计算机，而一台计算机可被多个人使用，则实体工作人员与实体计算机之间的联系是（　　）。

A. 一对一   B. 一对多   C. 多对多   D. 多对一

9. 数据库设计中反映用户对数据要求的模式是( )。

     A. 内模式   B. 概念模式   C. 外模式   D. 设计模式

10. 有 3 个关系 R、S 和 T 如下:

R

A	B	C
a	1	2
b	2	1
c	3	1

S

A	B	C
a	1	2
b	2	1

T

A	B	C
c	3	1

则由关系 R 和 S 得到关系 T 的操作是( )。

     A. 自然联接   B. 差   C. 交   D. 并

11. 在项目管理器中为项目建立一个新报表,应该使用的选项卡是( )。

     A. 数据   B. 文档   C. 类   D. 代码

12. 扩展名为 pjx 的文件是( )。

     A. 数据库表文件   B. 表单文件   C. 数据库文件   D. 项目文件

13. 在 Visual FoxPro 中,以下叙述正确的是( )。

     A. 关系也被称作表单   B. 数据库表文件存储用户数据

     C. 表文件的扩展名是.dbc   D. 多个表存储在一个物理文件中

14. 以下关于视图的描述中正确的是( )。

     A. 视图保存在项目文件中   B. 视图保存在数据库中

     C. 视图保存在表文件中   D. 视图保存在视图文件中

15. 关闭表单的程序代码是 ThisForm. Release。Release 是( )。

     A. 表单对象的标题   B. 表单对象的属性

     C. 表单对象的事件   D. 表单对象的方法

16. 在关系模型中,每个关系模式中的关键字( )。

     A. 可由多个任意属性组成

     B. 最多由一个属性组成

     C. 可由一个或多个其值能唯一标识关系中任何元组的属性组成

     D. 以上说法都不正确

17. Visual FoxPro 是( )。

     A. 数据库系统   B. 数据库管理系统

     C. 数据库   D. 数据库应用系统

18. 在 Visual FoxPro 中,假定数据库表 S(学号,姓名,性别,年龄)和 SC(学号,课程号,成绩)之间使用"学号"建立了表之间的永久联系,在参照完整性的更新规则、删除规则和插入规则中选择设置了"限制"。如果表 S 所有的记录在表 SC 中都有相关联的记录,则( )。

     A. 允许修改表 S 中的学号字段值   B. 允许删除表 S 中的记录

     C. 不允许修改表 S 中的学号字段值   D. 不允许在表 S 中增加新的记录

19. 在 Visual FoxPro 中,对于字段值为空值(NULL)叙述正确的是(   )。
    A. 空值等同于空字符串　　　　　　B. 空值表示字段还没有确定值
    C. 不支持字段值为空值　　　　　　D. 空值等同于数值 0

20. 在 Visual FoxPro 中,下面关于索引的描述正确的是(   )。
    A. 当数据库表建立索引以后,表中的记录的物理顺序将被改变
    B. 索引的数据将与表的数据存储在一个物理文件中
    C. 建立索引是创建一个索引文件,该文件包含有指向表记录的指针
    D. 使用索引可以加快对表的更新操作

21. 下列程序段执行以后,内存变量 y 的值是(   )。

```
x = 76543
y = 0
DO WHILE x > 0
y = x % 10 + y * 10
x = int(x/10)
ENDDO
```

    A. 3456　　　　　　B. 34567　　　　　　C. 7654　　　　　　D. 76543

22. 下列程序用于计算一个整数的各位数字之和。在下划线处应填写的语句
是(   )。

```
SET TALK OFF
INPUT "x = " TO x
s = 0
DO WHILE x != 0
s = s + MOD(x,10)
ENDDO

_____
?s
SET TALK ON
```

    A. x＝int(x/10)　　　　　　　　B. x＝int(x％10)
    C. x＝x－int(x/10)　　　　　　D. x＝x－int(x％10)

23. 在 Visual FoxPro 中,过程的返回语句是(   )。
    A. GOBACK　　　　　　　　　　B. COMEBACK
    C. RETURN　　　　　　　　　　D. BACK

24. 命令 SELECT 0 的功能是(   )。
    A. 选择编号最小的未使用工作区　　B. 选择 0 号工作区
    C. 关闭当前工作区中的表　　　　　D. 选择当前工作区

25. 下列有关 ZAP 命令的描述中正确的是(   )。
    A. ZAP 命令只能删除当前表的当前记录
    B. ZAP 命令只能删除当前表的带有删除标记的记录
    C. ZAP 命令能删除当前表的全部记录
    D. ZAP 命令能删除表的结构和全部记录

26. 下列程序段执行以后,内存变量 X 和 Y 的值是(   )。

```
CLEAR
STORE 3 TO X
STORE 5 TO Y
PLUS((X),Y)
?X,Y
PROCEDURE PLUS
PARAMETERS A1,A2
    A1 = A1 + A2
    A2 = A1 + A2
ENDPROC
```

    A. 8   13   B. 3   13   C. 3   5   D. 8   5

27. 下列程序段执行以后,内存变量 y 的值是(   )。

```
CLEAR
x = 12345
y = 0
DO WHILE x > 0
   y = y + x % 10
   x = int(x/10)
ENDDO
?y
```

    A. 54321   B. 12345   C. 51   D. 15

28. SQL 语句中修改表结构的命令是(   )。

    A. ALTER TABLE   B. MODIFY TABLE

    C. ALTER STRUCTURE   D. MODIFY STRUCTURE

29. 假设"订单"表中有"订单号"、"职员号"、"客户号"和"金额"字段,如下 SQL 命令可以正确执行的是(   )。

    A. SELECT 职员号 FROM 订单 GROUP BY 职员号 HAVING COUNT(＊)＞
        3 AND AVG_金额＞200

    B. SELECT 职员号 FROM 订单 GROUP BY 职员号 HAVING COUNT(＊)＞
        3 AND AVG(金额)＞200

    C. SELECT 职员号 FROM 订单 GROUP BY 职员号 HAVING COUNT(＊)＞
        3 WHERE AVG(金额)＞200

    D. SELECT 职员号 FROM 订单 GROUP BY 职员号 WHERE COUNT(＊)＞
        3 AND AVG_金额＞200

30. 要使"产品"表中所有产品的单价上浮 8％,正确的 SQL 命令是(   )。

    A. UPDATE 产品 SET 单价＝单价＋单价＊8％ FOR ALL

    B. UPDATE 产品 SET 单价＝单价＊1.08 FOR ALL

    C. UPDATE 产品 SET 单价＝单价＋单价＊8％

    D. UPDATE 产品 SET 单价＝单价＊1.08

31. 假设同一名称的产品有不同的型号和产地,则计算每种产品平均单价的 SQL 命令是（　　）。

    A. SELECT 产品名称,AVG(单价)FROM 产品 GROUP BY 单价

    B. SELECT 产品名称,AVG(单价)FROM 产品 ORDER BY 单价

    C. SELECT 产品名称,AVG(单价)FROM 产品 ORDER BY 产品名称

    D. SELECT 产品名称,AVG(单价)FROM 产品 GROUP BY 产品名称

32. 设有 S(学号,姓名,性别)和 SC(学号,课程号,成绩)两个表,如下 SQL 语句检索选修的每门课程的成绩都高于或等于 85 分的学生的学号、姓名和性别,正确的 SQL 命令是（　　）。

    A. SELECT 学号,姓名,性别 FROM s;

       WHERE EXISTS(SELECT * FROM sc WHERE SC. 学号＝ S. 学号 AND 成绩＜＝85)

    B. SELECT 学号,姓名,性别 FROM s;

       WHERE NOT EXISTS(SELECT * FROM sc WHERE SC. 学号＝S. 学号 AND 成绩＜＝85)

    C. SELECT 学号,姓名,性别 FROM s;

       WHERE EXISTS(SELECT * FROM sc WHERE SC. 学号＝S. 学号 AND 成绩＞85)

    D. SELECT 学号,姓名,性别 FROM s;

       WHERE NOT EXISTS(SELECT * FROM sc WHERE SC. 学号＝S. 学号 AND 成绩＜85)

33. 从"订单"表中删除签订日期为 2012 年 1 月 10 日之前(含)的订单记录,正确的 SQL 命令是（　　）。

    A. DROP FROM 订单 WHERE 签订日期＜＝{^2012-1-10}

    B. DROP FROM 订单 FOR 签订日期＜＝{^2012-1-10}

    C. DELETE FROM 订单 WHERE 签订日期＜＝{^2012-1-10}

    D. DELETE FROM 订单 FOR 签订日期＜＝{^2012-1-10}

34. "图书"表中有字符型字段"图书号"。要求用 SQL DELETE 命令将图书号以字母 A 开头的图书记录全部删除,正确的命令是（　　）。

    A. DELETE FROM 图书 FOR 图书号 LIKE "A％"

    B. DELETE FROM 图书 WHILE 图书号 LIKE "A％"

    C. DELETE FROM 图书 WHERE 图书号＝"A＊"

    D. DELETE FROM 图书 WHERE 图书号 LIKE "A％"

35. SQL 的数据操作语句不包括（　　）。

    A. INSERT   B. UPDATE   C. DELETE   D. CHANGE

36. 与"SELECT DISTINCT 产品号 FROM 产品 WHERE 单价＞＝ALL(SELECT 单价 FROM 产品 WHERE SUBSTR(产品号,1,1)="2")"等价的 SQL 命令是（　　）。

    A. SELECT DISTINCT 产品号 FROM 产品 WHERE 单价＞＝;

       (SELECT MAX(单价)FROM 产品 WHERE SUBSTR(产品号,1,1)="2")

    B. SELECT DISTINCT 产品号 FROM 产品 WHERE 单价＞＝;

(SELECT MIN(单价)FROM 产品 WHERE SUBSTR(产品号,1,1)="2")

   C. SELECT DISTINCT 产品号 FROM　产品 WHERE 单价>= ANY;

     (SELECT 单价 FROM 产品 WHERE SUBSTR(产品号,1,1)="2")

   D. SELECT DISTINCT 产品号 FROM　产品 WHERE 单价>= SOME;

     (SELECT 单价 FROM 产品 WHERE SUBSTR(产品号,1,1)="2")

37. 根据"产品"表建立视图 myview,视图中含有包括了"产品号"左边第一位是"1"的所有记录,正确的 SQL 命令是(　　)。

   A. CREATE VIEW myview AS SELECT ＊ FROM 产品 WHERE LEFT(产品号,1)="1"

   B. CREATE VIEW myview AS SELECT ＊ FROM 产品 WHERE LIKE("1",产品号)

   C. CREATE VIEW myview SELECT ＊ FROM 产品 WHERE LEFT(产品号,1)="1"

   D. CREATE VIEW myview SELECT ＊ FROM 产品 WHERE LIKE("1",产品号)

38. 在项目管理器中,将一程序设置为主程序的方法是(　　)。

   A. 将程序命名为 main

   B. 通过"属性"窗口设置

   C. 右击该程序,从快捷菜单中选择相关项

   D. 单击"修改"按钮设置

39. 假设在表单设计器环境下,表单中有一个文本框且其已经被选定为当前对象。现在从"属性"窗口中选择 Value 属性,然后在设置框中输入"＝{^2001-9-10}－{^2001-8-20}"。请问经过以上操作后,文本框 Value 属性值的数据类型为(　　)。

   A. 日期型   B. 数值型   C. 字符型   D. 布尔型

40. 表单里有一个选项按钮组,包含两个选项按钮 Option1 和 Option2。假设 Option2 没有设置 Click 事件代码,而 Option1 以及选项按钮组和表单都设置了 Click 事件代码。那么当表单运行时,如果用户单击 Option2,系统将(　　)。

   A. 执行表单的 Click 事件代码   B. 执行选项按钮组的 Click 事件代码

   C. 执行 Option1 的 Click 事件代码   D. 不会有反应

二、基本操作题

在考生文件夹下完成如下基本操作。

(1) 用 SQL 语句从 rate_exchange 表中提取"外币名称"、"现钞买入价"和"卖出价"3个字段的值,并将结果存入 rate_ex 表中(字段顺序为"外币名称"、"现钞买入价"和"卖出价",字段类型和宽度与原表相同,记录顺序与原表相同),将相应的 SQL 语句存储于文本文件 one.txt 中。

(2) 用 SQL 语句将 rate_exchange 表中外币名称为"美元"的卖出价修改为 829.01,并将相应的 SQL 语句存储于文本文件 two.txt 中。

(3) 利用报表向导,根据 rate_exchange 表生成一个名为"外币汇率"的报表,报表按顺

序包含"外币名称"、"现钞买入价"和"卖出价"3列数据,报表的标题为"外币汇率"(其他使用默认设置),生成的报表文件保存为 rate_exchange。

(4)打开生成的报表文件 rate_exchange 进行修改,使显示在标题区域的日期改在每页的注脚区显示。

三、简单应用题

在考生文件夹下完成如下简单应用。

(1)设计一个如下图所示的表单:

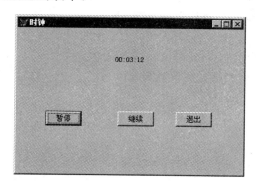

具体描述如下。

① 表单名和文件名均为 Timer,表单标题为"时钟",表单运行时自动显示系统的当前时间。

② 显示时间的为标签控件 Label1(要求在表单中居中,标签文本对齐方式为居中)。

③ 单击"暂停"命令按钮(Command1)时,时钟停止。

④ 单击"继续"命令按钮(Command2)时,时钟继续显示系统的当前时间。

⑤ 单击"退出"命令按钮(Command3)时,关闭表单。

提示使用计时器控件,将该控件的 Interval 属性设置为 500,即每 500 毫秒触发一次计时器控件的 Timer 事件(显示一次系统时间);将该控件的 Interval 属性设置为 0 时将停止触发 Timer 事件。在设计表单时将 Timer 控件的 Interval 属性设置为 500。

(2)使用查询设计器设计一个查询,要求如下。

① 基于自由表 currency_sl 和 rate_exchange。

② 按顺序含有字段"姓名"、"外币名称"、"持有数量"、"现钞买入价",有表达式"现钞买入价 * 持有数量"。

③ 先按"姓名"升序排序,若"姓名"相同,再按"持有数量"降序排序。

④ 查询去向为表 results。

⑤ 完成设计后将查询保存为 query 文件,并运行该查询。

四、综合应用题

设计一个满足如下要求的应用程序,所有控件的属性必须在表单设计器的"属性"窗口中设置。

(1)建立一个表单,文件名和表单名均为 form1,表单标题为"外汇"。

（2）表单中含有一个页框控件（PageFrame1）和一个"退出"命令按钮（Command1）。

（3）页框控件（PageFrame1）中含有 3 个页面，每个页面都通过一个表格控件显示相关信息。

① 第 1 个页面 Page1 上的标题为"持有人"，上面的表格控件名为 grdCurrency_sl，记录源的类型（RecordSourceType）为"表"，显示自由表 currency_sl 中的内容。

② 第 2 个页面 Page2 上的标题为"外汇汇率"，上面的表格控件名为 grdRate_exchange，记录源的类型（RecordSourceType）为"表"，显示自由表 rate_exchange 中的内容。

③ 第 3 个页面 Page3 上的标题为"持有量及价值"，上面的表格控件名为 Grid1，记录源的类型（RecordSourceType）为"查询"，记录源（RecordSource）为第三题中建立的查询文件 query。

（4）单击"退出"命令按钮（Command1）关闭表单。

注意：完成表单设计后要运行表单的所有功能。

参考答案

一、选择题

1. B	2. D	3. D	4. D	5. A	6. D	7. D	8. C
9. C	10. B	11. B	12. D	13. B	14. B	15. D	16. C
17. B	18. C	19. B	20. C	21. B	22. A	23. C	24. A
25. C	26. C	27. D	28. A	29. B	30. D	31. D	32. D
33. C	34. D	35. D	36. A	37. A	38. D	39. B	40. B

二、基本操作题

（1）单击工具栏中的"新建"按钮，新建一个文本文件。写入如下代码，保存文本文件为 one。在"命令"窗口中输入"DO one.txt"，并按 Enter 键执行代码。

```
******** one.txt 中输入的代码 ********
SELECT 外币名称,现钞买入价,卖出价;
FROM rate_exchange;
INTO TABLE rate_ex.dbf
***********************************
```

（2）单击工具栏中的"新建"按钮，新建一个文本文件。写入下面的代码，保存文本文件为 two。在"命令"窗口中输入"DO two.txt"，并按 Enter 键执行代码。

```
******** two.txt 中输入的代码 ********
UPDATE rate_exchange set 卖出价 = 829.01 where 外币名称 = "美元"
**************************
```

（3）单击工具栏中的"新建"按钮，打开"新建"对话框，"文件类型"选择"报表"，单击"向导"按钮。在"向导选取"对话框中双击"报表向导"。在"报表向导"步骤 1 中选择表 rate_exchang，并将"外币名称"、"现钞买入价"和"卖出价"添加到"选定字段"列表框中，连续单击"下一步"按钮，直到出现"步骤 6-完成"界面。输入报表标题"外币汇率"，保存报表为 rate_exchange。

（4）双击生成的报表文件 rate_exchange，在报表设计器中，将显示在"标题"区域的日期拖到"页注脚"区,保存报表文件即可。

三、简单应用题

(1)【操作步骤】

步骤1:在"命令"窗口中输入"Create Form Timer",新建一个名为 Timer 的表单。按题目要求添加1个标签控件、1个计时器控件和3个命令按钮控件。

步骤2:在"属性"窗口中设置各控件的属性。设置表单的 Caption 属性为"时钟",Name 属性为 Timer,设置标签的 Alignment 属性为"2-中央";3个命令按扭的 Caption 属性依次为"暂停"、"继续"、"退出";设置计时器控件的 Interval 属性为500。

步骤3:选中标签,然后执行"格式"→"对齐""水平居中"命令。

步骤4:双击命令按钮,为各命令按钮编写 Click 事件代码。

```
****** "暂停"按钮的 Click 事件代码 ******
ThisForm.Timer1.Interval = 0
*******************************
****** "继续"按钮的 Click 事件代码 *****
ThisForm.Timer1.Interval = 500
*******************************
****** "退出"按钮的 Click 事件代码 *****
ThisForm.Release
*******************************
****** "计时器"的 Timer 事件代码 *******
ThisForm.Label1.Caption = time()
*******************************
```

步骤5:保存并运行表单,查看结果。

(2)【操作步骤】

步骤1:单击工具栏中的"新建"按钮,新建一个查询,并向查询中添加表 currency_sl 和 rate_exchange。

步骤2:在"字段"选项卡中,将字段"currency_sl.姓名"、"rate_exchange.外币名称"、"currency_sl.持有数量"、"rate_exchange.现钞买入价"和"Rate_exchange.现钞买入价 * Currency_sl.持有数量"添加到"选定字段"。

步骤3:在"排序依据"选项卡中选择按"姓名"升序排序,再按"持有数量"降序排序。

步骤4:单击"查询"菜单中的"查询去向"命令,在"查询去向"对话框中选择"表",输入表名为 results。

步骤5:保存查询为 query 并运行查询。

四、综合应用题

【操作步骤】

步骤1:在"命令"窗口中输入"CREATE FORM Form1",创建一个表单,设置表单的 Caption 属性为"外汇"。在表单上添加一个页框控件和一个命令按钮。

步骤2:在表单的空白处右击,在弹出的快捷菜单中选择"数据环境"命令,将表 currency_sl 和 rate_exchange 添加到数据环境中。

步骤3:设置页框控件的 PageCount 属性为3。在页框控件上右击,在弹出的快捷菜单中选择"编辑"命令。将 Page1 的 Caption 属性修改为"持有人",从数据环境中拖曳表

currency_sl 到该页。同样，将 Page2 的 Caption 属性修改为"外汇汇率"，从数据环境中拖曳表 rate_exchange 到该页。将 Page3 的 Caption 属性修改为"持有量及价值"。在页框上添加一个表格控件，修改表格控件的 RecordSourceType 属性为"3-查询"，RecordSource 属性为 query。

步骤 4：修改命令按钮的 Caption 属性为"退出"，按如下内容编写其 Click 事件代码。

```
ThisForm.Release
```

步骤 5：保存并运行该表单。

Visual FoxPro 二级考试
无纸化真考试卷（七）

一、选择题

下列各题 A、B、C、D 4 个选项中，只有一个选项是正确的。

1. 下列叙述中正确的是（　　）。
   - A. 程序执行的效率与数据的存储结构密切相关
   - B. 程序执行的效率只取决于程序的控制结构
   - C. 程序执行的效率只取决于所处理的数据量
   - D. 以上说法均错误

2. 下列与队列结构有关联的是（　　）。
   - A. 函数的递归调用
   - B. 数组元素的引用
   - C. 多重循环的执行
   - D. 先到先服务的作业调度

3. 对下列二叉树

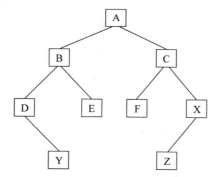

进行前序遍历的结果为（　　）。
   - A. DYBEAFCZX
   - B. YDEBFZXCA
   - C. ABDYECFXZ
   - D. ABCDEFXYZ

4. 一个栈的初始状态为空。现将元素 1、2、3、A、B、C 依次入栈，然后再依次出栈，则元素出栈的顺序是（　　）。
   - A. 1、2、3、A、B、C
   - B. C、B、A、1、2、3
   - C. C、B、A、3、2、1
   - D. 1、2、3、C、B、A

5. 下面属于白盒测试方法的是（　　）。
   - A. 等价类划分法
   - B. 逻辑覆盖
   - C. 边界值分析法
   - D. 错误推测法

6. 下列对对象概念的描述中正确的是（　　）。
   - A. 对象间的通信靠消息传递

    B. 对象是名字和方法的封装体

    C. 任何对象必须有继承性

    D. 对象的多态性是指一个对象有多个操作

7. 软件设计中模块划分应遵循的准则是(　　　)。

    A. 低内聚低耦合   B. 高耦合高内聚

    C. 高内聚低耦合   D. 以上说法均错误

8. 下列描述中不属于数据库系统特点的是(　　　)。

    A. 数据共享   B. 数据完整性   C. 数据冗余度高   D. 数据独立性高

9. 数据库设计过程不包括(　　　)。

    A. 概念设计   B. 逻辑设计   C. 物理设计   D. 算法设计

10. 有 3 个关系 R、S 和 T 如下:

R

A	B	C
a	1	2
b	2	1
c	3	1

S

A	D
c	4
a	5

T

A	B	C	D
c	3	1	4
a	1	2	5

则由关系 R 和 S 得到关系 T 的操作是(　　　)。

    A. 自然联接   B. 交   C. 投影   D. 并

11. 在 Visual FoxPro 中,自由表不能建立的索引是(　　　)。

    A. 主索引   B. 候选索引   C. 唯一索引   D. 普通索引

12. 假设有一表单,其中包含一个选项按钮组,则当表单运行时,最后引发的事件是(　　　)。

    A. Load   B. 表单的 Init

    C. 选项按钮的 Init   D. 选项按钮组的 Init

13. 利用类设计器创建的类总是保存在类库文件中,类库文件的默认扩展名是(　　　)。

    A. cdx   B. frx   C. vcx   D. scx

14. 下列关于查询设计器的描述中正确的是(　　　)。

    A. "联接"选项卡与 SQL 语句的 WHERE 短语对应

    B. "筛选"选项卡与 SQL 语句的 ORDER BY 短语对应

    C. "排序依据"选项卡与 SQL 语句的 FROM 短语对应

    D. "分组依据"选项卡与 SQL 语句的 GROUP BY 短语和 HAVING 短语对应

15. 基于 Visual FoxPro 基类生成一个表单对象的语句是(　　　)。

    A. CREATEOBJECT("FROM")   B. CREATEOBJECT("FORM")

    C. OBJECTCREATE("FROM")   D. OBJECTCREATE("FORM")

16. 如果希望用户在文本框中输入的字符显示为"＊"号,而不是真正输入的内容,应该指定的属性是(　　　)。

    A. PasswordChar   B. Password   C. CharPassword   D. CharWord

17. 从项目"学生管理.pjx"连编应用程序"学生管理系统"应使用的命令是(　　)。

    A. CREATE APP 学生管理 FROM 学生管理系统

    B. CREATE APP 学生管理系统 FROM 学生管理

    C. BUILD APP 学生管理 FROM 学生管理系统

    D. BUILD APP 学生管理系统 FROM 学生管理

18. 在菜单定义中,可以在定义菜单名称时为菜单项指定一个访问键。规定了菜单项的访问键为 s 的菜单项名称定义是(　　)。

    A. 保存\＜(s)　　　B. 保存/＜(s)　　　C. 保存(\＜s)　　　D. 保存(/＜s)

19. 查询设计器中的"筛选"选项卡的作用是(　　)。

    A. 增加或删除查询表　　　　　　B. 查看生成的 SQL 代码

    C. 指定查询记录的条件　　　　　D. 选择查询结果的字段输出

20. 要将 Visual FoxPro 系统菜单恢复成标准配置,可执行"SET SYSMENU NOSAVE"命令,然后再执行命令(　　)。

    A. SET SYSMENU TO DEFAULT　　　B. SET MENU TO DEFAULT

    C. SET DEFAULT MENU　　　　　　D. SET SYSMENU TO

21. 表达式 LEN(TRIM(SPACE(2)＋"abc"－SPACE(3)))的运算结果是(　　)。

    A. 3　　　　　　B. 5　　　　　　C. 6　　　　　　D. 8

22. 下面表达式中,运算结果为 12 的是(　　)。

    A. INT(11.6)　　　　　　　　B. ROUND(11.4,0)

    C. FLOOR(11.6)　　　　　　　D. CEILING(11.4)

23. 用 DIMENSION 命令定义数组后,数组各元素的值是(　　)。

    A. 无定义　　　B. 0　　　　　　C. .T.　　　　　D. .F.

24. 有以下程序:

```
INPUT TO A
S = 0
IF A = 10
    S = 1
ENDIF
S = 2
? S
```

假定从键盘输入的 A 值是数值型,则程序的运行结果是(　　)。

    A. 0　　　　　　B. 1　　　　　　C. 2　　　　　D. 1 或 2

25. 下列命令中,不会创建文件的是(　　)。

    A. CREATE　　　　　　　　　B. CREATE VIEW

    C. CREATE FORM　　　　　　　D. CREATE QUERY

26. 假设已用命令"MODIFY MENU mymenu"创建了一个菜单并生成了相应的菜单程序,则运行菜单程序的命令是(　　)。

    A. DO mymenu　　　　　　　　B. DO MENU mymenu

    C. DO mymenu.mpr　　　　　　D. DO MENU mymenu.mpr

27. 下列程序的功能是将 11 到 2011 之间的素数插入数据库 prime,程序中的错误语句是(　　)。

```
CREATE TABLE prime(DAT f)
n = 11
DO WHILE n < = 2011
    f = 0
    i = 2
    DO WHILE i < = INT(SQRT(n))
        IF MOD(n, i)<> 0
            i = i + 1
            LOOP
        ELSE
            f = 1
            EXIT
        ENDIF
    ENDDO
    IF f = 0
        INSERT TO prime VALUES(n)
    ENDIF
    n = n + 1
ENDDO
```

A. do while n<＝2011 　　　　 B. INSERT TO prime VALUES(n)

C. i＝i＋1 　　　　 D. EXIT

28. 正确的 SQL 插入命令的语法格式是(　　)。

A. INSERT IN … VALUES … 　　　　 B. INSERT TO … VALUES …

C. INSERT INTO … VALUES … 　　　　 D. INSERT … VALUES …

29. SQL 语句中,能够判断"订购日期"字段是否为空值的表达式是(　　)。

A. 订购日期＝NULL 　　　　 B. 订购日期＝EMPTY

C. 订购日期 IS NULL 　　　　 D. 订购日期 IS EMPTY

30. 假设有"商店"表,查询"北京"和"上海"区域的商店信息的正确命令是(　　)。

A. SELECT ＊ FROM 商店 WHERE 区域名＝"北京" AND 区域名＝"上海"

B. SELECT ＊ FROM 商店 WHERE 区域名＝"北京" OR 区域名＝"上海"

C. SELECT ＊ FROM 商店 WHERE 区域名＝"北京" AND "上海"

D. SELECT ＊ FROM 商店 WHERE 区域名＝"北京" OR "上海"

31. 设有商品(商品号,商品名,单价)和销售(商店号,商品号,销售日期,销售数量)表,要想查询单价最高的商品销售情况,查询结果包括商品号、商品名、销售日期、销售数量和销售金额,正确的命令是(　　)。

A. SELECT 商品.商品号,商品名,销售日期,销售数量,销售数量 ＊ 单价 AS 销售金额;

FROM 商品 JOIN 销售 ON 商品.商品号＝销售.商品号 WHERE 单价＝;

(SELECT MAX(单价) FROM 商品)

B. SELECT 商品.商品号,商品名,销售日期,销售数量,销售数量 ＊ 单价 AS 销售金额;

FROM 商品 JOIN 销售 ON 商品. 商品号＝销售. 商品号 WHERE 单价＝MAX
（单价）

    C. SELECT 商品. 商品号, 商品名, 销售日期, 销售数量, 销售数量 * 单价 AS 销售
金额；

        FROM 商品 JOIN 销售 WHERE 单价＝（SELECT MAX（单价）FROM 商品）

    D. SELECT 商品. 商品号, 商品名, 销售日期, 销售数量, 销售数量 * 单价 AS 销售
金额；

        FROM 商品 JOIN 销售 WHERE 单价＝MAX（单价）

32. 设有商品（商品号, 商品名, 单价）和销售（商店号, 商品号, 销售日期, 销售数量）表,
要想查询商品单价在 10 到 50 之间并且日销售数量高于 20 的商品名、单价、销售日期和销
售数量, 查询结果按单价降序排序, 正确的命令是（　　　　）。

    A. SELECT 商品名, 单价, 销售日期, 销售数量 FROM 商品 JOIN 销售；

        WHERE（单价 BETWEEN 10 AND 50）AND 销售数量＞20 ORDER BY 单
价 DESC

    B. SELECT 商品名, 单价, 销售日期, 销售数量 FROM 商品 JOIN 销售；

        WHERE（单价 BETWEEN 10 AND 50）AND 销售数量＞20 ORDER BY
单价

    C. SELECT 商品名, 单价, 销售日期, 销售数量 FROM 商品, 销售；

        WHERE（单价 BETWEEN 10 AND 50）AND 销售数量＞20 ON 商品. 商品
号＝销售. 商品号；

        ORDER BY 单价

    D. SELECT 商品名, 单价, 销售日期, 销售数量 FROM 商品, 销售；

        WHERE（单价 BETWEEN 10 AND 50）AND 销售数量＞20 AND 商品. 商品
号＝销售. 商品号；

        ORDER BY 单价 DESC

33. 设有商品（商品号, 商品名, 单价）、商店（商店号, 商店名, 区域名, 经理姓名）和销售
（商店号, 商品号, 销售日期, 销售数量）表, 要想查询销售金额合计超过 20 000 的商店, 查询
结果包括商店名和销售金额合计, 正确的命令是（　　　　）。

    A. SELECT 商店名, SUM（销售数量 * 单价）AS 销售金额合计 FROM 商店, 商
品, 销售；

        WHERE　销售金额合计 20000

    B. SELECT 商店名, SUM（销售数量 * 单价）AS 销售金额合计＞20000 FROM
商店, 商品, 销售；

        WHERE　商品. 商品号＝销售. 商品号 AND 商店. 商店号＝销售. 商店号

    C. SELECT 商店名, SUM（销售数量 * 单价）AS 销售金额合计 FROM 商店, 商
品, 销售；

        WHERE　商品. 商品号＝销售. 商品号 AND 商店. 商店号＝销售. 商店号 AND；

        SUM（销售数量 * 单价）＞20000　GROUP BY 商店名

    D. SELECT 商店名, SUM（销售数量 * 单价）AS 销售金额合计 FROM 商店, 商

品,销售;

　　WHERE 商品. 商品号＝销售. 商品号 AND 商店. 商店号＝销售. 商店号;

　　GROUP BY 商店名 HAVING SUM(销售数量＊单价)＞20000

34. SQL 语句中删除表的命令是(　　　)。

    A. DROP TABLE　　　　　　　　　　B. ERASE TABLE

    C. DELETE TABLE　　　　　　　　　　D. DELETE DBF

35. "图书"表中有字符型字段"编号"。要求用 SQL DELETE 命令将编号以字母 A 开头的记录全部打上删除标记,正确的命令是(　　　)。

    A. DELETE FROM 图书 FOR 编号 LIKE "A%"

    B. DELETE FROM 图书 WHILE 编号 LIKE "A%"

    C. DELETE FROM 图书 WHERE 编号＝"A＊"

    D. DELETE FROM 图书 WHERE 编号 LIKE "A%"

36. 设有学生表 student(学号,姓名,性别,出生日期,院系)、课程表 course(课程号,课程名,学时)和选课表 score(学号,课程号,成绩),要查询同时选修课程号为 C1 和 C5 课程的学生的学号,正确的命令是(　　　)。

    A. SELECT 学号 FROM score sc WHERE 课程号＝"C1" AND 学号 IN;
      (SELECT 学号 FROM score sc WHERE 课程号＝"C5")

    B. SELECT 学号 FROM score sc WHERE 课程号＝"C1" AND 学号＝;
      (SELECT 学号 FROM score sc WHERE 课程号＝"C5")

    C. SELECT 学号 FROM score sc WHERE 课程号＝"C1" AND 课程号＝"C5"

    D. SELECT 学号 FROM score sc WHERE 课程号＝"C1" OR "C5"

37. 设有学生表 student(学号,姓名,性别,出生日期,院系)、课程表 course(课程号,课程名,学时)和选课表 score(学号,课程号,成绩),要删除学号为 20091001 且课程号为 C1 的选课记录,正确的命令是(　　　)。

    A. DELETE FROM score WHERE 课程号＝"C1" AND 学号＝"20091001"

    B. DELETE FROM score WHERE 课程号＝"C1" OR 学号＝"20091001"

    C. DELETE FORM score WHERE 课程号＝"C1" AND 学号＝"20091001"

    D. DELETE score WHERE 课程号＝"C1" AND 学号＝"20091001"

38. 假设一个表单里有一个文本框 Text1 和一个命令按钮组 CommandGroup1。命令按钮组是一个容器对象,其中包含 Command1 和 Command2 两个命令按钮。如果要在 Command1 命令按钮的某个方法中访问文本框的 Value 属性值,不正确的表达式是(　　　)。

    A. thisform. Text1. Value

    B. this. Parent. Parent. Text1. Value

    C. this. thisform. Text1. Value

    D. thisform. CommandGroup1. Parent. Text1. Value

39. 如果希望一个控件在任何时候都不能获得焦点,可以设置的属性是 Enabled 或(　　　)。

    A. Moveable　　　　B. Closeable　　　　C. Visible　　　　D. SelStart

40. 在命令按钮组中,决定命令按钮数目的属性是（　　）。

    A. ButtonCount
                B. ButtonNum

    C. Value
                     D. ControlSource

二、基本操作题

在考生文件夹下,有一个学生数据库 SDB。打开该数据库,完成如下操作。

（1）为学生表 STUDENT 的"性别"字段增加约束：性别 $ "男女",出错提示信息为"性别必须是男或女",默认值为"女"。

（2）为学生表 STUDENT 创建一个主索引,主索引的索引名为 sid,索引表达式为"学号"。为课程表 COURSE 创建一个主索引,主索引的索引名为 cid,索引表达式为"课程号"。为选课表 SC 创建一个主索引和两个普通索引（升序）,主索引的索引名为 scid,索引表达式为"学号+课程号";一个普通索引的索引名为 sid,索引表达式为"学号";另一个普通索引的索引名为 cid,索引表达式为"课程号"。

（3）通过"学号"字段建立选课表 SC 和学生表 STUDENT 间的永久联系。通过"课程号"字段建立选课表 SC 与课程表 COURSE 间的永久联系。并为以上建立的联系设置参照完整性约束：更新规则为"级联",删除规则为"限制",插入规则为"限制"。

（4）使用报表向导建立一个简单报表。要求选择学生表 STUDENT 中所有字段；记录不分组；报表样式为"随意式";列数为 1,字段布局为"列",方向为"纵向";排序字段为"学号",升序;报表标题为"学生基本情况一览表";报表文件名为 ONE. FRX。

三、简单应用题

在考生文件夹下,打开学生数据库 SDB,完成如下简单应用。

（1）使用查询设计器设计一个名称为 TWO 的查询,查询每个同学的学号（来自STUDENT）、姓名、课程名和成绩。查询结果先按课程名升序、再按成绩降序排序。查询去向是"表",表名是 TWO。设计完成后,运行该查询。

（2）修改名称为 THREE. PRG 的命令文件。该命令文件用来查询平均成绩大于等于75 分的每个女同学的学号、姓名、平均成绩和选课门数,结果按选课门数降序排序输出到表THREE 中。该命令文件在第 2 行、第 3 行、第 4 行、第 5 行有错误（每行只有一处必须修改的错误,不出错的地方不要做任何修改）。打开该命令文件,直接在错误处修改并保存。

注意：修改时,不可改变 SQL 语句的结构和短语的顺序,不允许增加或合并行。

四、综合应用题

在考生文件夹下,先打开学生数据库 SDB,然后创建一个文件名为 form 的表单,完成如下综合应用。

在该表单中设计两个命令按钮,各命令按钮的功能如下。

（1）"查询"按钮（Command1）：在该按钮的 Click 事件中使用 SQL 的 SELECT 命令查询每个学生所选的所有课程的成绩都是 60 分以上（包括 60 分）的学生的学号、姓名、平均成绩和最低分,并将查询结果按学号升序存储到表 FOUR 中。表 FOUR 的字段为"学号"、"姓名"、"平均成绩"、"最低分"。

359

（2）"退出"按钮（Command2）：单击"退出"按钮时，关闭表单。表单设计完成后，运行表单进行查询。

参考答案

一、选择题

1. A	2. D	3. C	4. C	5. B	6. A	7. C	8. C
9. D	10. A	11. A	12. B	13. C	14. D	15. B	16. A
17. D	18. C	19. C	20. A	21. D	22. D	23. D	24. C
25. B	26. C	27. B	28. C	29. C	30. B	31. A	32. D
33. D	34. A	35. D	36. A	37. D	38. C	39. C	40. A

二、基本操作题

（1）单击常用工具栏中的"打开"按钮，打开数据库 SDB. dbc。在"数据库设计器-SDB"对话框中，选择表 student 并右击，在弹出的快捷菜单中选择"修改"命令。在"表设计器-Student. dbf"对话框中，选择"性别"字段，在"字段有效性"选项组的"规则"文本框中输入"性别 $ "男女""，在"信息"文本框中输入""性别必须是男或女""，在"默认值"文本框中输入""女""，最后单击"确定"按钮即可。

（2）步骤1：在"数据库设计器-sdb"对话框中，选择表 student 并右击，在弹出的快捷菜单中选择"修改"命令。在"表设计器-student. dbf"对话框中，打开"索引"选项卡，然后输入索引名 sid，选择"类型"为"主索引"，"表达式"为"学号"。最后单击"确定"按钮，再单击"是"按钮就可以建立主索引了。

步骤2：在"数据库设计器-sdb"对话框中，选择表 course 并右击，在弹出的快捷菜单中选择"修改"命令。在"表设计器-course. dbf"对话框中，打开"索引"选项卡，然后输入索引名 cid，选择"类型"为"主索引"，"表达式"为"课程号"。最后单击"确定"按钮，再单击"是"按钮就可以建立主索引了。

步骤3：在"数据库设计器-sdb"对话框中，选择表 sc 并右击，在弹出的快捷菜单中选择"修改"命令。在"表设计器-sc. dbf"对话框中，打开"索引"选项卡，然后输入索引名 scid，选择"类型"为"主索引"，"表达式"为"学号＋课程号"。移到下一项，输入索引名 sid，选择"类型"为"普通索引"，"表达式"为"学号"。移到下一项，输入索引名 cid，选择"类型"为"普通索引"，"表达式"为"课程号"。最后单击"确定"按钮，再单击"是"按钮，这样这几个索引就建立完成了。

（3）步骤1：在"数据库设计器-sdb"对话框中，选择 student 表中的主索引键"学号"并按住不放，然后将其拖曳到 sc 表中的索引键为"学号"处。

步骤2：在"数据库设计器-sdb"对话框中，选择 course 表中的主索引键"课程号"并按住不放，然后将其拖曳到 sc 表中的索引键为"课程号"处。

步骤3：在已建立的永久性联系后，双击关系线，打开"编辑关系"对话框。在"编辑关系"对话框中，单击"参照完整性"按钮，打开"参照完整性生成器"对话框。在"参照完整性生成器"对话框中，打开"更新规则"选项卡，选择"级联"单选按钮。打开"删除规则"选项卡，选择"限制"单选按钮。打开"插入规则"选项卡，选择"限制"单选按钮。接着单击"确定"按钮，打开"是否保存改变，生成参照完整性代码并退出？"提示框。最后单击"是"按钮，这样就生成了指定参照完整性。

注意：可能会出现要求整理数据库的提示框，请整理后重新进行上述操作。

（4）步骤1：单击"常用"工具栏中的"新建"按钮，"文件类型"选择"报表"，单击"向导"按钮，利用报表向导创建报表。

步骤2：在"向导选取"对话框中，选择"报表向导"并单击"确定"按钮，打开"报表向导"对话框。

步骤3：在"报表向导"对话框的"步骤1-字段选取"界面中的"数据库和表"列表框中，选择表 student，接着在"可用字段"列表框中将显示出表 student 的所有字段名。将所有字段添加至"选定字段"列表框中，单击"下一步"按钮。

步骤4：在"报表向导"对话框的"步骤2-分组记录"界面中，单击"下一步"按钮。

步骤5：在"报表向导"对话框的"步骤3-选择报表样式"界面中，设置"样式"为"随意式"，单击"下一步"按钮。

步骤6：在"报表向导"对话框的"步骤4-定义报表布局"界面中，设置"列数"为1，"方向"为"纵向"，"字段布局"为"列"，单击"下一步"按钮。

步骤7：在"报表向导"对话框的"步骤5-排序次序"界面中，选定"学号"字段并选择"升序"，再依次单击"添加"按钮和"完成"按钮。

步骤8：在"报表向导"对话框的"步骤6-完成"界面中的"报表标题"文本框中输入"学生基本情况一览表"，单击"完成"按钮。

步骤9：在"另存为"对话框中，输入报表名 one，再单击"保存"按钮，这样报表就生成了。

三、简单应用题

（1）【操作步骤】

步骤1：通过"新建"对话框创建一个查询，将 student 表、sc 表、course 表添加到查询设计器中。

步骤2：在"字段"选项卡的"可用字段"列表中选择"student.学号"、"student.姓名"、"sc.成绩"、"course.课程名"。

步骤3：在"排序依据"选项卡中选择字段"course.课程名"和"升序"单选按钮，然后单击"添加"按钮；选择字段"sc.成绩"和"降序"单选按钮，然后单击"添加"按钮。

步骤4：在查询设计器中，选择"查询"菜单中的"查询去向"命令，打开"查询去向"对话框。在此对话框中，单击"表"单选按钮，接着在"表名"文本框输入表名 TWO，单击"确定"按钮。

步骤5：单击"常用"工具栏中的"保存"按钮，保存查询文件为 TWO，并运行查询。

（2）【操作步骤】

打开程序文件 three.prg，修改程序如下：

第2行改为：SELECT student.学号,姓名,AVG(成绩)平均成绩,COUNT(成绩)选课门数；

第3行改为：FROM student JOIN sc ON student.学号＝sc.学号；

第4行改为：WHERE 性别＝"女"；

第5行改为：GROUP BY student.学号 HAVING AVG(成绩)＞＝75；

修改完成后运行该程序。

四、综合应用题

【操作步骤】

步骤 1：打开学生数据库 SDB。

步骤 2：单击"常用"工具栏中的"新建"按钮，"文件类型"选择"表单"，打开表单设计器。单击工具栏上"保存"按钮，在弹出"保存"对话框中输入 form。

步骤 3：在"表单设计器"中，添加两个命令按钮。在第 1 个命令按钮的"属性"窗口的 Caption 属性中输入"查询"，在第 2 个命令按钮的"属性"窗口的 Caption 属性中输入"退出"。

步骤 4：在表单设计器中，双击"查询"命令按钮，在 Command1.Click 编辑窗口中输入如下语句，然后关闭编辑窗口。

```
SELECT Student.学号, Student.姓名, AVG(成绩) AS 平均成绩,MIN(成绩) AS 最低分;
FROM sdb!student INNER JOIN sdb!sc ON Student.学号 = Sc.学号;
GROUP BY Student.学号 HAVING MIN(成绩) >= 60;
ORDER BY Student.学号;
INTO TABLE four.dbf
```

步骤 5：在表单设计器中，双击"退出"命令按钮，在 Command2.Click 编辑窗口中输入"Thisform.Release"，接着关闭编辑窗口。然后运行该表单。

Visual FoxPro 二级考试
无纸化真考试卷(八)

一、选择题

下列各题 A、B、C、D 4 个选项中,只有一个选项是正确的。

1. 下列关于栈的叙述中正确的是(   )。
    A. 栈顶元素能最先被删除
    B. 栈顶元素最后才能被删除
    C. 栈底元素永远不能被删除
    D. 栈底元素最先被删除

2. 下列叙述中正确的是(   )。
    A. 在栈中,栈中元素随栈底指针与栈顶指针的变化而动态变化
    B. 在栈中,栈顶指针不变,栈中元素随栈底指针的变化而动态变化
    C. 在栈中,栈底指针不变,栈中元素随栈顶指针的变化而动态变化
    D. 以上说法都不正确

3. 某二叉树共有 7 个结点,其中叶子结点只有 1 个,则该二叉树的深度为(假设根结点在第 1 层)(   )。
    A. 3   B. 4   C. 6   D. 7

4. 软件按功能可以分为应用软件、系统软件和支撑软件(或工具软件)。下列属于应用软件的是(   )。
    A. 学生成绩管理系统
    B. C 语言编译程序
    C. UNIX 操作系统
    D. 数据库管理系统

5. 结构化程序所要求的基本结构不包括(   )。
    A. 顺序结构
    B. GOTO 跳转
    C. 选择(分支)结构
    D. 重复(循环)结构

6. 下列描述中错误的是(   )。
    A. 系统总体结构图支持软件系统的详细设计
    B. 软件设计是将软件需求转换为软件表示的过程
    C. 数据结构与数据库设计是软件设计的任务之一
    D. PAD 图是软件详细设计的表示工具

7. 负责数据库中查询操作的数据库语言是(   )。
    A. 数据定义语言
    B. 数据管理语言
    C. 数据操纵语言
    D. 数据控制语言

8. 一个教师可讲授多门课程,一门课程可由多个教师讲授。则实体教师和课程间的联系是(   )。
    A. 1:1 联系   B. 1:m 联系   C. m:1 联系   D. m:n 联系

9. 有 3 个关系 R、S 和 T 如下：

R

A	B	C
a	1	2
b	2	1
c	3	1

S

A	B	C
c	1	2
b	2	1

T

A	B	C
c	3	1

则由关系 R 和 S 得到关系 T 的操作是(   )。

    A. 自然联接   B. 并   C. 交   D. 差

10. 定义无符号整数类为 UInt,下列选项中可以作为类 UInt 实例化值的是(   )。

    A. −369   B. 369

    C. 0.369   D. 整数集合{1,2,3,4,5}

11. 打开数据库的命令是(   )。

    A. USE   B. USE DATABASE

    C. OPEN   D. OPEN DATABASE

12. 以下关于查询的描述正确的是(   )。

    A. 查询保存在项目文件中   B. 查询保存在数据库文件中

    C. 查询保存在表文件中   D. 查询保存在查询文件中

13. 不允许出现重复字段值的索引是(   )。

    A. 候选索引和主索引   B. 普通索引和唯一索引

    C. 唯一索引和主索引   D. 唯一索引

14. 下列程序段的执行结果是(   )。

```
DIME a(8)
a(1) = 1
a(2) = 1
for i = 3 to 8
a(i) = a(i − 1) + a(i − 2)
next
?a(7)
```

    A. 5   B. 8   C. 13   D. 21

15. 在 Visual FoxPro 中,以下叙述正确的是(   )。

    A. 利用视图可以修改数据   B. 利用查询可以修改数据

    C. 查询和视图具有相同的作用   D. 视图可以定义输出去向

16. 在 Visual FoxPro 中,可以用 DO 命令执行的文件不包括(   )。

    A. PRG 文件   B. MPR 文件   C. FRX 文件   D. QPR 文件

17. 在 Visual FoxPro 中,以下叙述错误的是(   )。

    A. 关系也被称作表

    B. 用 CREATE DATABASE 命令建立的数据库文件不存储用户数据

    C. 表文件的扩展名是 dbf

D. 多个表存储在一个物理文件中

18. 扩展名为 scx 的文件是(　　　　)。

    A. 备注文件　　　　　B. 项目文件　　　　　C. 表单文件　　　　　D. 菜单文件

19. 表格控件的数据源可以是(　　　　)。

    A. 视图　　　　　　　　　　　　　　　B. 表

    C. SQL SELECT 语句　　　　　　　　　D. 以上 3 种都可以

20. 在 Visual FoxPro 中,为了将菜单作为顶层菜单,需要设置表单的某属性值为 2,该属性是(　　　　)。

    A. ShowWindow　　　B. WindowShow　　　C. WindowState　　　D. Visible

21. 下列程序段执行后,内存变量 s1 的值是(　　　　)。

```
s1 = "network"
s1 = stuff(s1,4,4,"BIOS")
?s1
```

    A. network　　　　　B. netBIOS　　　　　C. net　　　　　D. BIOS

22. 在 Visual FoxPro 中,调用表单文件 mf1 的正确命令是(　　　　)。

    A. DO mf1　　　　　B. DO FROM mf1　　C. DO FORM mf1　　D. RUN mf1

23. 在 Visual FoxPro 中,如果希望内存变量只能在本模块(过程)中使用,不能在上层或下层模块中使用,则说明该内存变量的命令是(　　　　)。

    A. PRIVATE　　　　　　　　　　　　　B. LOCAL

    C. PUBLIC　　　　　　　　　　　　　D. 不用说明,在程序中直接使用

24. 在 Visual FoxPro 中,在屏幕上预览报表的命令是(　　　　)。

    A. PREVIEW　REPORT　　　　　　　　B. REPORT FORM … PREVIEW

    C. DO REPORT … PREVIEW　　　　　　D. RUN REPORT… PREVIEW

25. 命令?VARTYPE(TIME())的结果是(　　　　)。

    A. C　　　　　　　　B. D　　　　　　　　C. T　　　　　　　D. 出错

26. 命令? LEN(SPACE(3)－SPACE(2))的结果是(　　　　)。

    A. 1　　　　　　　　B. 2　　　　　　　　C. 3　　　　　　　D. 5

27. 要想将日期型或日期时间型数据中的年份用 4 位数字显示,应当使用设置命令(　　　　)。

    A. SET CENTURY ON　　　　　　　　B. SET CENTURY OFF

    C. SET CENTURY TO 4　　　　　　　D. SET CENTURY OF 4

28. SQL 语言的查询语句是(　　　　)。

    A. INSERT　　　　　B. UPDATE　　　　　C. DELETE　　　　D. SELECT

29. SQL 的 SELECT 语句中,"HAVING ＜条件表达式＞"用来筛选满足条件的(　　　　)。

    A. 列　　　　　　　　B. 行　　　　　　　　C. 关系　　　　　D. 分组

30. 在 Visual FoxPro 中,假设教师表 T(教师号,姓名,性别,职称,研究生导师)中,"性别"是 C 型字段,"研究生导师"是 L 型字段。若要查询是研究生导师的女老师信息,那么 SQL 语句"SELECT ＊ FROM T WHERE ＜逻辑表达式＞"中的逻辑表达式应是(　　　　)。

    A. 研究生导师 AND 性别＝ "女"

365

    B. 研究生导师 OR　性别＝"女"

    C. 性别＝"女" AND　研究生导师＝.F.

    D. 研究生导师＝.T. OR　性别＝女

31. 假设有选课表 SC(学号,课程号,成绩),其中,"学号"和"课程号"为 C 型字段,"成绩"为 N 型字段,要查询选修课程成绩小于 60 分的学生的学号,正确的 SQL 语句是(　　　)。

    A. SELECT DISTINCT 学号 FROM SC WHERE "成绩" ＜ 60

    B. SELECT DISTINCT 学号 FROM SC WHERE 成绩＜ "60"

    C. SELECT DISTINCT 学号 FROM SC WHERE 成绩＜ 60

    D. SELECT DISTINCT "学号" FROM SC WHERE "成绩" ＜ 60

32. 要查询"学生"表的全部记录并将结果存储于临时表文件 one 中的 SQL 命令是(　　　)。

    A. SELECT ＊ FROM　学生表 INTO CURSOR one

    B. SELECT ＊ FROM　学生表 TO CURSOR one

    C. SELECT ＊ FROM　学生表 INTO CURSOR DBF one

    D. SELECT ＊ FROM　学生表 TO CURSOR DBF one

33. 要查询成绩在 70 分至 85 分之间学生的学号、课程号和成绩,正确的 SQL 语句是(　　　)。

    A. SELECT 学号,课程号,成绩 FROM sc WHERE 成绩 BETWEEN 70 AND 85

    B. SELECT 学号,课程号,成绩 FROM sc WHERE 成绩＞＝ 70 OR 成绩＜＝ 85

    C. SELECT 学号,课程号,成绩 FROM sc WHERE 成绩＞＝ 70 OR　＜＝ 85

    D. SELECT 学号,课程号,成绩 FROM sc WHERE 成绩＞＝ 70 AND ＜＝ 85

34. 要查询有选课记录,但没有考试成绩(成绩字段是空值)的学生的学号和课程号,正确的 SQL 语句是(　　　)。

    A. SELECT 学号,课程号 FROM sc WHERE　成绩＝ ""

    B. SELECT 学号,课程号 FROM sc WHERE　成绩＝ NULL

    C. SELECT 学号,课程号 FROM sc WHERE　成绩 IS NULL

    D. SELECT 学号,课程号 FROM sc WHERE　成绩

35. 要查询选修 C2 课程号的学生姓名,下列 SQL 语句中错误的是(　　　)。

    A. SELECT 姓名 FROM S WHERE EXISTS;

    　(SELECT ＊ FROM SC WHERE 学号＝S.学号 AND 课程号＝"C2")

    B. SELECT 姓名 FROM S WHERE 学号 IN (SELECT 学号 FROM SC WHERE 课程号＝"C2")

    C. SELECT 姓名 FROM S JOIN SC ON S.学号＝SC 学号 WHERE　课程号＝"C2"

    D. SELECT 姓名 FROM S WHERE 学号＝(SELECT 学号 FROM SC WHERE 课程号＝"C2")

36. 下列与修改表结构相关的命令是(　　　)。

    A. INSERT　　　　B. ALTER　　　　C. UPDATE　　　D. CREATE

37. 在 SQL SELECT 语句中与 INTO TABLE 等价的短语是(　　　)。

    A. INTO DBF　　　B. TO TABLE　　　C. INTO FORM　　D. INTO FILE

38. 在表单设计中,经常会用到一些特定的关键字、属性和事件。下列各项中属于属性的是（   ）。

    A. This   B. ThisForm   C. Caption   D. Click

39. 在使用查询设计器创建查询时,为了指定在查询结果中是否包含重复记录(对应于DISTINCT),应该使用的选项卡是（   ）。

    A. 排序依据   B. 联接   C. 筛选   D. 杂项

40. 下列属于表单方法名(非事件名)的是（   ）。

    A. Init   B. Release   C. Destroy   D. Caption

二、基本操作题

在考生文件夹下,完成如下操作。

(1) 建立数据库 ordersmanage.dbc,并把自由表 employee.dbf 和 orders.dbf 添加到数据库中。

(2) 打开表单 dh.scx,设置标签控件中、英文字母的字号为18,保存表单。

(3) 打开表单 dh.scx,为命令按钮"隐藏"添加代码,使得表单运行时,单击此按钮则隐藏表单上的标签控件 label1。保存并运行该表单。

(4) 利用报表向导建立一对多报表,以 employee 表为父表,选择其中的"职工号"、"姓名"和"性别"字段;以 orders 表为子表,选择其全部字段。报表样式为"简报式",表之间的关联通过"职工号"字段实现,排序方式按"职工号"降序,报表标题为"职工订单"。报表其他参数取默认值。最后将生成的报表保存为 empord.frx。

三、简单应用题

在考生文件夹下,完成如下简单应用。

(1) 打开程序文件 progerr.prg,按文件中给出的功能要求改正其中的错误,以文件名 prognew.prg 重新保存该文件并运行程序。

(2) 建立下图所示的顶层表单。表单文件名为 myform.scx,表单名为 myform,表单标题为"顶层表单"。

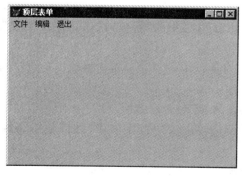

为顶层表单建立菜单 mymenu。菜单栏如上图所示(无下拉菜单)。单击"退出"菜单时,关闭并释放此顶层表单,同时返回到系统菜单(在过程中完成)。

四、综合应用题

在考生文件夹下,完成如下综合应用。

打开表单文件 sapp,完成如下操作(不得有多余操作)。

(1) 将"课程"表添加到表单的数据环境中。

(2) 使列表框 List1 中的数据项为"课程"表中的课程名(课程.课程名)。

(3) 单击列表框中的数据项时,统计选修了所选课程的学生人数(从"考试成绩"表),并将结果存储在以"课程名"命名的表中,表中只有一个字段"人数"。

(4) 添加一个命令按钮 Command1,要求单击该按钮时关闭表单。

说明:完成该程序后必须运行,并且分别统计选修了"数据库"和"操作系统"课程的学生人数。

参考答案

一、选择题

1. A	2. C	3. D	4. A	5. B	6. A	7. C	8. D
9. D	10. B	11. D	12. D	13. A	14. C	15. A	16. C
17. D	18. C	19. D	20. A	21. B	22. C	23. B	24. B
25. A	26. D	27. A	28. D	29. D	30. A	31. C	32. A
33. A	34. C	35. D	36. B	37. A	38. C	39. D	40. B

二、基本操作题

(1) 通过"新建"对话框新建一个数据库,保存文件名为 ordersmanage。在打开的数据库设计器的空白处右击,在弹出的快捷菜单中选择"添加"命令,将自由表 employee.dbf 和 orders.dbf 添加到数据库中。

(2) 步骤1:单击常用工具栏中的"打开"按钮,打开表单 dh.scx。

步骤2:表单设计器中选择标签控件,在其"属性"对话框的 FontSize 处输入18。

(3) 步骤1:单击"常用"工具栏中的"打开"按钮,打开表单 dh.scx。

步骤2:在表单设计器中双击"隐藏"命令按钮,在其代码窗口中输入"thisform.label1.visible=.F."。

(4) 步骤1:单击"常用"工具栏中的"新建"按钮,"文件类型"选择"报表",利用向导创建报表。

步骤2:在"向导选取"对话框中,选择"一对多报表向导"并单击"确定"按钮,打开"一对多报表向导"对话框。

步骤3:在"一对多报表向导"对话框的"步骤1-从父表选择字段"界面中,在"数据库和表"列表框中,选择表 employee,接着在"可用字段"列表框中将显示表 employee 的所有字段名,依次将"职工号"、"姓名"和"性别"添加至"选定字段"列表框中,单击"下一步"按钮。

步骤4:在"一对多报表向导"对话框的"步骤2-从子表选择字段"界面中,在"数据库和表"列表框中选择表 orders,接着在"可用字段"列表框中将显示表 orders 的所有字段名,将所有字段添加至"选定字段"列表框中,单击"下一步"按钮。

步骤5:在"一对多报表向导"对话框的"步骤3-为表建立关系"界面中,单击"下一步"按钮。

步骤 6：在"一对多报表向导"对话框的"步骤 4-排序记录"界面中，选择"职工号"并选择"降序"单选按钮，再单击"添加"按钮，单击"下一步"按钮。

步骤 7：在"一对多报表向导"对话框的"步骤 5-选择报表样式"界面中，选择"简报式"，单击"下一步"按钮。

步骤 8：在"一对多报表向导"对话框的"步骤 6-完成"界面中，在"报表标题"文本框中输入"职工订单"，单击"完成"按钮。

步骤 9：在"另存为"对话框中，输入报表名 empord，再单击"保存"按钮。

三、简单应用题

（1）【操作步骤】

打开程序文件 progerr.prg，修改程序如下。

第 1 处改为：CREATE VIEW viewes AS SELECT 职工号，SUM（金额）AS 总金额 FROM orders GROUP BY 职工号

第 2 处改为：SELECT * FROM viewes WHERE 总金额＞＝30000 ORDER BY 总金额 DESC INTO DBF newtable

以 prognew.prg 为文件名另存文件并运行。

（2）【操作步骤】

步骤 1：单击"常用"工具栏中的"新建"按钮，"文件类型"选择"菜单"，单击"新建文件"按钮。

步骤 2：在"新建菜单"对话框中单击"菜单"按钮，在菜单设计器中的"菜单名称"中依次输入"文件"、"编辑"和"退出"这 3 个主菜单项。

步骤 3：在"退出"主菜单的"结果"中选择"过程"并输入下列语句：

```
myform.release
set sysmenu to default
```

步骤 4：单击"显示"菜单中的"常规选项"命令，在弹出的"常规选项"对话框中选中"顶层表单"复选框。

步骤 5：单击工具栏中的"保存"按钮，在弹出的"保存"对话框中输入 mymenu 即可。

步骤 6：在"菜单设计器"窗口中选择"菜单"菜单中的"生成"命令，生成 mymenu.mpr 文件。

步骤 7：单击"常用"工具栏中的"新建"按钮，"文件类型"选择"表单"，单击"新建文件"按钮打开表单设计器。单击工具栏中的"保存"按钮，在弹出的"保存"对话框中输入 myform 即可。

步骤 8：在表单的"属性"窗口中，将 ShowWindow 属性设置为"2-作为顶层表单"，将 Name 属性设置为 myform，将 Caption 属性设置为"顶层表单"。双击 Init Event，在 myform.Init 事件代码窗口中输入"do mymenu.mpr with this，"xxx""，启动菜单命令。双击 Destroy Event，在 myform.Destroy 事件代码窗口中输入"release menu xxx extended"，在表单退出时释放菜单。操作完毕后运行表单。

四、综合应用题

【操作步骤】

步骤 1：单击"常用"工具栏中的"打开"按钮，打开表单 sapp.scx。

369

步骤 2：在"表单设计器"中右击，在弹出的菜单中选择"数据环境"命令。

步骤 3：在"添加表或视图"窗口中选择"课程"表，单击"添加"按钮，再单击"关闭"按钮。

步骤 4：在"表单设计器"中选定 List1 控件，在其"属性"窗口中将 RowSourceType 属性设置为"6-字段"，将 RowSource 属性设置为"课程.课程名"。双击 Click Event 事件，在 List1. Click 事件代码窗口中输入下列语句：

```
aa = 课程.课程名
SELECT COUNT( * ) AS 人数;
FROM 考试成绩;
WHERE 考试成绩.课程编号 = 课程.课程编号;
INTO TABLE &aa
```

步骤 5：在表单设计器中添加一个命令按钮。双击 Command1 命令按钮，在 Command1. Click 事件代码窗口中输入"Thisform. Release"，接着关闭编辑窗口。

步骤 6：运行表单，分别统计选修了"数据库"和"操作系统"课程的学生人数。

参 考 文 献

［1］ 齐邦强. Visual FoxPro 程序设计实验指导［M］. 北京：科学出版社，2010.

［2］ 王世伟. Visual FoxPro 程序设计上机指导与习题集［M］. 第二版. 北京：中国铁道出版社，2009.

［3］ 魏茂林. 数据库应用技术 Visual FoxPro 6.0 上机指导与练习［M］. 第 4 版. 北京：电子工业出版社，2012.

［4］ 刘志凯. 数据库案例开发教程（Visual FoxPro）实验指导［M］. 北京：清华大学出版社，2013.

［5］ 陆岚. Visual FoxPro 案例开发集锦［M］. 第二版. 北京：电子工业出版社，2008.

［6］《全国高等职业教育计算机系列规划教材》编委会. Visual FoxPro 项目案例教程［M］. 第 2 版. 北京：电子工业出版社，2011.

［7］ 王晓静. 管理信息系统项目开发实用教程（Visual FoxPro 版）［M］. 北京：清华大学出版社，2012.

［8］ 全国计算机等级考试命题研究室.（2015 年）全国计算机等级考试无纸化真考三合一题库：二级 Visual FoxPro［M］. 北京：清华大学出版社，2015.

［9］ 全国计算机等级考试命题中心.（2015 年）全国计算机等级考试一本通-二级 Visual FoxPro［M］. 北京：人民邮电出版社，2015.